全屋定制设计手册

理想·宅　编

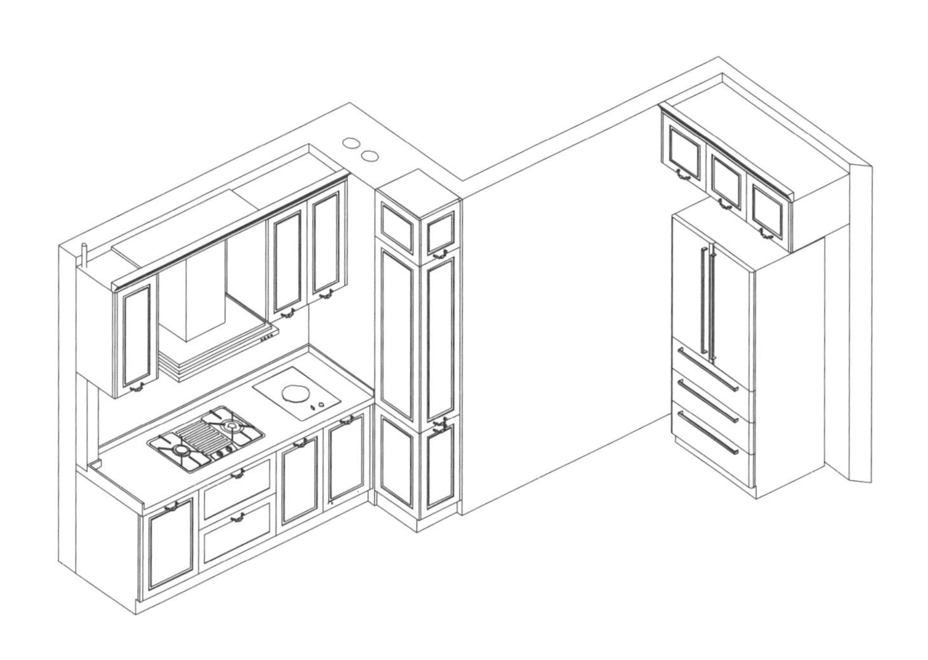

内容提要

本书是一本对全屋定制进行归纳总结的书籍。书中涵盖了设计师在设计时所做的主要环节，从认识全屋定制到全屋定制整体流程的详解，再到不同功能空间内定制家具的设计方法等，注重突出全屋定制的产品设计相关部分，帮助读者深化对全屋定制行业的理解，巩固设计基础知识，提高全屋定制设计技巧。本书适用于正在从事或者希望从事全屋定制行业的人员及设计人员进行阅读参考。

图书在版编目（CIP）数据

全屋定制设计手册 / 理想・宅编 . — 北京 ： 中国电力出版社，2020.7（2024.2重印）
ISBN 978-7-5198-4608-4

Ⅰ. ①全…　Ⅱ. ①理…　Ⅲ. ①住宅 - 室内装饰设计 - 手册
Ⅳ. ① TU241-62

中国版本图书馆 CIP 数据核字（2020）第 073114 号

出版发行：中国电力出版社出版发行
地　　址：北京市东城区北京站西街 19 号（邮政编码 100005）
网　　址：http://www.cepp.sgcc.com.cn
责任编辑：曹　巍（010-63412609）
责任校对：黄　蓓　李　楠
装帧设计：北京宝蕾元科技发展有限责任公司
责任印制：杨晓东

印　　刷：北京瑞禾彩色印刷有限公司
版　　次：2020 年 7 月第一版
印　　次：2024 年 2 月第三次印刷
开　　本：787 毫米 × 1092 毫米　16 开本
印　　张：15
字　　数：365 千字
定　　价：78.00 元

前言

全屋定制是家具史上的一次革新，以全房设计为主导，配合专业定制，配置整体主材，来实现私属于客户的家装文化。全屋定制体现了客户对生活文化的追求和感悟，具有独一无二的特性。全屋定制的目的就是把家居文化通过私人定制的方式表达出来。

本书通过 13 个章节，从浅到深且全面地向读者介绍全屋定制。第一章介绍了全屋定制的相关基础知识，深化读者对全屋定制的理解，明确全屋定制的标准；第二章到第七章则按照全屋定制的流程顺序，系统地帮助读者理顺全屋定制的逻辑，可以更直观地了解全屋定制的生产制造顺序，从前期的测量到中间的设计、制造，以及后期的物流、安装、验收与售后等环节，通过图解的形式分析不同环节所涉及的各项内容；第八章到第十三章则是通过实例详解全屋定制中不同家具的设计，根据空间属性阐述不同空间功能所需定制品的设计需求，运用大量的案例图片（包括 CAD 案例、实景案例图片）来展示定制品的不同样式及详细尺寸，帮助读者巩固设计基础知识，提高设计技巧。

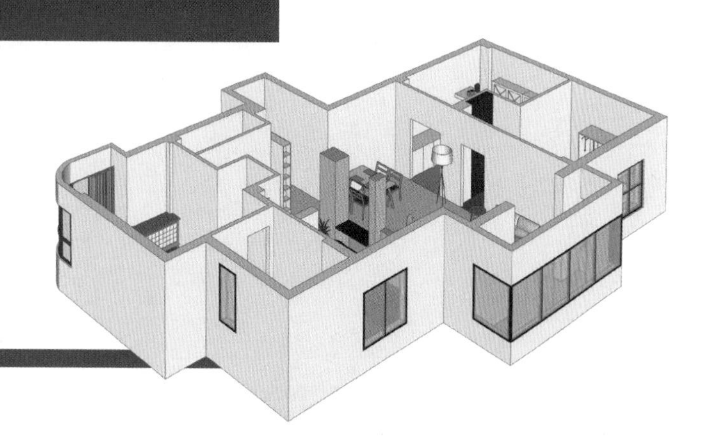

目录

CONTENTS

CONTENTS

第一章

综述

一、全屋定制理念

全屋定制是一项家居设计及定制、安装等服务为一体的家居定制解决方案，是家居企业在大规模生产的基础上，根据消费者的设计要求与全屋空间、美学、功能特性，为客户提供包括上门测量、专业设计、定制、物流运输、上门安装、验收和维护等系列家居产品和服务，从而打造消费者的专属家居空间。全屋定制根据主体立场的不同呈现出不同的特点。

全屋定制企业及其从业者

减少库存积压

在传统营销模式下家具企业为了追求利润最大化，通过大规模生产来降低产品成本，一旦市场遭遇变化，这种大规模生产的家具由于同质化必然导致滞销或积压，造成资源浪费。而全屋定制是根据消费者订单生产，几乎没有库存，加速了资金周转。

降低营销成本

全屋定制只要家具质量可靠、价格合理，家具就可以顺利销售出去。在全屋定制中厂家直接面对消费者，减少了中间环节，部分厂家建有网店，减少了实体店铺的运营成本，从而减少了开支。

有利于加速产品开发

在传统模式下，很多家具企业的设计只是根据简单的市场调查进行产品开发，设计出来的家具局限性很大，很难满足大众需求。而在全屋定制中，设计师有很多机会与消费者面对面沟通，很容易知道消费者的需求，进而能开发接近消费者需求的产品。

家居业主

统一的家居风格

全屋定制家具讲究的是整体性设计，使得整个居家空间环境和谐统一。

满足个性化需求

迎合业主的不同需求是全屋定制最鲜明、最重要的特征。全屋定制可以满足业主个性化追求，针对不同需求量身打造合适的家具产品，更符合人性化需求。

空间利用率高

全屋定制家具可以解决居室空间不规则的难题，避免空间浪费。如突出的梁柱、斜坡屋顶等异形空间无法使用成品家具，而全屋定制能很好地解决这个问题。

省时省力

选用全屋定制的方式可以减少对单个成品家具的无序化选购，而且售后也可以只找一家，省去不必要的麻烦，提高效率。

二、全屋定制现状与趋势

人们家居生活观念的变化，以及经济水平的提升，大幅度带动了全屋定制家具行业的快速发展。整个行业都处在快速发展的状态，正位于红利期。但若要保证健康、可持续的良性发展，还需要企业自身不断提高自主创新能力，加强企业竞争力。

1. 发展历程

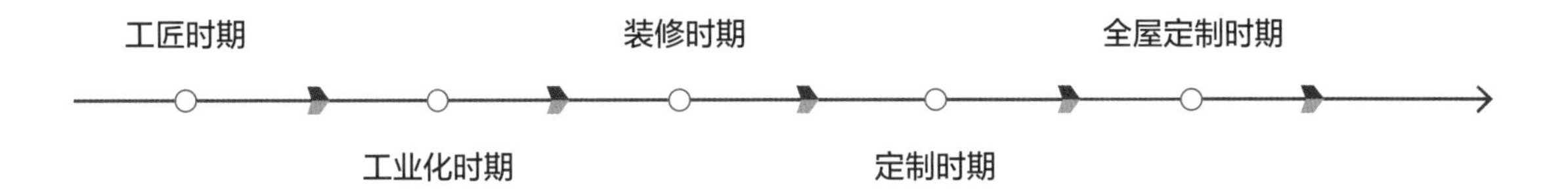

（1）工匠时期

新中国成立之后，中国家庭所使用的家具主要是靠传统的木匠师傅手工打制，其家具的质量与精巧程度主要取决于选用的木材质量和工匠个人的手艺。

（2）工业化时期

改革开放之后，中国的工业制造水平不断提高，家具制作也正式进入了工业化时期。成品家具大量地涌入市场，品种多样，样式精美，价格相比较工匠制作的家具便宜，因此受到广大消费者的喜爱。传统工匠手工打制家具，慢慢地淡出了市场。

（3）装修时期

随着市场经济的发展，百姓消费水平的不断提高，人们越来越重视家居环境的美化，对家具制作的要求也越来越高，渴望家具能够根据房屋空间的大小和布局进行个性化设计。此时，大批量的装修工人涌入市场，装修公司开始批量的出现，致使人们请木工师傅在房屋内，根据布局和空间大小来“定制”家具，其中多数为衣柜及一些固定安装在房屋内的矮柜。

（4）定制时期

由于装修工人的水平有限，根据房屋尺寸“定制”的家具虽然实用，但在美观度上却不如成品家具。2000 年左右，最初主要形态是移动门及少量的壁柜，这打开了定制家具在中国家居市场的先河。随着移动门的不断推广和普及，入墙衣柜及衣帽间在国内的消费也有所带动。经过几年时间的沉淀，索菲亚、尚品宅配、玛格等品牌也加入定制家具的行列，使该行业日渐成型。他们普遍结合先进的工业化设备，采用先进的家具制作材料，压缩成本，提升美观度，吸引了大量的消费者，使家具制造行业正式进入了定制时期。随着时间的推移，定制家具或将全面取代成品家具，成为最受消费者青睐的家具产品。

（5）全屋定制时期

全屋定制家具是指机械化生产的、针对整个空间的现代定制家具，相对于定制家具来说更上一层楼。

2004 年家装行业内出现了整体家居（也称集成家居）的概念，不过当时提出的整体家居概念比较混乱，没有固定的业态，因而定制家具行业的称谓十分不规范，称为整体衣柜、定制衣柜、步入式衣帽间等的都有。

2008 年至今，随着行业及品牌的不断成熟，全屋定制家具行业产品体系及管理也越来越规范，行业之间的竞争越来越激烈，品牌意识开始凸显。消费者对全屋定制家具行业的接受程度日益增高，行业的“领头羊”开始出现，品牌差距也逐渐拉大。

未来，全屋定制将走势强劲。有数据显示，未来几年，我国全屋定制家具将有更大的市场空间。

2. 发展现状

（1）正处在发展快车道

全屋定制被视为家居行业的一大趋势，因而整体的风向积极向上。随着资本和技术的快速涌入，全屋定制行业发展速度快速飙升，竞争也在逐步加大，一举一动都吸引着人们的眼球。

（2）跨行企业增多，品牌混杂

由于全屋定制成为行业的风口，相关企业大多为跨界来从事全屋定制，地板、瓷砖、卫浴等厂家纷纷成立事业部、分公司，跟进全屋定制。但在基础建设环节，还缺乏一定的专业认知，市场、资本、技术也不够成熟，造成了现在全屋定制行业的发展良莠不齐、分层化严重的主要态势。

（3）产品同质化严重

除了真正拥有定制基因的企业以外，大部分家居企业大都缺乏内生的创新力，难以从纷乱的市场中突围，从而不得不为缺乏创意买单，走上盲目跟风的定制化道路。通过把各种定制概念用环保、多风格与独特材质等元素加以包装，老酒换新瓶，从而落入同质化的怪圈。

（4）服务意识较强

与传统的成品家具不同，定制家具主要是以客户为中心，更加注重消费个性和价值的塑造，以精湛的技术、良好的性能、先进的设计理念给消费者营造舒适温馨的家居环境，以此满足消费者对生活的不同品位和追求。从整体上看，为消费者实现更好的服务，利于增强自身企业的品牌影响力。

3. 全屋定制趋势

全屋定制风潮涌起，这必然会对行业有新的要求和期待。因而行业必须完善自身，提高产品品质，加快智能化发展，大力创新创造。

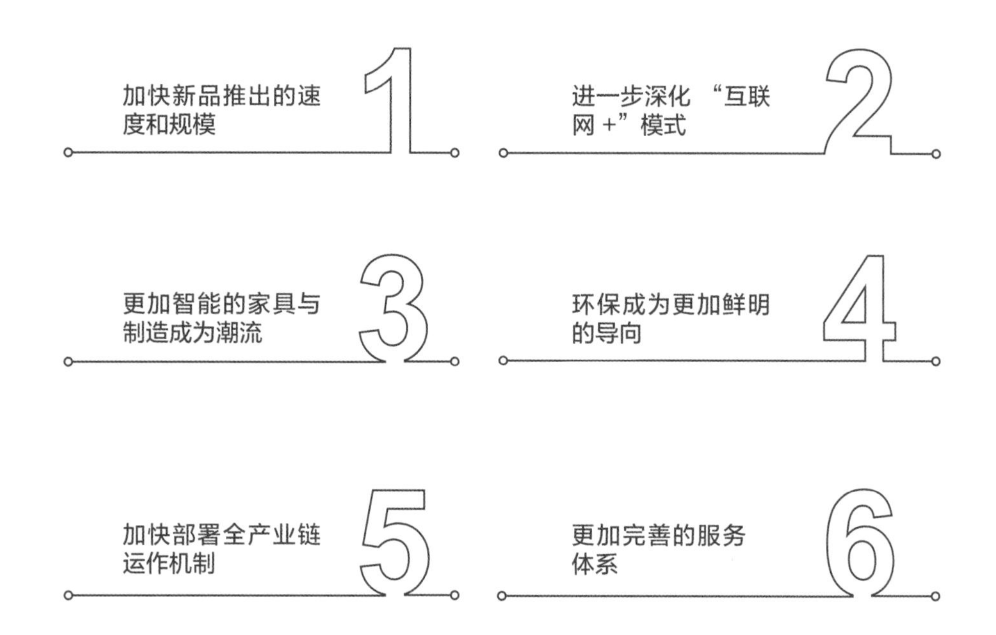

（1）加快新品推出的速度和规模

只有让消费者有更多优秀、新潮且高品质的参考样本，才能实现让其拥有更多的选择空间这一目标，以进一步最大程度地满足消费者的生理和心理需求。因而，全屋定制企业应该学习时装界的快时尚模式，注重快速推出新产品，并将设计、制造、安装尽量控制在较短的周期内，从而把握客户。

（2）进一步深化“互联网＋”模式

在“互联网＋”的背景下，各个行业都在探究如何借助互联网技术提高传统企业的竞争力。因此，在全屋定制家具行业发展问题上，亟待重视互联网和传统设计制造行业的融合。目前，全屋定制行业采用电商化的经营模式，注重C2M生态平台，从新角度出发，借助“互联网＋”的思维实现产业转型升级。这不仅依赖于先进的生产技术和互联网技术，更需要企业商业模式的创新，真正意义上实现企业商业模式的创新，才能打造企业独特并持久的竞争力。

互联网的可塑性形成了全屋定制行业商业模式创新的多样性，不同类型的创新不是简单的单一要素或相互作用的改变，而是整体的动态演化，并将推动整个商业模式的改变。因此，只有在理论上明确商业模式创新类型，企业才能依据自身能力和所处环境确定未来创新方向。

（3）更加智能的家具与制造成为潮流

智能化家具也可以引申为物联网科技，通过人、物、机器的即时连接和高效管理，来实现人对物的远程控制，来记录关于人体及物体活动的信息，并通过对信息的挖掘、加工、分析、整理，从而进行定制化推荐，给予人和企业合理的全过程智能化管理。

利用这项技术，在家具的设计环节，可以增加相应的智能化模块，从而提供一些服务。在家具制造生产环节，则可以将其引入生产的全过程，借此实现单品的全过程智能化管理。

（4）环保成为更加鲜明的导向

2016年1月，《全屋定制家居产品》行业标准正式实施；2016年4月，国家发展改革委、商务部会同有关部门汇总审查形成《市场准入负面清单草案（试点版）》，禁止使用溶剂型涂料；2016年10月“深圳标准”（家具类）之深圳经济特区技术规范《家具成品及原辅材料中有害物质限量》颁布。2017年，“环保整治”与“环保战略升级”成了家居业环保议题的两大关键词，从这里也可以明确感受到环保成了各大定制家居企业最重视的事情，环保的家具也是全屋定制行业健康、保质保量、可持续发展的重要基石。

（5）加快部署全产业链运作机制

大多数企业在建设信息化系统时没有考虑到整合各个品类的体系，选择了“各自为战”的方法。但如果企业不在前期的后端供应链管理和生产系统下功夫，先将产品的共同之处找出来，从而搭建出一整套互相连通的计算机系统，结果往往会导致后端生产效率低、运营成本高。这一点如果能够提前规避，将会显著提高企业的生产效率和管理效率。

（6）更加完善的服务体系

全屋定制作为高度私享化的服务，更强调实时沟通、交流及个性化需求。营销者可以视作消费者的代理，帮助消费者寻找、选择、设计相应的产品和服务，实现其个性需要。对于企业而言，优良的营销及服务部门更趋向于个性需求研究、客户关系管理、产品配置和配送管理等。

一站式整合的前提还需要有优质的售后作为保障，能够为消费者提供更加方便的维修体验，从而提升用户满意度，增强品牌的声誉。

三、全屋定制术语

了解术语是全屋定制学习的一项基本技能，也是不同工种之间沟通的专业化中介，为整体效率的提升建立了基础。

1. 家具品种术语

（1）大衣柜

柜内挂衣空间高度不小于 1400mm，深度不小于 530mm，用于挂大衣或者存放衣物的柜子。

（2）小衣柜

柜内挂衣空间高度不小于 900mm，深度不小于 530mm，外形总高不大于 1200mm，用于挂短衣或叠放衣物的柜子。

（3）床头柜、床边柜

紧靠床头两侧布置，用于存放零散物品且高度一般不大于 700mm 的柜子。

（4）厅柜

由一个单体或多个不同功能组合而成的，具有贮藏、展示、陈设和装饰等功能的柜架类家具。

（5）酒柜

指专门用来存储和展示酒类、酒杯类等物品的柜子。

（6）箱柜

一种矮型、通常为长方形并带有盖子的收纳物件，也可以供人坐的柜子。

（7）面盆柜

置于浴室、卫生间内承托台盆并可以放置洗涤用品或梳妆用品的柜子。

2. 家具零部件术语

（1）杆件

长度为其断面尺寸许多倍的长形、柱杆状构件，是家具中最简单的构件。其长度上可为直线形或曲线形，断面可为方形、圆形、椭圆形、不规则形、变断面形等。

（2）板件

宽度尺寸为厚度尺寸的两倍及以上，长度为其断面尺寸许多倍的板状构件。

（3）素面板

由未经饰（贴）面处理的木质人造板基材直接裁切而成的板式构件。

（4）饰面板

由贴面材料和芯层材料胶压制成所需幅面尺寸的板式构件，主要有实芯板和空芯板两种。

（5）框嵌板

采用裁口或槽口方法将各种成型的薄板材、拼板或玻璃、镜子装嵌于木框内所构成的板式构件。

（6）木框架

由四根及以上的方材按一定的接合方式纵横围合而成，可有一根至多根中档（撑档）或没有中档，常见的主要有门框、窗框、镜框、脚架等。

（7）旁板

箱体或者柜体两侧的垂直板件。

（8）隔板

箱体或者柜体内部分割空间的水平板件，用于分层陈放物品。

（9）顶板

箱体或者柜体顶部连接旁板，且高于视平线（大于 1500mm）的水平板件。

（10）底板

封闭箱体或者柜体底部的水平板件。

（11）见光面

见光面一般是指橱柜柜体两侧的两块板，也叫侧封板。一般情况下，这两块面板是最外面两个箱体的箱体板，但是由于橱柜门板的材料和颜色有别于箱体板，有时会为了保证美观和统一，将见光面的板材换成门板材料。

（12）背板

封闭箱体或者柜体背面的板件，也有加固柜体的作用。

（13）柜门

在柜体立面具有启闭功能的活动部件，是柜体立面的重要组成部分和主要围护栏件。

（14）移门、推拉门

沿滑道横向移动而开闭的门。

（15）折叠门

沿轨道移动并折叠于柜体一边的折叠状移门。

（16）抽屉、抽斗

在家具中可以灵活抽出或者推入的，用于盛放物品的匣形部件。

（17）挂衣棍杆

柜内用于悬挂衣物的杆状零件。目前市面上还有感应灯挂衣杆，能提供更好的使用体验。

（18）铰链

家具中能使柜门、翻门（翻板）实现开启和关闭，或能使零部件之间实现折叠的活动连结件，可分为暗铰链、明铰链、门头铰链、玻璃门铰链。

（19）抽屉导轨

主要用于使抽屉（含键盘隔板等）推拉灵活方便，不产生歪斜或倾翻的导向支承件。按安装位置可分为托底式、侧板式、槽口式、搁板式等；按拉伸形式可分为两节轨和三节轨，先进的抽屉滑轨具有轻柔的缓冲（阻尼）技术和自动关闭技术等。

（20）拉手

安装于家具的柜门或抽屉面板上，使其完成启、闭、移、拉等功能要求，并具有装饰作用的配件。

（21）气撑

气撑也叫气弹簧、支撑杆，是一种起支撑、缓冲、制动及角度调节等功能的五金配件，其使用时较为省力，能够多点制动。

（22）拉篮

拉篮能够为碗碟等器皿提供储藏空间，有效利用了空间。通常来说，不锈钢是拉篮材质的较优选择。

（23）非标柜

厂家在生产柜体时有标准的尺寸，若在定制时所需要的尺寸和标准尺寸差异较大，则需要非标柜，因此会产生额外的费用。

3. 家具材料术语

（1）实木锯材

由原木经纵向、横向锯解后所得到的各种规格的板材或者方材。

（2）实木拼板

由实木锯材通过二次加工形成的实木类材料，常是由数块实木板条（窄板、短板）通过一定拼接方法拼合而成的实木拼板，主要有指接材、集成材等。

（3）木框架

由四根及以上的方材按一定的接合方式纵横围合而成，可有一根至多根中档（撑档）或没有中档，常见的主要有门框、窗框、镜框、框架及脚架等。

（4）人造板

以木材或木材植物为主要原料，加工成各种材料单元，施加（或不施加）胶黏剂和其他添加剂，胶合而成的板材或成型制品，主要包括胶合板、刨花板、纤维板及其表面装饰板等产品。

（5）胶合板

由单板构成的多层材料，通常按相邻层单板的纹理方向大致垂直组坯胶合而成板材。分类有普通胶合板、特种胶合板、多层胶合板、异形胶合板。

（6）刨花板

将木材或非木材植物原料加工成刨花（或碎料），施加胶黏剂（和其他添加剂），组坯成型并经热压而成的一类人造板材。有单层刨花板、三层刨花板、多层刨花板、渐变刨花板、定向刨花板、空芯刨花板、功能刨花板。

（7）纤维板

也称密度板，是将木材或其他植物纤维原料分离成纤维，利用纤维之间的交织及其自身固有的黏结物质，或者施加胶黏剂，在加热和（或）加压条件下，制成的厚度 1.5mm 或以上的板材。根据生产工艺不同，一般分为湿法纤维板（以水为成型介质）和干法纤维板（以空气为成型介质）两大类。

（8）细木工板

由木条或木块组成板芯，两面与单板或胶合板组坯胶合而成的一种人造板。

（9）空芯板

由薄而强度高的覆面材料（如胶合板、薄型纤维板、树脂浸渍纸高压层压装饰板等）与密度低的芯层材料（如格状、网状、波状、蜂窝状等结构）胶合而成的空心复合结构板材。

（10）重组装饰材

以普通树种木材的单板为主要原材料，采用单板调色、层积、模压胶合成型等技术制造而成的一种具有天然珍贵树种木材的质感、花纹、颜色等特性或其他艺术图案的新型木质装饰板方材。

（11）木线条

指选用质硬、耐磨、耐腐蚀、不劈裂、切面光滑、加工性质良好、显色度好、黏结性好、握钉力强的木材，经过干燥处理后，用机械加工或手工加工而形成的用于装饰或封边的结构件。

4. 工艺操作术语

（1）加工余量

将毛料加工成形状、尺寸和表面质量等方面符合设计要求的零件时，所切去的一部分材料的尺寸大小，即毛料尺寸与零件尺寸之差。

（2）嵌补

用腻子将木材表面上的虫眼、钉孔、裂缝、榫缝，以及逆纹切削形成的凹坑和树节旁的局部凹凸不平等孔缝或缺陷填补平整的操作。

（3）砂光

采用砂纸、砂带等对木材表面进行砂磨，去除表面的粗糙不平，使表面平整光洁的过程。

（4）抛光打蜡

用抛光材料（砂蜡）擦磨漆膜表面，进一步消除经磨光后留在表面的细微不平，提高其表面光洁度，至光亮如镜。

（5）刮涂

用各种刮刀将腻子、填孔着色剂、填平漆等嵌补于工件表面的各种孔洞和缝隙中，或将工件表面的管孔和不平处金面刮涂填平饰的底层填平。

（6）喷涂

利用压缩空气及喷枪使液体涂料雾化并喷射到工件表面上形成涂层的方法。

（7）模压

在一定温度、压力、木材含水率等条件下，用金属成型模具对木材等材料表面进行热压，制造出具有浮雕效果的零部件的加工方法。

（8）清油

先清除饰面板上的污渍，然后进行涂刷底漆、用腻子修补钉眼、打磨、清除粉尘操作，之后喷刷油漆。

（9）混油

在木制板材上用水性腻子批、修补钉眼、打磨平整、清除粉尘，接着刷混水漆。如果是密度板，腻子应该使用原子灰批腻子。

四、全屋定制标准

全屋定制家具产业发展迅速，市场份额和影响力不容忽视。但是，在快速发展的同时也面临着许多问题，因而制定一定的标准就具有一定程度的规范作用，有助于形成规范的全屋定制市场。

1. 尺寸偏差与形位公差

家具尺寸偏差与形位公差要求标准

单位（mm）

<table>
<tr><th>序号</th><th>检验项目</th><th colspan="4">要求</th></tr>
<tr><td>1</td><td>产品外形尺寸</td><td colspan="4">产品外形宽、深、高尺寸的板限偏差为 ±5mm，配套或组合产品的极限偏差应同取正值或负值</td></tr>
<tr><td rowspan="3">2</td><td rowspan="3">翘曲度</td><td rowspan="3">面板、正视面板件对角线长度</td><td colspan="2">>1400</td><td>≤ 3</td></tr>
<tr><td colspan="2">700 ≤长度≤ 1400</td><td>≤ 2</td></tr>
<tr><td colspan="2">< 700</td><td>≤ 1</td></tr>
<tr><td>3</td><td>桌面水平偏差</td><td colspan="4">折叠桌面≤ 0.7%</td></tr>
<tr><td>4</td><td>平整度</td><td colspan="4">面板、正视面板件：≤ 0.2</td></tr>
<tr><td rowspan="4">5</td><td rowspan="4">邻边垂直度</td><td rowspan="4">面板、框架</td><td rowspan="2">对角线长度</td><td>≥ 1000</td><td>非折叠型长度差≤ 3
折叠型长度差≤ 6</td></tr>
<tr><td><1000</td><td>非折叠型长度差≤ 2
折叠型长度差≤ 4</td></tr>
<tr><td rowspan="2">对边长度</td><td>≥ 1000</td><td>非折叠型对边长度差≤ 3
折叠型对边长度差≤ 6</td></tr>
<tr><td><1000</td><td>非折叠型对边长度差≤ 2
折叠型对边长度差≤ 4</td></tr>
<tr><td>6</td><td>位差度</td><td colspan="4">门与框架、门与门相邻表面、抽展与框架、抽展与抽展相邻两表面的距离偏差（非设计要求的距离）≤ 2</td></tr>
<tr><td>7</td><td>分缝</td><td colspan="4">非设计要求时，板式家具的分缝≤ 2，实木家具的分缝≤ 3</td></tr>
<tr><td>8</td><td>底脚平稳性</td><td colspan="4">≤ 2</td></tr>
<tr><td>9</td><td>抽屉下垂度</td><td colspan="4">≤ 20</td></tr>
<tr><td>10</td><td>抽屉摆动度</td><td colspan="4">≤ 15</td></tr>
</table>

2. 外观

木制件外观要求标准

序号	项目	要求
1	贯通裂缝	应选择没有贯通裂缝的木材
2	腐朽材	外表应无腐朽材，内表面轻微腐朽面积不应超过零件面积的 20%
3	树脂囊	外表和存放物品部位用材应无树脂囊
4	节子	外表节子宽度不应超过材宽的 1/3，直径不超过 12mm（特殊设计要求除外）
5	死节、孔洞、夹皮和树脂道、树胶道	应进行修补加工（最大单个长度或直径小于 5mm 的缺陷不计），缺陷数外表不超过 4 个，内表不超过 6 个
6	其他轻微材质缺陷	如裂缝（贯通裂缝除外）、钝棱等，应进行修补加工

人造板外观要求标准

序号	项目	要求
1	干花、湿花	外表应无干花、湿花
2		内表干花、湿花面积不超过板面的 5%
3	污斑	同一板面外表，允许 1 处，面积在 $3mm^2$ ~ $30mm^2$ 内
4	表面划痕	外表应无明显划痕
5	表面压痕	外表应无明显压痕
6	鼓泡、龟裂、分层	外表应无鼓泡、龟裂、分层

五金件外观要求标准

序号	项目	要求
1	焊接件	焊接部位应牢固，无脱焊、虚焊、焊穿、错位。焊接应均匀，焊疱高低差不大于 1mm，无毛刺、锐棱、飞溅、裂纹、夹渣、气孔、焊瘤、焊丝头、咬边等缺陷
2	冲压件	无脱层、裂缝
3	铆接件	铆接应牢固，无漏铆、脱铆。铆钉应端正圆滑，无明显锤印
4	电镀件	镀层表面应无锈蚀、毛刺、露底。镀层表面应平整，应无起泡、泛黄、花斑、烧焦、裂纹、划痕和磕碰伤等缺陷。涂层应无漏喷、锈蚀
5	喷涂件	涂层应无漏喷、锈蚀。涂层应光滑均匀，色泽一致，应无流挂、疙瘩、皱皮、飞漆等缺陷

第二章

测量

一、测量工具

上门测量时一般测量的内容有全屋定制家具墙面的长、宽、高、角度，门窗的尺寸和位置，家具摆放的位置、尺寸等。在测量时常见的工具如下表所示：

名称	例图	作用
卷尺		用来测量尺寸、层高等数据
直角角尺		用来测量面和基准面相互垂直，用来检验墙体直角、垂直度和平行度误差
绘图纸		绘图纸用于画出户型、家具概况示意等
绘图板		绘图板是配合图纸使用的有力工具，主要是配合测量图纸使用
红、黑签字笔		红、黑签字笔主要用于测量完成后在图纸上画图，在重要部分用不同颜色备注以便区别
红外线测距仪		红外测距仪采用调制的红外光，进行精密测距的仪器，测程一般为1~5km
水平尺		用来测量客户家地面，墙面是否为水平、垂直的工具
相机		在测量完成后需要对客户家进行拍照，一是方便记忆，二是记录现场实景，便于设计方案时参考

二、测量步骤

测量由专业的全屋定制设计人员经过和客户沟通，然后进入建筑房屋进行相应尺寸的量取和记录，并和客户对于家具的情况进行初步探讨。敲定方案后，再进行精确的、二次测量的步骤。

绘制草图	• 在绘图纸上绘制所测量房间的草图，包括透视图、平面图、立面图
初测 长、宽、高	• 了解住宅的楼梯、电梯、门洞、走廊情况，以便运输家具 • 全方位测量房屋的整体结构和细部结构，如层高、墙体角度 • 测量天花、窗、梁柱等建筑构件的高度、角度等
测量水电、设施位置	• 测量开关、插座、给排水管道、电表箱、烟道、煤气管道的位置、尺寸、离地高度等相关数据 • 测量各种电器、设施及五金配件的尺寸
拍照	• 用数码相机将整个测量的情况真实记录
复测	• 尺寸需精确到毫米级，角度需精确到分级 • 确定房间净高及墙体、梁、柱的尺寸和角度 • 核查管线、开关、配电箱的位置 • 确认是否有石膏线或天花造型 • 确认基材和踢脚线的高度、厚度、材质及是否贴壁纸 • 确认中央空调位置 • 衣柜是在铺地板之前还是之后安装（询问地板规格）

三、测量方式

全屋定制最常用的测量方式有三种，分别是六点测量法、三遍测量法、辅助测量法。

1. 六点测量法

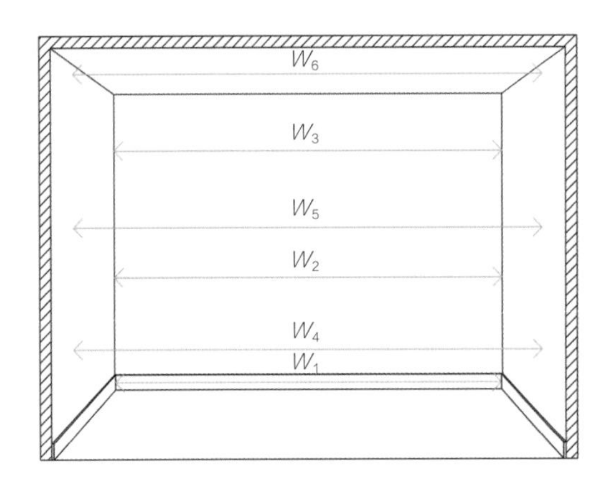

1）沿墙距离地面 100~150mm，量取 *W*1。

2）沿墙距离地面 750~1000mm，量取 *W*2。

3）沿墙距离地面 1550~2200mm，量取 *W*3。

4）离开墙面 600~650mm，在距离地面 100~150mm，量取 *W*4。

5）离开墙面 600~650mm，在距离地面 750~1000mm，量取 *W*5。

6）离开墙面 600~650mm，在距离地面 1550~2200mm，量取 *W*6。

2. 三边测量法

三边测量法实则是通过勾股定理来判断墙体是否垂直。

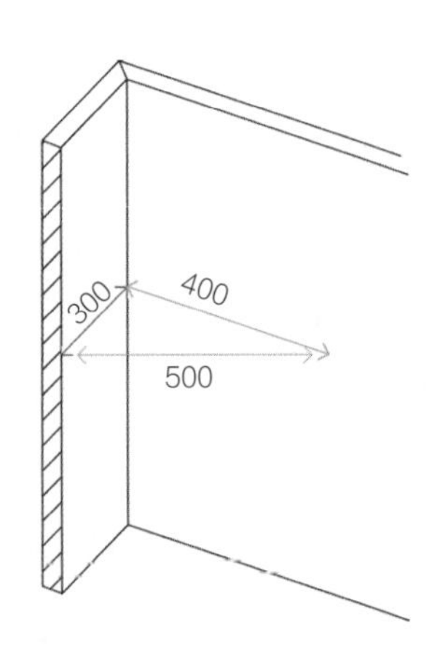

3. 辅助测量法

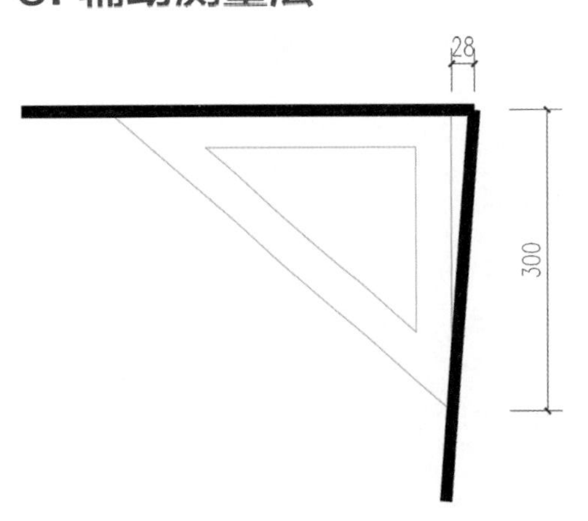

借助三角板或者现场找未切过的瓷砖，靠向一面墙体，用尺量出与另一面墙的缝隙，用比例尺得出墙的倾斜角度。

四、测量注意事项

测量是定制家具一个关键的环节，保证正确性、精确性是其标准。但在实际操作时，总会受到各方面的因素影响，因而在测量时需要格外注意。

1. 测量

1）选择同一基准面，减小误差。

2）复核尺寸，保证尺寸封闭。保证 $W2+W3+W4=W1$，一般误差不超过 10mm，且 $W1$ 为测量尺寸。

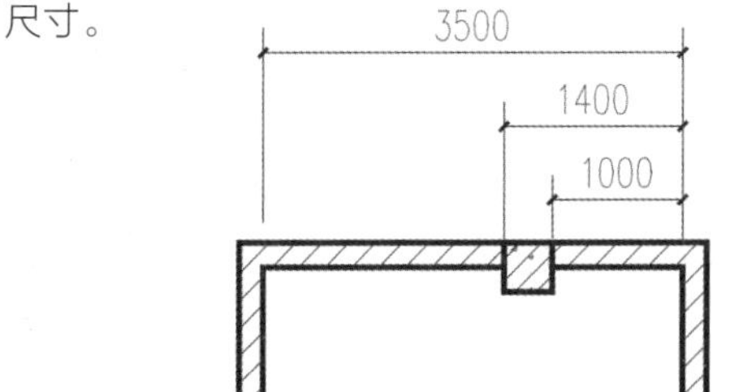

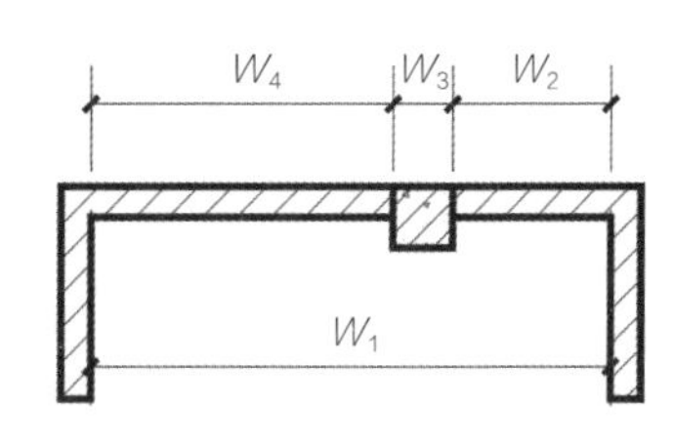

3）地面是否凿平，如果没有，那么就必须要等到凿平后进行第二次测量。

4）墙面是否处理，如果没有处理，问清后期墙面将如何处理，是否有大的改动。

5）如果家具有一侧紧靠门套位置，那么需要减除门套宽度。一般门套宽度为 60mm，厚度为 20mm。

6）墙顶的细节，主要是吊顶及石膏线的问题。如果需要吊顶，要和装修公司确认吊顶高度，一般为 300mm 左右；如果是做石膏线，一般将尺寸设定为 110mm。

7）如果定制家具摆放在窗帘位置，需要考虑使用窗帘的空间距离，一般为 150mm。

2. 读尺

1）水平位置测量时要保证卷尺拉紧，两端保持一致，可以一端固定，另一端上下移动一下，读取最小尺寸即可；垂直位置测量同水平位置测量，最好移动一下，读取最短尺寸。

2）测量数据要读两遍，以确保读得准确、记得准确。

3. 测量尺寸调整

在初测时，数据是较为笼统的。在初步设计时，可以将测量尺寸按照下面的公式进行初步调整，从而得到一个比较接近复测数据的尺寸。

1）设计尺寸 = 测量尺寸 - 预留尺寸

2）柜身设计尺寸 = 实际测量尺寸 -10~15mm

3）台面尺寸 = 实际测量尺寸 -5~10mm

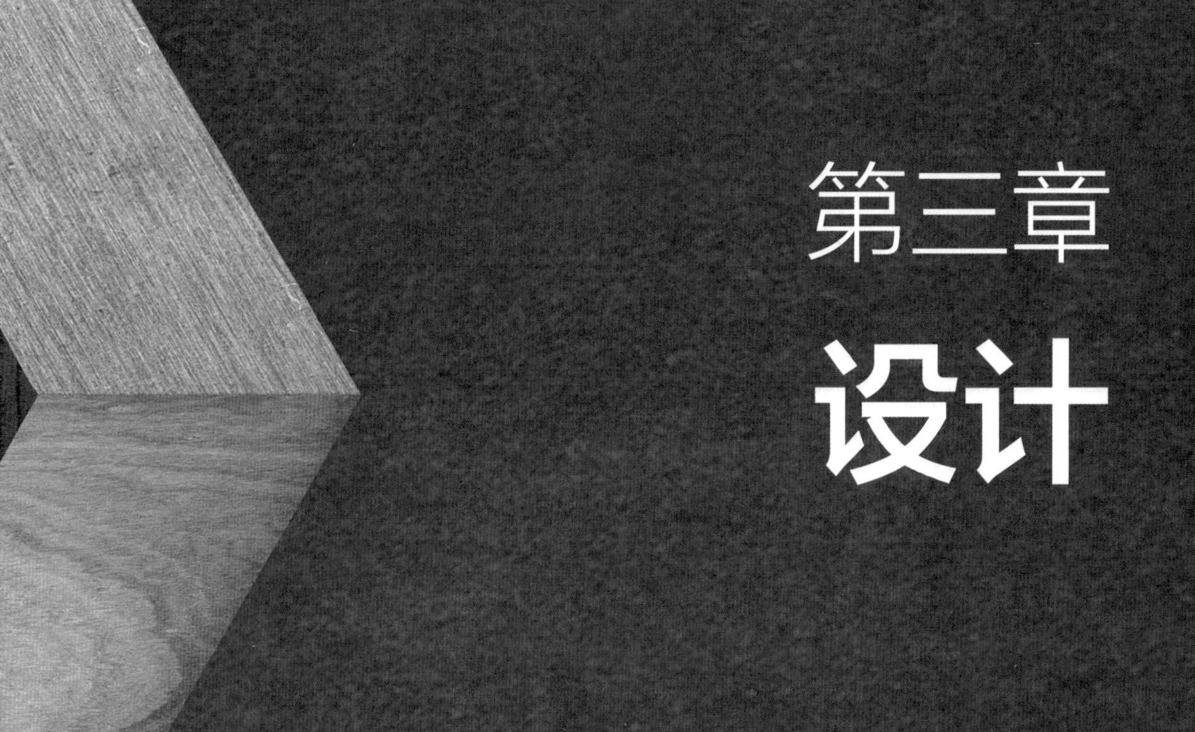

第三章

设计

一、造型设计

家具的造型是设计师思想的最终呈现形式，家具的实体必须是美的表达。定制家具的美学造型设计原则通常包含对称与平衡、对比与统一、节奏与韵律。

1. 造型的构成要素

家具造型通常是以基本的形态作为出发点，去塑造多变的形态。而为了便于对造型进行深入的研究，掌握其规律，一般会将造型拆解为更加具体的要素，即点、线、面、体。

（1）点

点是基本的形态之一，也是造型设计中的重点内容。它在整个造型中往往起到的是画龙点睛的作用，虽然牵扯的范围不大，但是具有较强的美学张力。

◉ 点的形态

点在形态上没有明显的限制，最理想的状态是圆形或者球形，也可以是三角形、方形、多边形、星形、几何曲线形等。

在造型设计中，点不能只被简单地看作是点。它必须有一定的体积和面积，否则就失去了存在的意义。同样一个点，相对于大的背景可称为是点，而相对于小的面积就变成了面或者是体。在家具的造型设计中，柜门的抽屉拉手、锁孔、装饰小五金等都可以理解为点。

◉ 点的情感表现

就点本身的形状而言，曲线形状的点饱满充实，富有运动感。直线类型的点则显出坚毅、严谨，具有精致和稳定的感觉。

◉ 点的应用

点是力的中心，点在空间中起着标明位置的作用，在视觉上可以产生亮点、焦点、中心的效果。因而，如果家具表面通过安装点（如具有一定形状、质地、色彩的拉手或其他五金件），便可打破板式家具的单调感。而点与点之间的间距排列同样也能营造出别样的美感，如等距排列会有规律、整齐的效果；变距排列则会产生动感，彰显个性，形成极具变化的画面。

点在家具中的应用

（2）线

线是点移动的轨迹，有长度、方向和位置。作为造型中的线，需要和点一样，要有宽度、有粗细。这里需要注意的是，一连串的虚线点也可以构成线。

◉ 线的分类

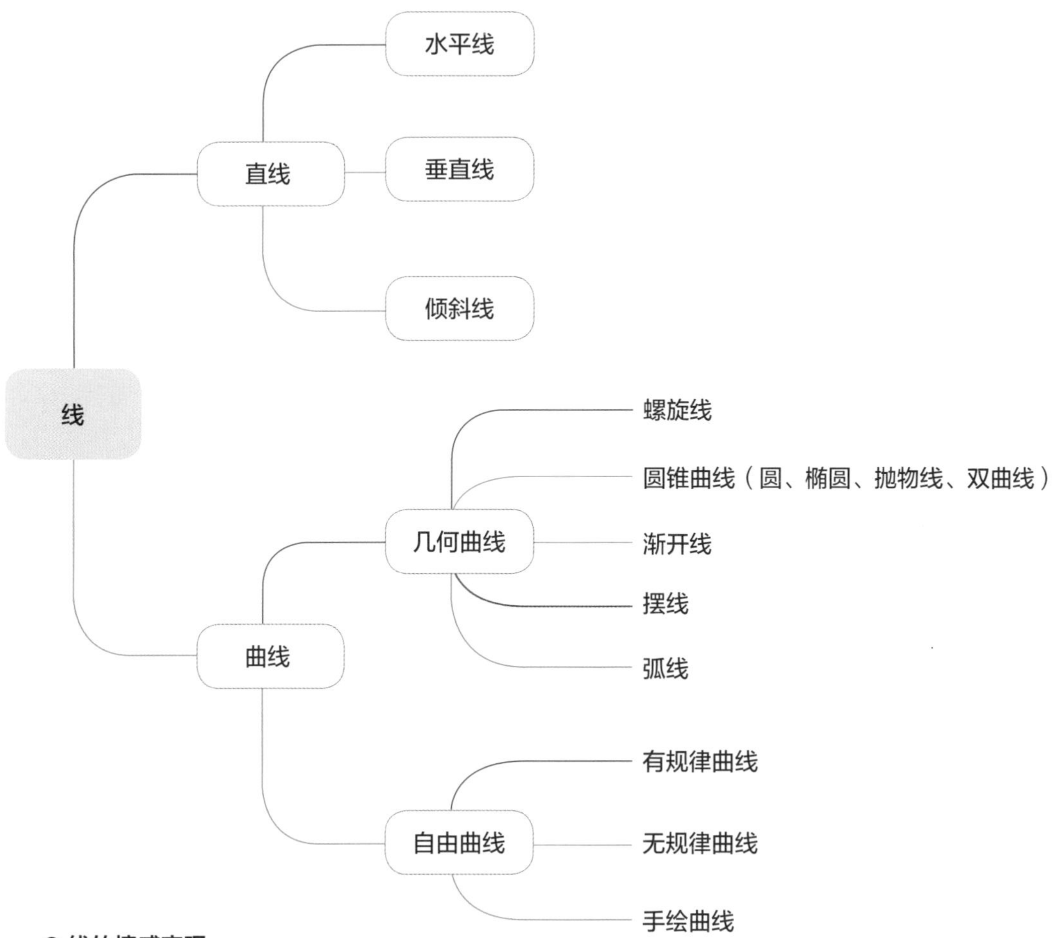

◉ 线的情感表现

在造型设计中，线是相对于点来说更有表现力的要素。

1）直线。直线具有简单、严谨、坚硬、明快、顽强、刚硬的特征，具体表现如下。

①水平线。显得安详、静止、稳定、永久。

②垂直线。显得挺拔、端庄。

③斜直线。显得不稳定、运动、飞跃、向上、前冲、倾倒。

④粗线。显得强壮、力量、钝重、粗苯、粗犷。

⑤细线。显得轻快、敏捷、锐利。

2）曲线。曲线具有温和、柔软、圆润、流动、优雅、愉快、弹力、运动、流畅活泼的特征，分类如下。

①几何曲线。指具有某种特定规律的曲线。给人柔软、圆润、丰满、明快、理智、对称、含蓄之感。

②自由曲线。不依照一定的规律自由绘制的曲线，给人优雅、轻松、流畅、奔放之感。

◉ 线的应用

线在家具中应用十分广泛，不仅常见于支撑架类，也可见于平面或者立面的板式构件上，既有实体形状的线型构件，也有装饰线、分割线等。

线在家具中的应用

（3）面的分类

在造型设计中，面是由轮廓线包围，比点的感觉更大，比线更宽，即点扩大就是面，线在旋转、移动、摆动后所形成的轮廓都可以称作面。

◉ 面的分类

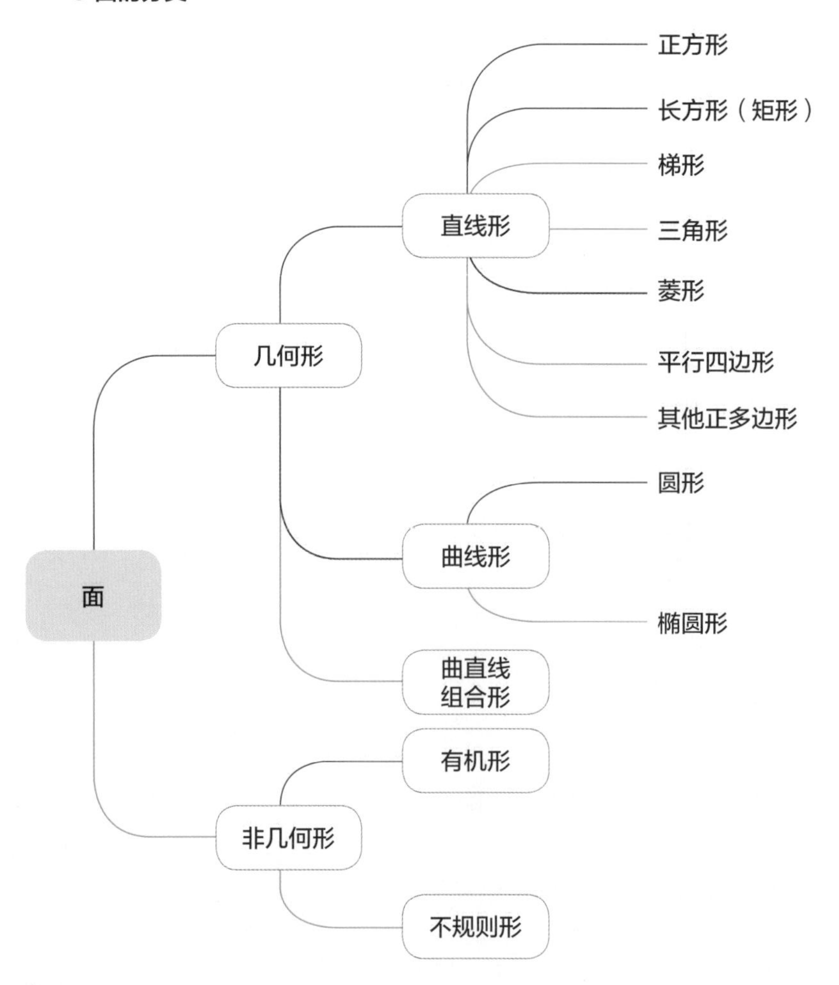

◎ 面的情感表现

1）几何形。几何形是由直线或曲线构成，或两者组合构成的图形。

①正方形。由垂直和水平两组线条组成，所以在任何方向都能呈现出安定的秩序感。它象征坚固、强壮、稳健、明确、安定、端正、庄严。但正方形也会给人单调的感觉，因而采用正方形时应搭配其他元素来丰富造型。

②矩形。矩形在水平方向上具有稳定、规矩感；在垂直方向上具有提拔、崇高、庄严感。

③三角形。斜线是三角形的主要特征，它有着丰富的形体变化，显得比较活泼。正三角具有扎实、稳定、尖锐之感；倒三角具有不稳定、运动之感，让人感觉轻松活泼。

④梯形。正梯形上小下大，具有良好的稳定感，有着优雅的支撑效果和视觉上的平稳感。倒梯形则具有运动感。

⑤菱形。具有大方、明确、活跃、轻盈感。

⑥正多边形。具有生动、明确、安定、规矩的稳定感。

⑦圆形。圆由一条连贯的环形线构成，具有永恒的运动感，象征着完美与简洁，同时具有圆润、饱满、温暖、柔和、统一感。

⑧椭圆形。有长短轴的变化，具有安详、明快、亲切、温馨、秀丽之感。

2）非几何形。非几何形能够充分突出使用者的个性。

①有机形。给人活泼、奔放的感觉，同时也有散漫、凌乱的感觉。

②不规则形。不规则形常给人轻松活泼的感觉，能够让家具的个性特征更加丰富。

◎ 面的应用

面在家具设计中的应用形式可大致分为三种：一是以板面或其他板状实体的形式出现；二是由条状零件排列形成的面；三是由形面包围而成，基本形式有平面构成、曲面构成，以及平、曲面混合构成这三种。

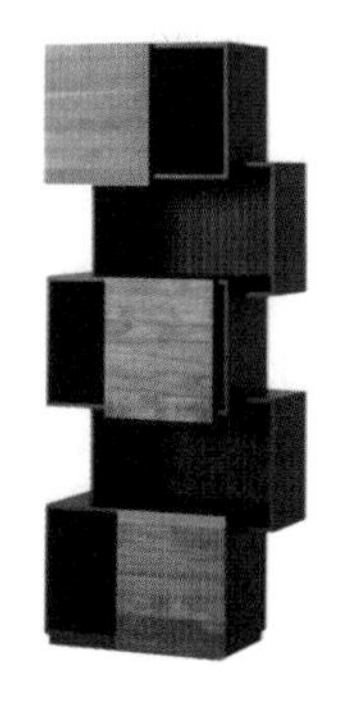

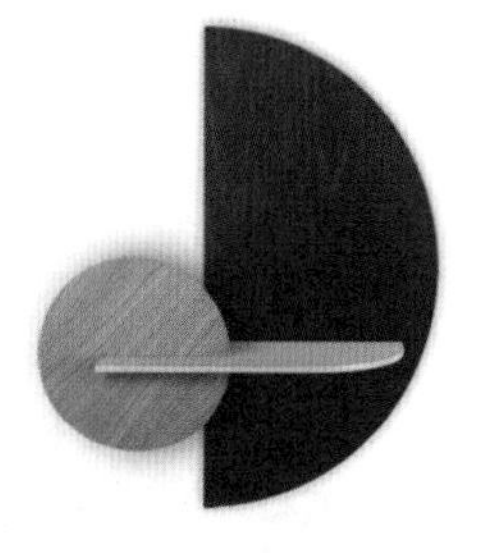

面在家具中的应用

（4）体

体不同于点、线、面，它不仅是抽象的几何概念，也是现实中最能被感知的存在，占据的是三维空间。

◉ 体的分类

体有几何体和非几何体两大类。几何体有正方体、长方体、椎体、主题、球体等，尤其是长方体在造型上被广泛应用；非几何体指一切不规则的形体。

造型中的体还有虚实之分，由块或者面组成的体为虚体，虚体根据其空间的开放形式又可分为通透型、开敞型和隔透型。通透型即用线或面围成的空间，至少要有一个面不加封闭，保证前后和左右的贯通。开敞型即盒子式的虚体，保持一个方向无遮拦，而外敞开。隔透型即用玻璃等透明或半透明材质做成遮挡面，在一向或多向具有视觉上的开敞空间，也是虚体的一种构成形式。

◉ 体的情感表现

几何体所表现的情感与几何形相似，但立体会给人在视觉上有分量感。

1）细高的体量。具有纤柔、轻盈、崇高、向上的视觉感受。

2）水平的体量。具有平衡、舒展的视觉感受。

3）矮小的体量。具有沉稳的视觉感受，同时给人小巧、轻盈、亲近感。

4）高大的体量。使人感到形体突出，产生力量感和重量感，具有雄伟、庄重的气场，同时也能带来压抑感。

5）实体。给人稳固坚硬的感觉。

6）虚体。具有开放、方便、轻巧活泼的视觉感受。

◉ 体的应用

体在造型中的应用大致有两种形式，分别是体的堆积构成和体的切割构成。

1）体的堆积构成。家具中的柜类就是以堆积构成的形式存在，在视觉上常以不同的形状或大小的体块出现。在堆积方式上可划分为垂直方向堆积、水平方向堆积、二维（垂直和水平）堆积及全方位堆积。

2）体的切割构成。切割是指将家具设计成为有凸块或凹块的形式，使其与完整的几何体相比，好像是切割掉某部分后形成的体块，使得造型本身层次丰富、变化无穷。

体在家具中的应用

2. 造型设计原则

（1）对称与平衡

对称是指具有对称轴，轴的两边相当部分完全对应，表现出一种和谐、稳定之感。

平衡是指家具表现出一种稳定的感觉。这种感觉是由家具各部分的体量关系和不同材质对比形成的。平衡不仅表现在尺度上，而且还表现在造型、色彩、肌理上。平衡包括对称和非对称两种形式。

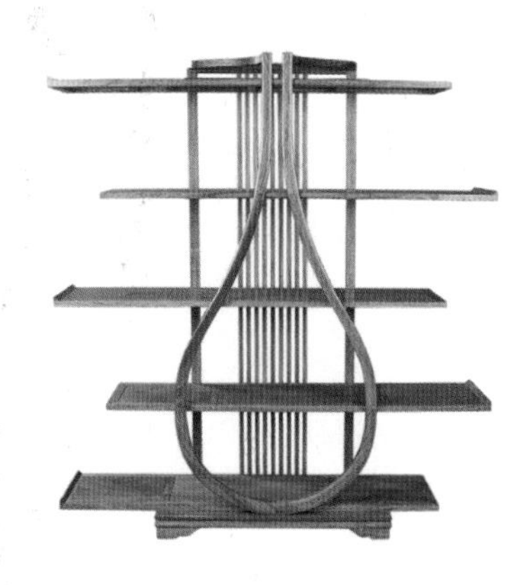

在形式上对称和均衡有机统一，兼具稳定感和生机

（2）对比与统一

对比强调变化性与差异性，表现为互相衬托。家具设计中，从整体到局部、从单体到成组，常运用对比的方法来突出重点，取得变化的效果。包括形的对比、方向的对比、色彩的对比、质感的对比、虚实的对比等。

统一是与对比相对照的概念，主要是指谐调性和一致性，统一的原则是合理地选择具有一定共性的各要素。最典型的是，方式上重复使用某种形式，色彩关系上采用相近颜色，材料上选取谐调搭配。

线与面、曲与直、实与虚之间形成对比

（3）节奏与韵律

家具的节奏和韵律主要是指某一元素有规律的重复，从而创造了视觉上的整体感和运动感。这种方式可以通过形状、线条、颜色、细部装饰来实现。常见的节奏与韵律的形式有连续、渐变、起伏、交错。

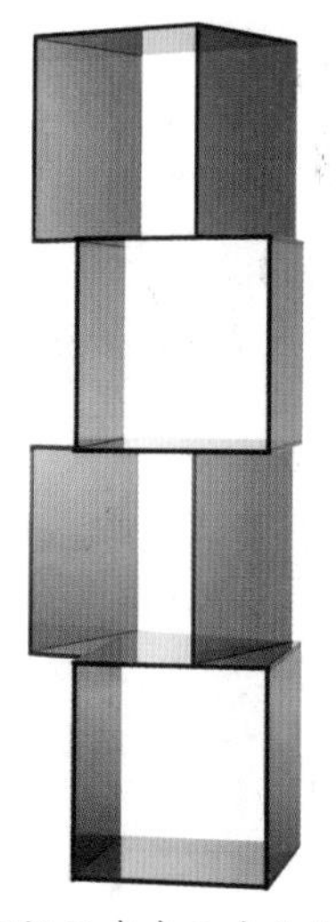

方形框板元素在垂直方向上错位，形成渐变的韵律

二、尺度设计

确定一件家具的合理尺寸，首先应该了解人体的尺寸，以及人在使用家具时的基本活动尺寸，如拿取、通行、躺卧等，这是家具设计的最基本依据。

（1）人体构造尺寸与家具尺寸

人体构造尺寸主要是指人的静态尺寸，它包括头、躯干、四肢等部位在标准状态下测量获得的尺寸。这些尺寸能够科学地确定家具的相关尺度范围。

我国成年人体尺寸

单位（mm）

项目	例图	性别	5 百分位	50 百分位	95 百分位	家具数据应用
身高		男	1583	1678	1775	限定头顶上空悬挂家具的高度
		女	1483	1570	1659	
眼高		男	1474	1568	1664	确定陈列、屏幕的参考
		女	1371	1454	1541	
肩高		男	1281	1367	1455	限定人们行走时肩部可能触及搁板的高度
		女	1195	1271	1350	

续表　单位（mm）

项目	例图	性别	5 百分位	50 百分位	95 百分位	家具数据应用
肘高		男	1195	1271	1350	确定人站立工作时的台面高度
		女	899	960	1023	
胫骨点高		男	409	444	481	
		女	377	410	444	
肩宽		男	344	375	403	确定家具排列时最小通道宽度、椅背宽度和环绕桌子的座椅间距
		女	320	351	377	
立姿臀宽		男	282	306	334	
		女	290	317	346	
立姿胸厚		男	186	212	245	限定储藏柜及台前最小使用空间的水平尺寸
		女	170	199	239	
立姿腹厚		男	160	192	237	
		女	151	186	238	

续表　单位（mm）

项目	例图	性别	5 百分位	50 百分位	95 百分位	家具数据应用
立姿上举手臂时中指指尖高		男	1971	2108	2245	限定上部柜门、抽屉拉手高度
		女	1845	1968	2089	
坐高		男	858	908	958	限定座椅上空障碍物的最小高度
		女	809	855	901	
坐姿眼高		男	749	798	847	确定陈列、屏幕的参考
		女	695	739	783	
坐姿肘高		男	228	263	298	确定座椅扶手最小高度和桌面高度
		女	215	251	284	
坐姿膝高		男	456	493	532	限定桌面底部至地面的最小垂距
		女	424	458	493	
坐姿大腿厚		男	112	130	151	限定座椅面至台面底的最小垂距
		女	113	130	151	

续表 单位（mm）

项目	例图	性别	5 百分位	50 百分位	95 百分位	家具数据应用
小腿加足高		男	383	413	448	确定座椅面高度
		女	342	382	405	
坐深		男	421	457	494	确定座椅面深度
		女	401	433	469	
坐姿两肘间宽		男	371	422	489	确定座椅扶手水平间距
		女	348	404	478	
坐姿臀宽		男	295	321	355	确定座椅面最小宽度
		女	310	344	382	

（2）人体功能尺寸与家具尺寸

人体功能尺寸是在人体活动时测量获得的尺寸，主要能为家具的距离、高度提供一个合理的尺寸，以减少人体肌力和体能的损耗。

三、色彩设计

色彩的本质是不同频率的电磁波。人对颜色的反应表现在颜色的基本特性的知觉，即对色调、明度、饱和度的知觉及心理表现。

1. 色彩基础知识

色彩具有三种属性，色相、彩度和饱和度。人们在辨别色彩时，其颜色都是有由这三个属性叠加而成的。

（1）色相

色相又称色别，它说明了色彩所呈现的样貌，如红、黄、蓝等色。这是色彩三属性中最重要的属性，即色的特质，通常以循环的色相环表示。

（2）明度

明度表示色彩的明暗程度。它是指非发光物体的颜色，其含白、灰、黑成分的多寡，以及受到不同光线照射所产生的明暗程度。

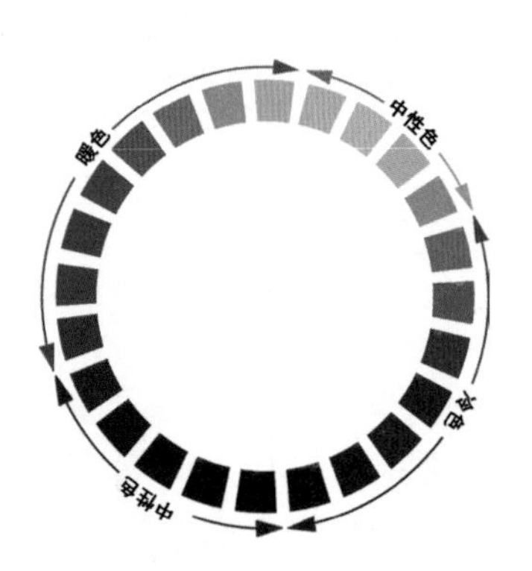

色环的明度等级

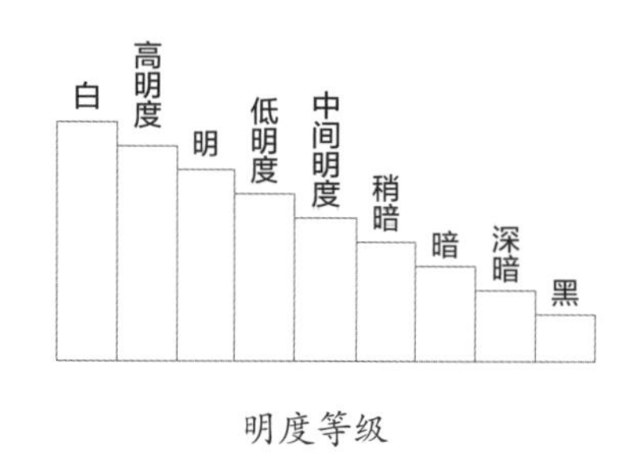

明度等级

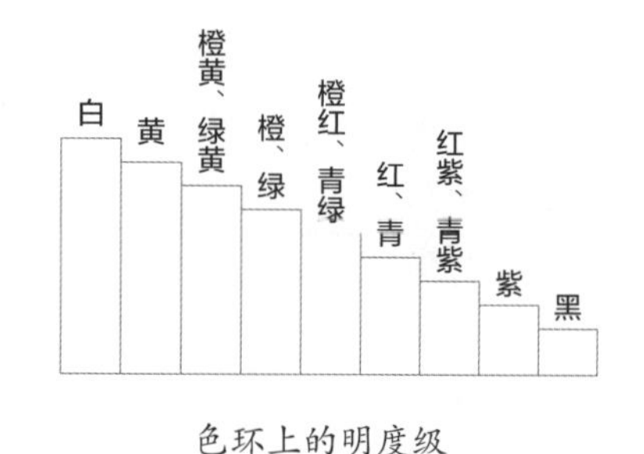

色环上的明度级

（3）饱和度

饱和度又称彩度、色度或者纯度，是指色彩的鲜艳程度。根据光线的变化及色彩内所含黑、白、灰量的多少，而使色彩强度发生变化。

2. 色彩基础知识

颜色	心理效应
红	热烈、积极、激情、喜悦、喧闹、愤怒、焦灼
橙	欢喜、爽朗、爽气、成熟、丰收、焦虑
黄	明亮、愉快、健康、光明
黄绿	青春、鲜嫩、休憩
绿	和平、安静、新鲜、年轻、活力
青绿	凉爽、平静、深远
青	冷静、沉默、孤独、空旷
青紫	神秘、深奥、崇高
紫	庄严、高贵、大气、严肃、雍容、抑制
蓝	沉静、透明、舒适、沉思、忧郁、消沉
褐	朴素、稳重、成熟、干涩
白	纯洁、朴素、镇定、清爽、冷酷
灰	平凡、中性、沉着
黑	黑暗、阴森、严峻、不安、冷酷

3. 室内色彩种类

暖色系

- 给人温暖感觉的颜色，称为暖色系。紫红、红、红橙、橙、黄橙、黄、黄绿等都是暖色，暖色给人温和、柔软的感受。
- 黄色主调 / 定制的电视柜与其相呼应，同样选择了黄色。

冷色系

- 给人清凉感觉的颜色，称为冷色系。蓝绿、蓝、蓝紫、青色、清灰色等都是冷色系，冷色给人坚实、强硬的感受。
- 蓝色主调 / 定制的装饰储物柜为白色，能够减弱蓝色的冷感。

中性色系

- 紫色和绿色没有明确的冷暖偏向，称为中性色，是冷色和暖色之间的过渡色。
- 主调偏绿 / 橱柜选用绿色，岛台选用较浅的木色，从而让整个厨房的色彩既相互联系又各自独立。

无彩色系

- 黑色、白色、灰色、银色、金色没有彩度的变化，称为无彩色系。
- 灰白色主调 / 定制的储物隔板为黑色，形成了对比，减弱了单一白色的单调感。

4. 色彩搭配原则

1）向北或向东开窗的房间可运用暖黄色调的家具，这种方式可以让整个空间看起来更加温暖。

2）在宽敞、光线明媚的房间，可以选用淡灰色、黑色系的家具产品，能反衬空间的素净高雅。可以增加几种亮丽的颜色，从而使得空间更有生机。

3）搭配时要首先对空间的背景色有一个清醒的认知，再按照一定的美学规律对主体色和点缀色进行设计。

背景色

作为大面积的色彩，对其他室内物件起衬托作用的背景色，约占 60%。

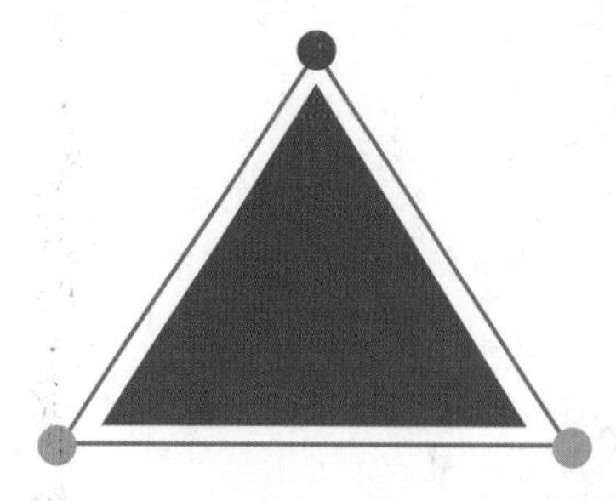

主体色

在背景色的衬托下，以室内占有主导地位的家具为主体色，约占 30%。

点缀色

作为室内重点装饰，点缀面积小却非常突出，视觉效果惊艳。

4）不建议使用大面积蓝色。因为蓝色过多会给人以忧郁感，同时还会让空间显得狭小黑暗。

适当面积的蓝色能够给人心旷神怡的感觉

5）通常情况下，家具的色彩要适当，原则上不超过三种。值得注意的是，黑色、白色、灰色是无彩色色系，因而可以不计算为颜色。

黑白灰搭配金色，整体高贵大气，凸显档次

四、材料设计

全屋定制家具是由多个板面与功能结构划分组成，一般采用可拆装式结构。板材是柜子的主体部分，其质量好坏决定柜子的使用寿命。因此板材的选取十分重要，需根据材料的特点和使用场所进行合理搭配。

1. 柜体材料

定制家具的常用基材主要有刨花板、纤维板、细木工板、实木多层板、实木指接板和实木板。各有其特性，这里介绍的基材是指外观没有经过饰面的裸板。

（1）刨花板

刨花板又称颗粒板、微粒板、蔗渣板、碎料板，是将枝芽、小径木、木料加工剩余物、木屑等制成的碎料，施加胶黏剂经高温热压而成的一种人造板。

◎ 刨花板特性

优点：横向承重力比较好，表面很平整，可以进行各种样式贴面。具有结构牢度高、物理性能稳定、隔声效果好，抗弯性能、防潮性能等优点。

缺点：其内部为颗粒状结构，所以不易铣型；另外，由于刨花板面积较大，用它制作的家具，相对于其他板材来说比较重。

◎ 刨花板的分类

刨花板按照结构可分为单层结构刨花板、三层结构刨花板、渐变结构刨花板和定向刨花板，按制造方法可分为平压刨花板、挤压刨花板。刨花板的厚度规格较多，以 19mm 为标准厚度。

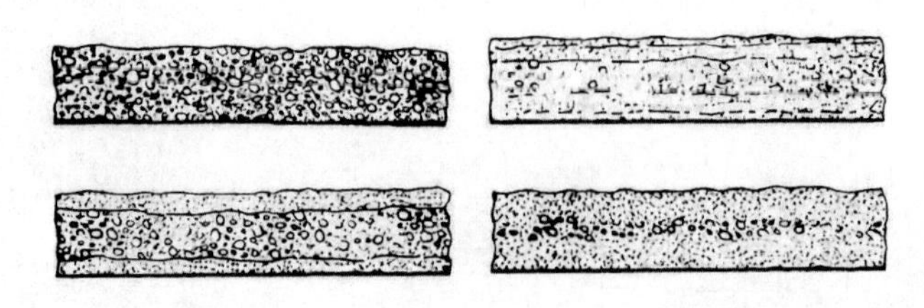

刨花板结构

（2）纤维板

纤维板又称密度板，有密度大小之分，分为低密度纤维板、中密度纤维板和高密度纤维板。是由木质纤维或其他植物纤维为原料，加工成粉末状纤维后，施加胶黏剂或其他添加剂热压成型的人造板。

◎ 纤维板特性

优点：纤维板具有材质均匀、纵横强度差小、不易开裂、表面光滑、平整度高、易造型等特点。当表面需要造型、铣型或表面贴面时，可以很好地保证覆膜后表面平整。

缺点：中密度纤维板防潮性较差，强度不高，做家具的高度不能太高，一般为 2.1m 以内，并且不太适合用在潮气较大的环境。因其结构特性，用胶量较大，在一定程度上环保系数较低。

◎ 纤维板的分类

按纤维板的体积密度不同可分为高密度纤维板、中密度纤维板、低密度纤维板三种。

高密度纤维板

• 强度高，耐磨、不易变形，可用于墙壁、门板、地面、家具等。其按照物理力学性能和外观质量分为特级、一级、二级、三级四个等级。

中密度纤维板

• 按产品的技术指标可分为优等品、一等品、合格品。按所用胶合剂分脲醛树脂种类，中密度纤维板、酚醛树脂中密度纤维板、异氰酸酯中密度纤维板。

• 结构松散，强度较低，但吸声性和保温性好，主要用于吊顶等。

低密度纤维板

（3）禾香板

禾香板是以农作物秸秆碎料为主要原料，施加 MDI 胶及功能性添加剂，经高温高压制作而成的一种人造板。

◎ 禾香板特性

优点：是目前市场中唯一的零甲醛板材。具有尺寸稳定性好、强度高、环保、阻燃和耐候性好等特点。

缺点：售价偏高，与刨花板相比，每平方米要高出 100 元左右。

禾香板

（4）细木工板

俗称大芯板、木芯板，是具有实木板芯的胶合板，由两片单板中间胶压拼接木板而成。材种有许多种，如杨木、桦木、松木、泡桐等，其中以杨木、桦木为最好，质地密实，木质不软不硬，握钉力强，不易变形；而泡桐的质地很轻、较软、吸收水分大，握钉力差，不易烘干，制成的板材在使用过程中，当水分蒸发后，板材易干裂变形；松木质地坚硬，不易压制，拼接结构不好，握钉力差，变形系数大。

◎ 细木工板特性

优点：细木工板尺寸稳定，不易变形，有效地克服木材各向异性，具有较高的横向强度，由于严格遵守对称组坯原则，有效地避免了板材的翘曲变形。

缺点：环保性相比较其他几类板材略差一点儿，而且细木工板的抗弯性能较低。

◎ 细木工板分类

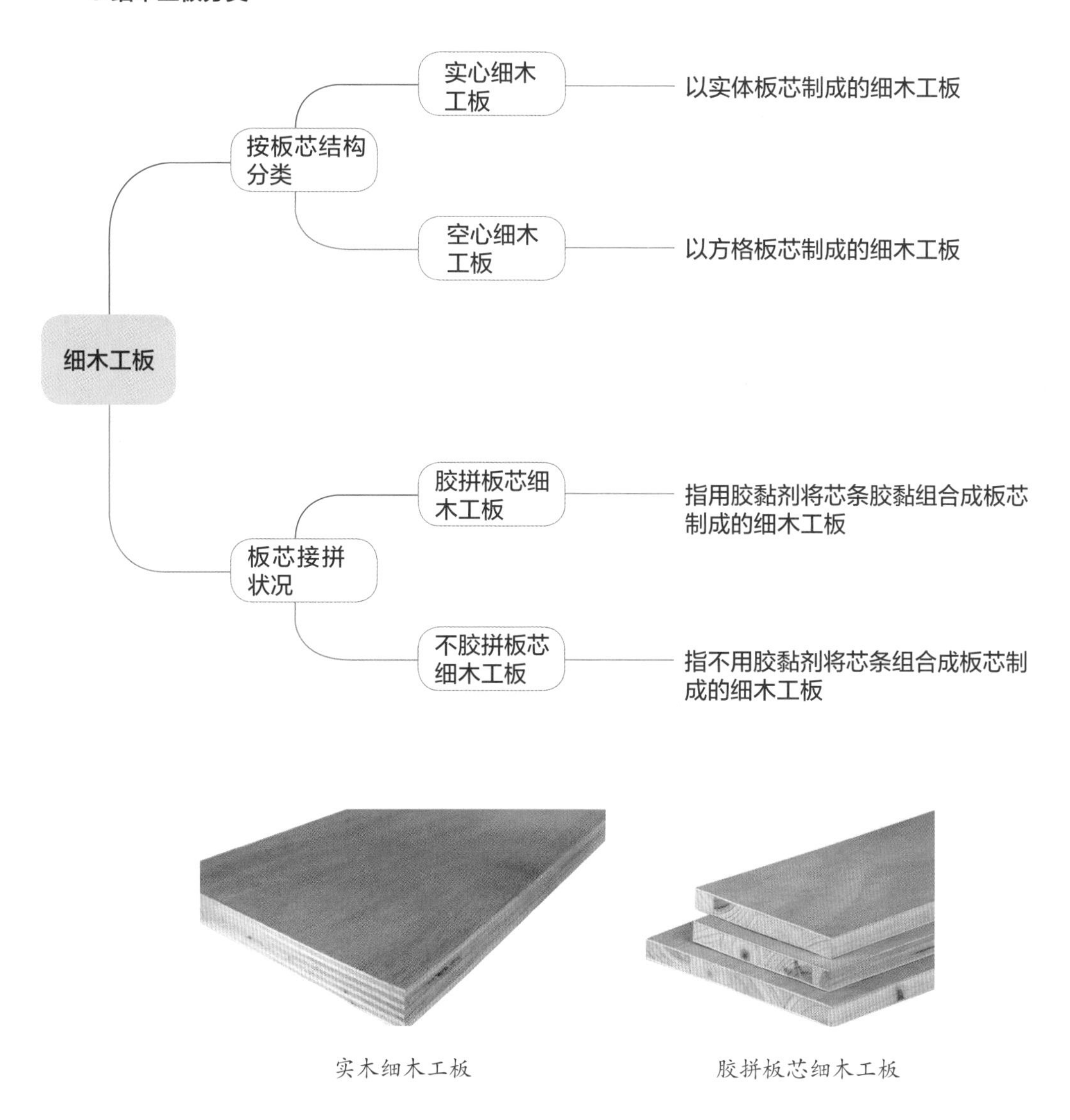

实木细木工板　　胶拼板芯细木工板

（5）多层实木板

多层实木板是胶合板的一种，由三层或多层的单板或薄板的木板胶贴热压制而成。夹板一般分为 3 厘板（3 mm）、5 厘板（5mm）、9 厘板（9mm）、12 厘板（12mm）、15 厘板（15mm）和 18 厘板（18 mm）六种规格。

◎ 多层实木板特性

优点：结构稳定性好，不易变形，质量坚固。由于纵横胶合、高温高压，从内应力方面解决了实木板的变形缺陷问题。

缺点：多层实木板质量的好坏，很大程度上取决于胶合的黏结程度。因此，质量有时不受控制。

（6）指接板

指接板属于实木板，由多块木板拼接而成，上下不再黏压夹板，由于竖向木板间采用锯齿状接口，类似两手手指交叉对接，故称指接板。

指接板

◎ 指接板特性

优点：指接板上下无须粘贴夹板，用胶量少，且无毒无味。

缺点：指接板虽然采用了实木短料，但其并不是传统意义上的实木家具。

（7）实木板

实木板就是采用完整的木材（原木）制成的木板材。通常，定制家具局部会采用实木，其组装的方式，是以榫槽和拼板胶相结合。

实木板

◎ 实木板特性

优点：木材坚固耐用、纹路自然，大都具有天然木材特有的芳香，具有较好的吸湿性和透气性，有益于人体健康，不造成环境污染，多用来制作高档家具。

缺点：实木板类板材造价高，而且施工工艺要求高，在装修中使用相对较少。

2. 表面装饰材料

饰面或贴面，一般是指在密度板、细木工板、刨花板等基材上粘贴一层具有装饰性的饰面材料。其中，实木板、指接板的表面装饰材料多为油漆。

（1）实木皮饰面

实木皮饰面是将树沿纵向用大型的机器刨成像厚纸（一般在 1mm 内）一样的薄皮，再进行加工处理而成。其可单独粘贴在刨花板等基材的表面上。

◎ 实木皮饰面特性

优点：手感真实、自然，档次较高，是目前国内外高档家具采用的主要饰面方式。

缺点：材料以及制作成本较高。

◎ 实木皮饰面的常见样式

常见木皮的色彩从浅到深，有樱桃木、枫木、白榉木、红榉木、水曲柳、白橡木、红橡木、柚木、花梨木、胡桃木、白影木、红影木、红木、紫檀木、黑檀木等几种。

樱桃木饰面 枫木饰面 红榉木饰面 水曲柳饰面

白橡木饰面 柚木饰面 花梨木饰面 胡桃木饰面

红影木饰面 红木饰面 紫檀木饰面 黑檀木饰面

（2）三聚氰胺饰面

三聚氰胺是一种高强度、高硬度的树脂，制作方法是将装饰纸表面印刷花纹后，放入三聚氰树脂，制作成三聚氰胺饰面板，再经高温热压在板材基材上。

◎ 三聚氰胺饰面特性

优点：贴面环保，不含甲醛，具有耐磨、耐腐蚀、耐热、耐刮、防潮等优点。

缺点：封边易崩边，胶水痕迹明显。

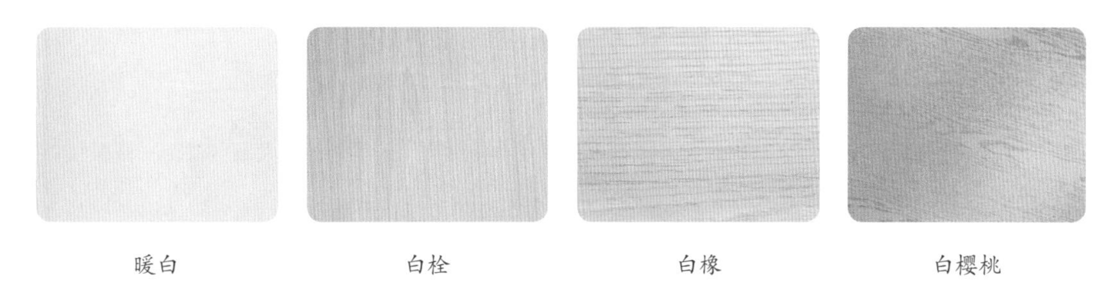

暖白 白栓 白橡 白樱桃

◎ 三聚氰胺饰面组成

一般由表层纸、装饰纸、覆盖纸和底层纸等组合而成。

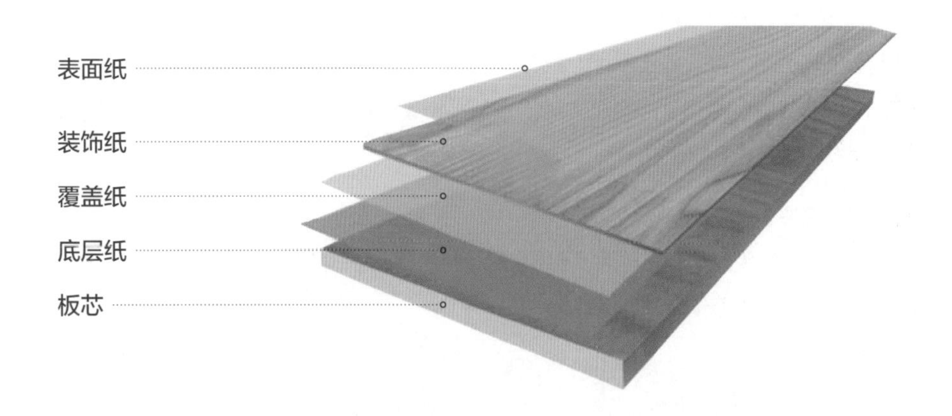

表层纸：放在装饰板最上层，起到保护装饰纸的作用，使加热加压后的板表面高度透明，板表面坚硬耐磨，这种纸要求吸水性能好，洁白干净，浸胶后透明。

装饰纸：即木纹纸，是装饰板的重要组成部分，有底色和无底色的区分，经印刷成各种图案的装饰纸，放在表层纸的下面，主要起装饰作用。这层要求纸张具有良好的遮盖力、浸渍性和印刷性能。

覆盖纸：也叫钛白纸，一般在制造浅色装饰板时，放在装饰纸下面，以防止底层酚醛树脂透到表面，其主要作用是遮盖基材表面的色泽斑点。因此，要求有良好的覆盖力。以上三种纸张分别浸以三聚氰胺树脂。

底层纸：是装饰板的基层材料，对板起力学性能作用，是浸以酚醛树脂胶经干燥而成，生产时可根据用途或装饰板厚度确定若干层。

3. 面料

定制家具使用面料有布料、皮料两种，设计在衣柜、沙发等定制产品的表面。布料具有价格便宜、花色多样、舒适透气等特点；皮料具有奢华、易清洁等特点。

（1）工艺皮革

可根据家具的材质和尺寸进行定制，其颜色和纹理可以与现有材质如木纹等随意搭配。

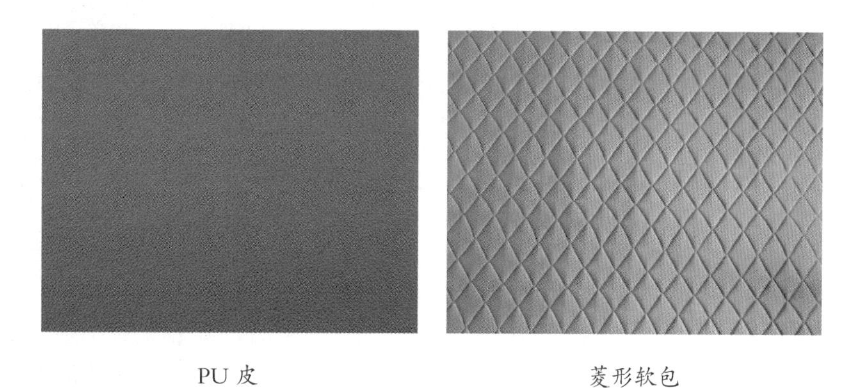

PU 皮　　菱形软包

（2）工艺布料

布料手感柔软温暖，与定制家具搭配，既能起到装饰效果，同时也会给家具增添“柔和度”。同时，布料打理起来比较困难，需要专门的清洗方法。

条纹布料　　花纹布料　　麻布

第四章

制造

一、拆单

家装设计师绘制的定制家具图样要经过专门的家具结构工程师进行家具技术分解、拆单，生成多个家具零部件图，这是从设计图纸到加工文件的转化阶段。

在拆单阶段，全屋定制的家具会根据零部件的加工工序、加工分组、加工设备等来进行产品制造的规划，每一个零部件都有自己的编号，计算机系统根据编号再详细落实生产信息。

胡桃木两门衣柜拆单

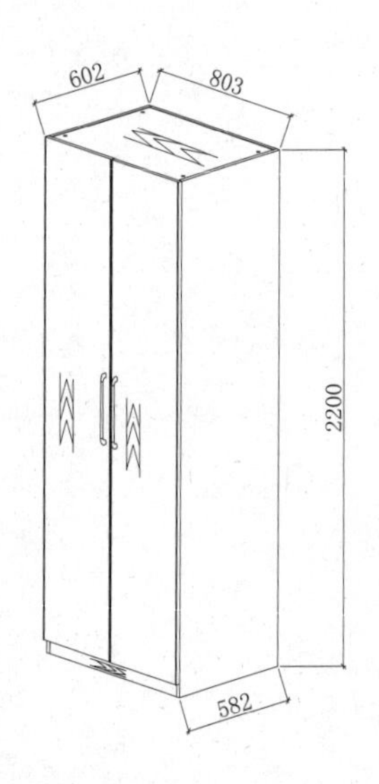

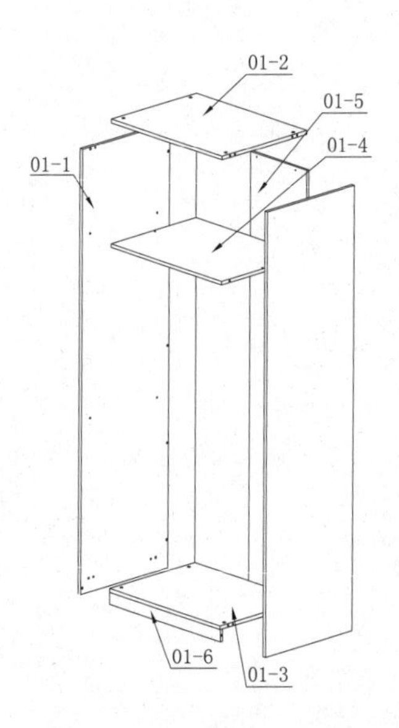

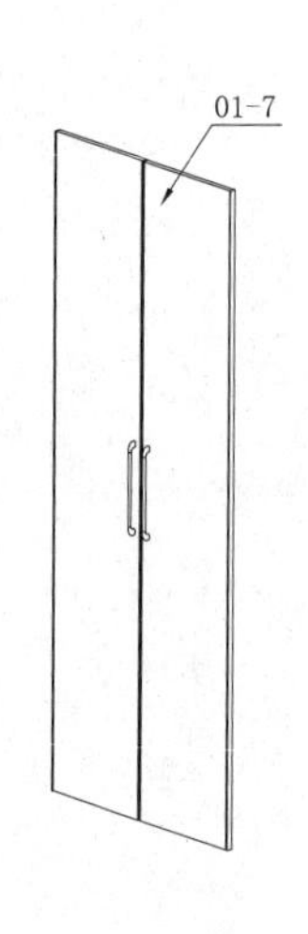

衣柜主体

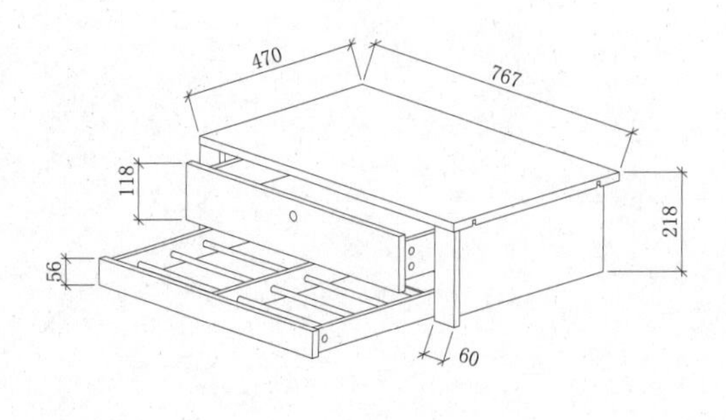

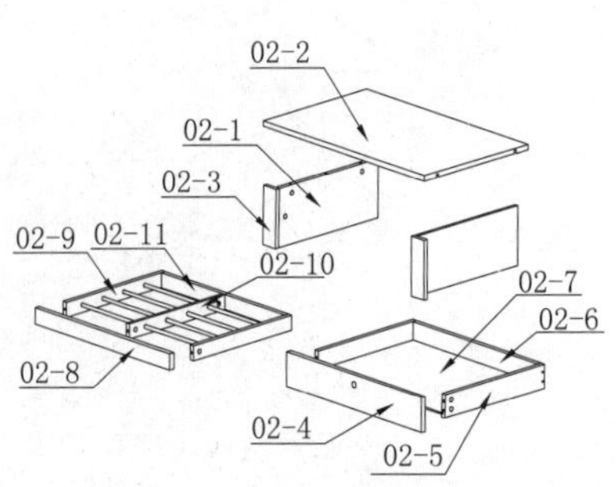

内柜

二、图纸审核

全屋定制家具的设计图纸以及家具零部件图还需要定制家具工厂的技术审核员进行审核，确认无误后才能够下料生产。图纸绘制不规范，图纸结构绘制不清晰，分解拆单不严密，不但会影响技术审核效率，还会为排孔、立装和手工特制等工序造成较多的麻烦，影响生产效率，因而在正式下达生产任务之前，必须对图纸进行审核，确保不会出现失误。

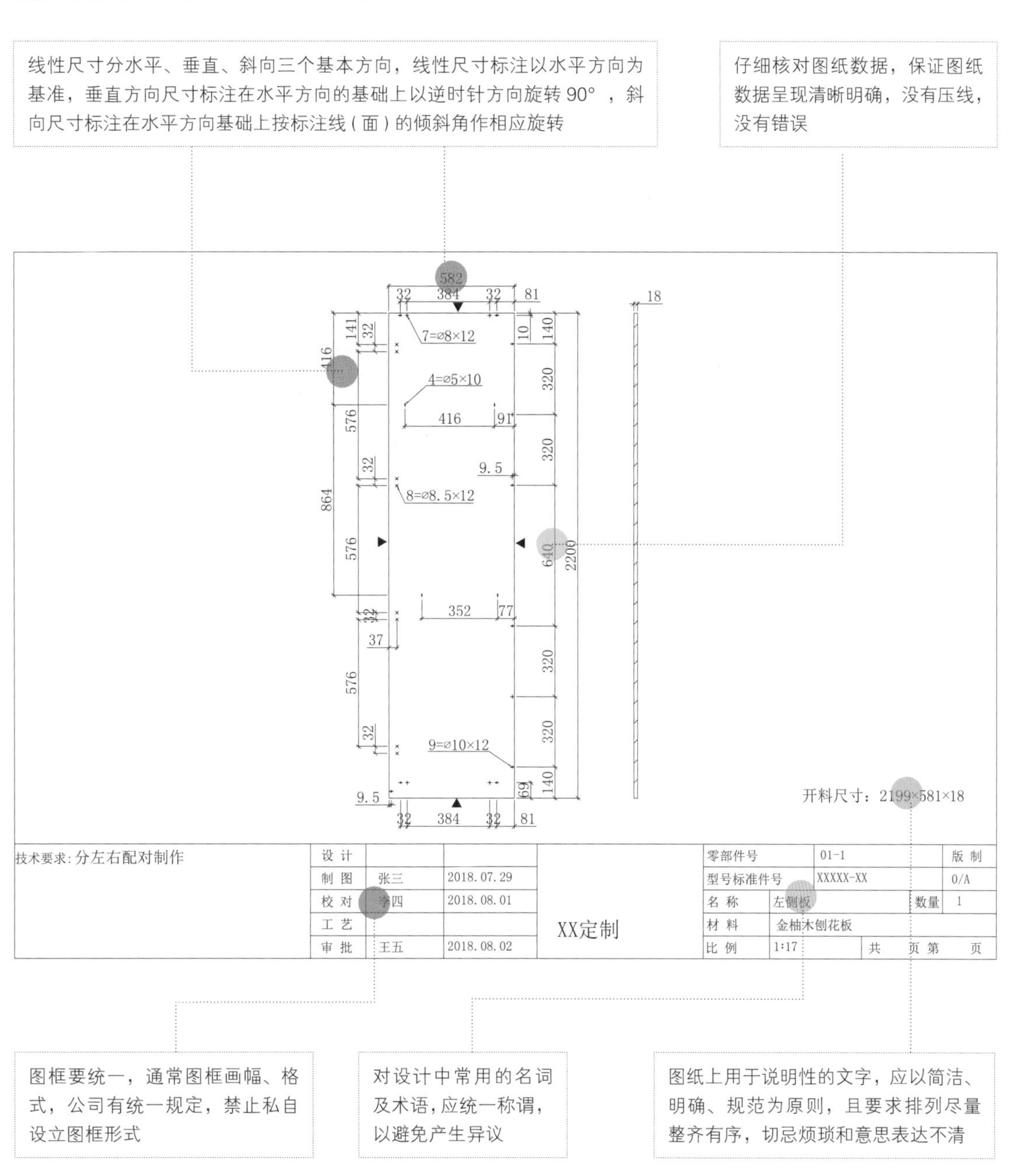

三、开料

开料是全屋定制家具产品生产的重要环节，随着科技的发展，开料环节也正式迈入机器化生产。

在拆单后，将图纸等生产文件通过计算机传送于电子开料锯上，电子开料锯可以提高裁切的效率、降低成本，也能对方案进行优化。文件传输后，技术人员选择相应的文件，电子开料锯会根据设计图纸对板材进行准确的切割，同时打印出条形码。条形码是板材的身份证明，也是后续工作环节中的识别标准。

开料时也会用到裁板锯，通常是电子开料锯的辅助工具，适用于一些非标准的、少量的、运输过程中受到损坏的场景。

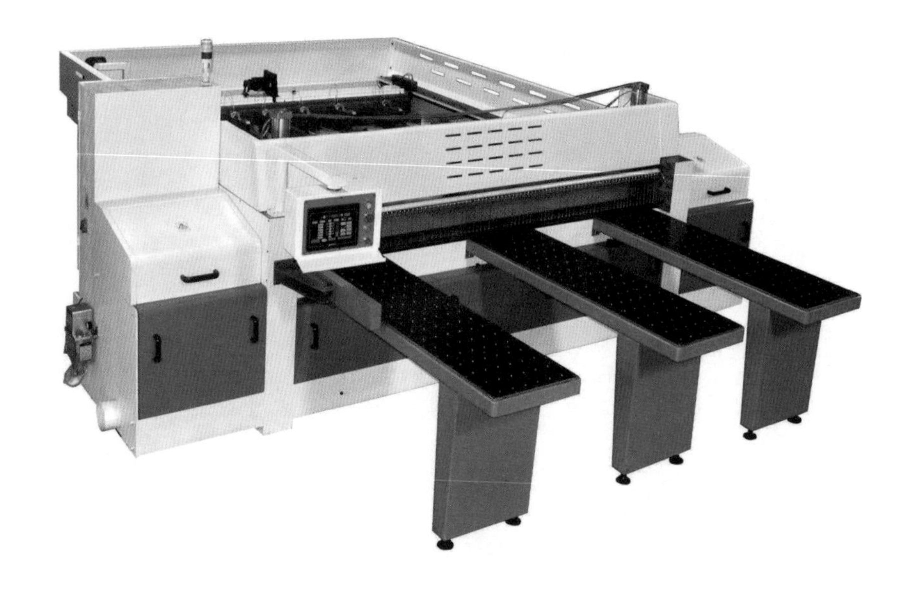

四、封边

全屋定制家具板件的封边与普通的板式家具封边的流程、操作大体相同，但为了适应小批量、多品种的要求，针对封边工序做了很多优化。如在封边加工后方加上开槽锯片，可以在封边加工后直接对板材进行开槽加工，减少了工序。封边的目的主要有三个。

1）为保护板件的边缘位置，防止因板件裸露吸收水分发生化学作用造成板件的变形或者变质。

2）保证板件内部的有害物质过度挥发到空气中，引起人的不适，从而可能对人体健康造成威胁。

3）可以使板件更加美观，通常情况下，板件在开料后状态比较粗糙，而使用带有木纹、彩色的封边条会让板材更为赏心悦目。

4）全屋定制常用的封边条有四类，分别是 PVC 封边条，ABS 封边条、实木封边条、铝合金封边条。

封边条

1. PVC封边条

（1）定义

PVC 封边条基材由 PVC 树脂、碳酸钙粉及各种辅料组成。在表面用油墨印刷后再滚涂 UV 漆后固化就成了木纹封边条。木纹封边条仿真效果比较好，但也取决于油墨、UV 漆以及制作温度。

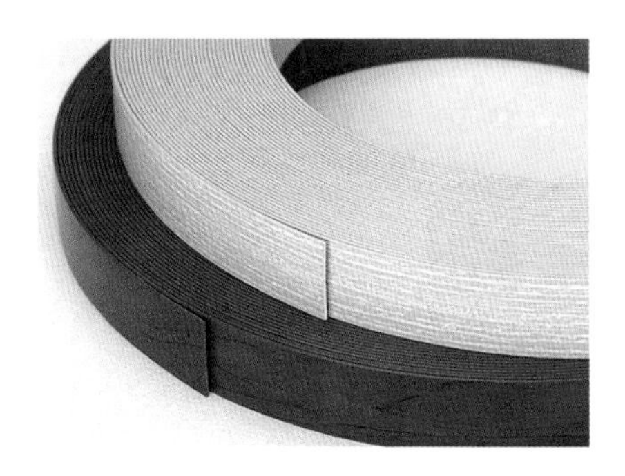

PVC 封边条

（2）优点

具有耐热、耐油以及强度、硬度、可弯曲度高的特点。其表面性能好，耐磨，可修削。表面效果亦佳，其花纹和色彩可以有接近原木的天然木色，也可有其他色彩图案。而且这种封边条价格比较低，所以使用得很广泛。

（3）缺点

其质量不很稳定，修边后色差十分明显，而且容易老化和断裂。

2. 实木皮封边条

（1）定义

实木皮封边条主要用于贴木条的家具上，这类封边条会在背面粘贴无纺布以增加木皮强度，防止木皮开裂。一卷的长度约为 200m，所以可以在封边机上连续使用。

（2）优点

封边效果好，方便快捷，而且利用率较高，很适合作为实木复合家具的机械封边材料。

（3）缺点

由于采用实木，因而原材料的成本较高，制作的费用也较高。

实木皮封边条

3. ABS封边条

（1）定义

ABS 树脂是目前先进的材料之一，它不掺杂碳酸钙，修边后的效果透亮光滑。ABS 封边条，封边后热熔胶缝小。

ABS 封边条

（2）优点

不会出现泛白的现象，无污染，不变色，不易断裂，不会粘灰尘。

（3）缺点

ABS 封边在市场价格高。

小贴士

PVC 封边条与 ABS 封边条特性比较

名称	耐温性	填充料	稳定度	环保性	柔韧性
PVC 封边条	适中	有	一般	适中	高
ABS 封边条	高	无	高	高	适中

4. 铝合金封边条

（1）定义

铝合金封边条是用铝合金加工制作而成，是目前市场中比较受欢迎的一种封边材料。

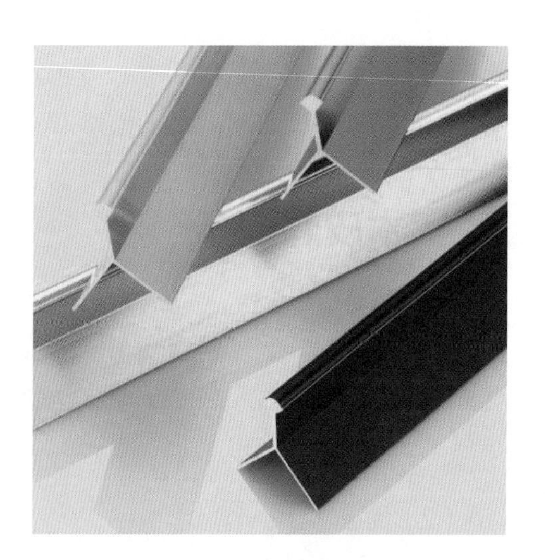
铝合金封边条

（2）优点

质量坚固，不容易变形，固封效果好。

（3）缺点

和板材的木纹饰面搭配，融合效果较差。

五、排孔开槽

全屋定制家具的排孔开槽大都是由机器完成的，即数控钻孔中心。数控钻孔中心只需对板件的条码进行扫描后，便可以在一台设备上对板件的不同位置、不同方向的排孔处进行钻孔、开槽、加工，效率高，差错率低。32mm 系统是大规模定制板式家具的重要技术基础。

部分部件无法通过设备加工时，则需要人工处理。排孔工人在进行排孔作业时，需要先通过审读图纸来正确理解定制家具的结构。规范的图纸和较高的分解正确率有助于工人快速准确地理解定制家具的结构，提高排孔的效率。

小贴士

PVC 封边条与 ABS 封边条特性比较

全屋定制板式家具的 32mm 系统是指以 32mm 为模数，或者称为基本单元，要求连接件之间的安装孔洞间距是 32 的整数倍，从而提供标准接口的家具设计定制体系。因为采用电子机械化操作手段，所以这种模数至少保证其中一个方向达成模数体系，这样就可以用排钻一次打出。其特点是标准化、模块化、组合化、互通性。

32mm 系统以旁板（也称侧板）为核心，是最主要的骨架构件。板式家具尤其是柜类家具中几乎所有的零部件都是通过旁板组合连接在一起的。所以 32mm 系统中旁板的加工位置确定以后，其他部件的相对位置也基本确定了。

六、家具立装

立装又叫试装，是将已经全部加工好的定制家具的所有零部件进行组装的一个检验环节。立装环节不需要操作机器，比较容易上手，但是要求熟练掌握定制家具的结构和工艺。在全屋定制家具生产中存在的立装问题大多是因为立装遗漏细节所致，因此详尽的立装工序操作规程的制定是减少立装工序差错率的有效手段。

七、涂饰环节

全屋定制家具可根据工艺划分为涂料和免漆两类。

1. 涂料

（1）常用种类

家具定制生产中常用的涂料有硝基漆（NC 漆）、不饱和树脂漆（PE 漆）、聚氨酯漆（PU 漆）、紫外光固化油漆（UV 漆）、水性漆几大类。涂布油漆时，可以使用单一类，也可以组合使用，如 PE 底漆 +PU 面漆、UV 底漆 + 水性面漆等。目前最受欢迎的是紫外光固化油漆，即 UV 漆，也称光引发涂料、光固化涂料，它能够在紫外线的照射下瞬间固化成膜，而且不含任何挥发性物质，是绿色环保材料。

（2）不足

涂料工艺的装饰效果好，但是生产周期较长，且日常使用中需要精心打理维护，相对来说成本较高。

2. 免漆

免漆技术是在板材表面包覆一层装饰层，一般用于家具面板装饰。通常定制家具不直接面对客户的板材在采购之初就进行了贴面操作，无需覆膜或者再进行二次装饰，仅需封边即可。但对于面向客户的部分，出于对造型、风格的考虑，需要在其表面进行再次装饰，这其中应用较为广泛的是覆膜加工。覆膜的方式有很多种，被广泛使用的有后成型方法覆膜、真空覆膜。

（1）后成型方法覆膜

后成型方法覆膜较为简单，适用于平整的、规则的板材面。

（2）真空覆膜

真空覆膜是利用真空覆膜机（真空吸塑机）抽真空，获得负压对贴面材料施加压力，从而可以在异形表面上均匀施加压力，达成覆膜的效果。

主要适用于表面带有雕刻装饰或者复杂造型的板材、软包装饰皮革等材料覆 PVC、木皮、装饰纸等，如橱柜的门板、工艺门、装饰板等。

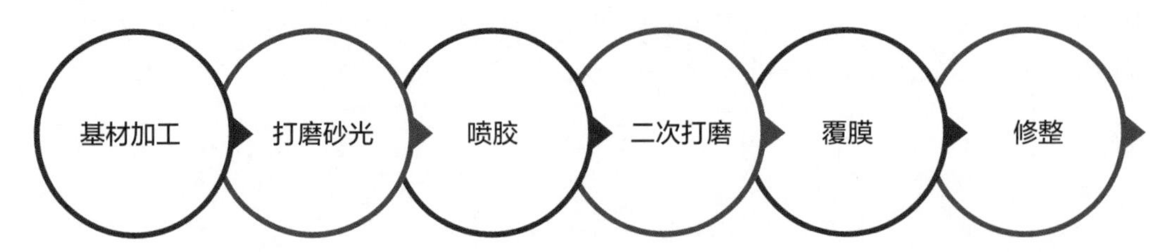

◉ **基材加工**

真空覆膜的基材一般为纤维板，即密度板。基材的加工包括开料和铣形，铣形加工可以采用铣床或者CNC 加工中心。

小贴士

铣床

铣床是一种主要用于金属切削的机床，以铣刀作为刀具加工工件表面的方法叫做铣削。

铣床用来切削平面，或者用特殊形状的铣刀铣出成型表面、螺旋槽或齿轮的齿形等。铣削时，工件装在工作台上或分度头等附件上，铣刀作旋转的切削运动，辅以工作台作进给运动。

铣床分类有卧式铣床、立式铣床、龙门铣床、仿形铣床、双头铣床、万能铣床。万能铣床工作台可以在水平方向旋转一定角度，并附有立铣头等，应用范围广。另外也有木工铣床，用于加工木材的各种成型表面和凹凸榫槽等，结构比较简单。

◉ **打磨砂光**

打磨砂光要确保板件表面均匀、尺寸精准，打磨完成后需要除尘，这是为了防止胶合程度下降。含有较多浮雕纹饰的可以采用预制件黏合的方式，将预制的雕花、线条、造型等黏结到板件表面再进行覆膜，这种覆膜方式效果好、效率高。

◉ **喷胶**

喷胶是指在覆膜前在基材表面均匀喷涂胶水，喷胶时要先把板材边角的灰尘清理干净，并根据贴面材料的要求调整喷胶量和喷涂方法。喷胶完成后，需要将板件移送到晾干的地方，根据时令的不同，夏季需要 20~30min，冬季需要 40~60min。

◉ **覆膜**

覆膜的操作流程具体是先将板件放置在覆膜机上，然后通过加热、抽真空后，将贴膜紧压在板件表面上。

◉ **修整**

板件覆膜后，会有些膜料残余或者孔洞被覆盖的情况，因而需要人工处理，保证板件的平整及可操作性。

八、分拣环节

当一个生产批次完成后，系统将按订单依次从暂存位取下，通过条码识别，由输送系统分配到对应拼单口进行码垛、组盘，完成分拣、拼单的工作。完成组盘的订单托盘，在通过全方位外形检测和精确称重检测合格后方可通过提升机及自动输送线进入智能仓库。

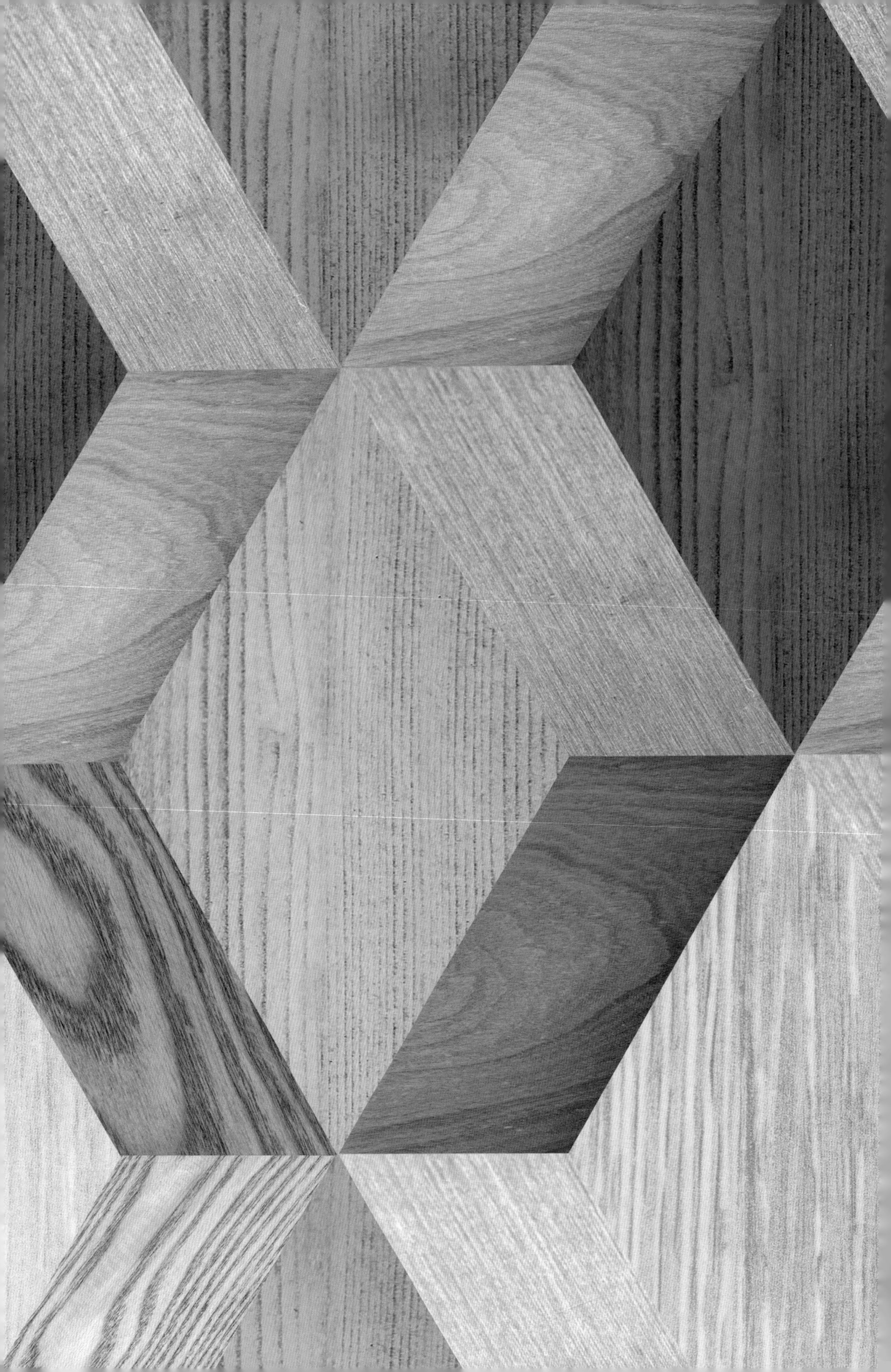

第五章

物流

一、了解入库与出库系统

全屋定制家具物料出入库系统主要是指通过对库存情况的分析及订单要求进行物料采购，根据生产及非生产领料和成品及半成品的入库、出库管理，同时，也包括企业内外发生的物料借入、借出管理以及对库存进行盘点等。

1. 物料入库系统

物料入库过程的管理主要是在全屋定制家具全生命周期中，对所有来货接收、物料清点、通知报检、检测判定、账务处理、实物进仓以及陈列归位、标识张贴、悬挂、登账等。

入库的具体内容包括家具零部件入库、实物入库等。所有物料的入库都是在建立物料信息编码库的基础上，将物料信息通过编码手段编入条码中，用条码技术的扫描或感应技术将条码信息采集并上传 ERP 系统做相关确认、处理。

ERP 系统

ERP 系统是企业资源计划（Enterprise Resource Planning ）的简称，是指建立在信息技术基础上，集信息技术与先进管理思想于一身，以系统化的管理思想，为企业员工及决策层提供决策手段的管理平台。它是从 MRP（物料需求计划）发展而来的新一代集成化管理信息系统，它扩展了 MRP 的功能，其核心思想是供应链管理。它跳出了传统企业边界，从供应链范围去优化企业的资源，优化了现代企业的运行模式，反映了市场对企业合理调配资源的要求。它对于改善企业业务流程、提高企业核心竞争力具有显著作用。

2. 物料出库系统

物流出库系统根据出库的不同物料，可划分为两个子项，分别为自制件出库、非自制件出库。

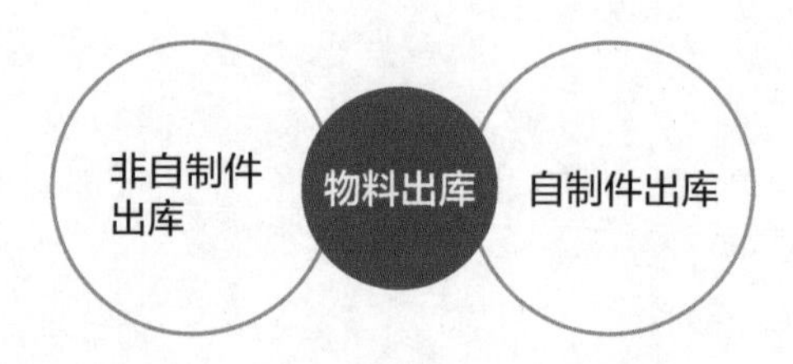

(1)自制件出库

自制件出库包括自制零部件、板材、铝材(金属材料)等。首先仓库管理员根据备料单，核对物料名称、规格、型号、数量、单位等进行出库。然后财务部依据仓库管理员所提供的备料单在 ERP 系统中执行材料的调整和调拨。最后仓管员会按照财务部提供的 ERP 系统调拨单的内容进行核实，确认无误后，进行实物调拨。值得注意的是，在材料真实调取后需要人工做登记管理。

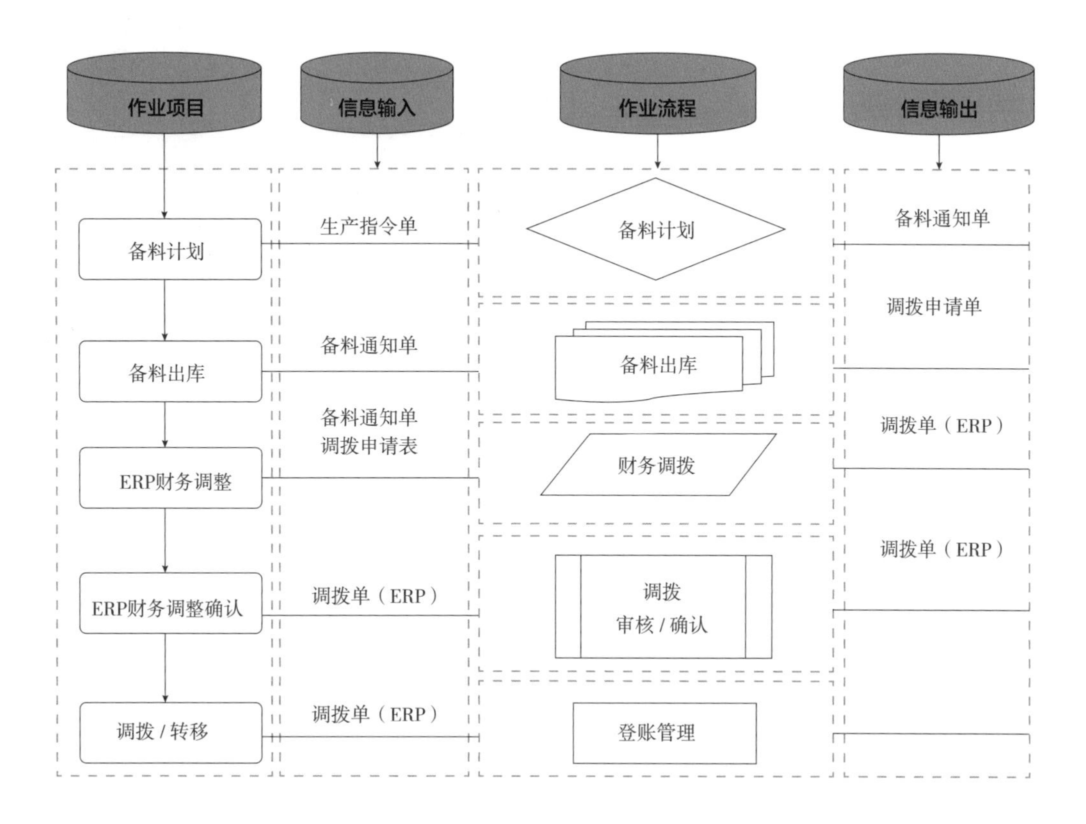

(2)非自制件出库

非自制件出库是由物料部门依据生产指令在出货日期前对 ERP 系统中进行数据编排及导出，并生成《拣货明细表》，同时需要把《备料汇总表》交由相关仓库管理员，让其进行相关事务处理。仓管员依照《备料汇总表》中物料需求给予实物配置分拣，再扫码出库。扫描完后依据订单的整合件数标注相应的箱码，交予物流公司，完成出库。

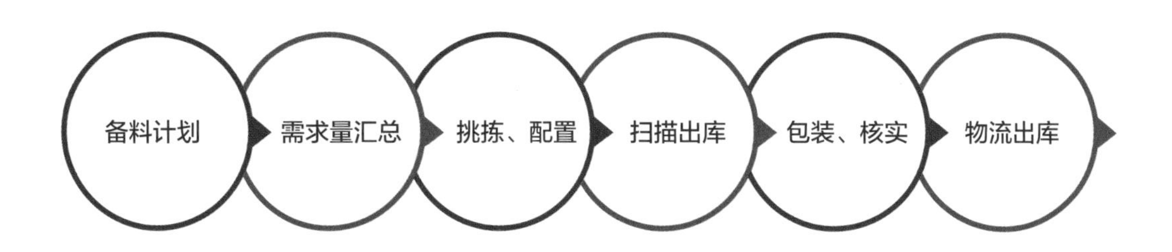

二、产品运输现状与规范

1. 全屋定制物流现状

（1）依赖第三方物流公司

由于目前的全屋定制产业还未形成严格体系，因而在物流上对第三方物流公司高度依赖，难以对其有所要求，缺乏自主权。而物流公司中小公司数量众多，在软件和硬件上都无法和全屋定制行业同步发展。

（2）运输要求高、难度大

全屋定制家具产品由于其体积、重量大，需要严格防潮、保证其完整性不受损，相应导致物流的难度大、成本高。

（3）模式单一费用高

目前部分承担全屋定制的物流公司模式较为单一，大多为自行安排车辆提货和组织运输，资源分散且物流费用高，缺乏有效的管理和高效调度，从而导致了物流成本高、速度慢的痛点。

（4）缺乏专业人才

不论是家具企业还是物流企业都缺乏专业的物流管理人才，行业物流运作水平偏低。

2. 解决方向

全屋定制行业其实对于物流有着较高的要求，需要注重快速把握客户需求、企业内部资源的有效整合，建立战略合作的外部协作关系。通过对整个供应链系统中的信息流、物流和资金流进行计划、协调、执行和控制来实现全屋定制家具物流体系的高效响应。

但受目前行业条件、操作可行性等因素的限制，无法快速完成改革。但全屋定制物流环节发展的方向还是颇为清晰的，可以总结为以下两点。

（1）物流配送过程的建立

通过对全屋定制家具客户的需求分析和实证研究，家具企业物流配送系统的建立应包含：配送及订单收集、货运量统计分析、客户信息的订单信息处理过程；货物跟踪、轨迹回放、位置显示、定位信息接收处理的货物跟踪过程；车辆调度、配送路线图表的 GIS 管理过程；电子地图维护、更新、管理的配送路线优化过程及对系统数据库和车辆轨迹进行管理和维护的数据维护过程。

物流配送过程的建立，可以在大概率上将货物按时送达指定地点，很大程度上提高了客户的满意度。相应的，也增强了企业的竞争能力。

（2）网络信息技术在供应链中的应用技术

网络信息技术将为全屋定制家具提供高效信息的收发和处理，可以有力地扩大大规模全屋定制家具移动办公范围和远程管控水平，实现制造过程中的多点信息采集，提高了家具物流运输效率和客户服务水平。解决了各种家具物流过程中产生的问题，提高了运输效率和客户需求的快速响应。

3. 产品运输现行规范

（1）装卸规范

①装货前应根据所装物品的数量、形状、体积及装货车辆的形状、结构、体积等作出预算后进行装储。

②多种物品混装时，易损及不耐挤压的物品不得放置于易受到挤压、碰撞的位置。

③装储时应依照“紧密装储”的原则，物品之间、物品与车厢之间应放置紧密，不允许有足以造成物品大移位（5cm 以上）的空隙。

④分层装储时，形状规则、重量大的物品应放置在下层，形状不规则、重量小的物品放置在上层。

⑤简易包装物品分层装储或与其物品混装时，物品与物品及车厢壁之间须用软性耐磨材料（如毛毯等）来间隔，以免互相摩擦。

⑥装储玻璃类物品，玻璃应竖放，禁止平放，玻璃面禁止接触表面凹凸不平的坚硬物体，厚度小于 5mm 的玻璃与其他物品混装时应采取木框包装，否则禁止装运。

⑦卸货时应逐件卸下，禁止两件以上叠放在一起卸货。

⑧禁止在潮湿、高温、倾斜度过大的平面或有潜在危险之处放置物品。

（2）搬运规范

①单人徒手搬运重物时，应以能够轻松举过头顶为度，禁止超重，以保障人身及物品安全。

②搬动玻璃时不能单角触地，以免受力不均损伤产品。

③搬运长度超过 1.6m 的简易包装物品上下楼梯时，必须由二人分持两端搬运，以防止与墙壁、楼梯扶手等发生碰撞造成损伤。

④搬运物品经过门口、楼梯等通道时，应对门口与楼梯间的高度、宽度进行目测，当目测结果显示通道尺寸过小时，应对所搬运的物品与通道的尺寸作精确测量，禁止未经测量而盲目操作。

⑤搬运软体家具，必须托住家具的底部，禁止拖拉家具扶手等线口结合部位，以免造成开裂；上下楼梯必须在有完全封闭包装的前提下进行，以免造成损伤及污染。

⑥禁止将装配完毕的大型拆装式家具在无全封闭有效包装的情况下装车运输，或与其他物品紧密接触混装运输。

第六章

安装

一、安装工具

名称	例图	作用
铅笔		用于现场安装定位画线
细芯水彩笔		细芯水彩笔主要用于无法使用铅笔的瓷片或金属表面的画线定位
卷尺		用于现场操作时的测量
角尺		用于现场画直角线段，柜体现场改孔时画直角线用
水平尺		用于地柜或吊柜安装时，对于柜体水平调整，以及拉篮抽屉等五金配件安装时的水平调节用途
螺丝刀		用于在现场安装时需要持固螺钉或调节抽屉拉篮的导轨、门板拉手及铰链

名称	例图	作用
裁纸刀		用于现场裁切小件材料如防撞毛条或削铅笔等用途
充电螺丝刀		用来开号引孔、拉手孔、改柜子结构孔位、连接柜子等
冲击钻		柜体需要挂墙时，用来开挂件膨胀条孔、入墙螺丝孔等
开孔器		用来开通线盒、插座孔、做现场开字台钱孔、背板插座孔等用途等
曲线锯		用于现场柜体开孔，以及收口、脚线、顶线的裁切用途；柜体孔位开孔
玻璃胶枪		用于现场的台面板靠墙及侧收口或顶底板位置同墙体之间的密封用途，下垫板与地面车接

注意事项

1. 电动工具在使用后，不能让胶水或一些高浓度的清洁溶剂黏附在工具的表面。应做到及时清洁与整理，经常采用气枪吹净工具散热罩的灰尘。
2. 手动工具要经常检查，特别是精度要求较高的如卷尺、角尺及水平尺等度量工具，应经常校正，避免因工具的误差而导致出现制作上的错误。

二、认识五金配件

五金配件是指在家具生产、家具使用中需要用到的五金部件。五金配件可以满足全屋定制家具结构不同场景下的使用需求，也可以使家具的功能形式更为多样化。

1. 五金配件分类

根据全屋定制家具五金配件在家具上的作用，可以把其分为结构五金配件和功能五金配件两类。

全屋定制家具五金配件分类

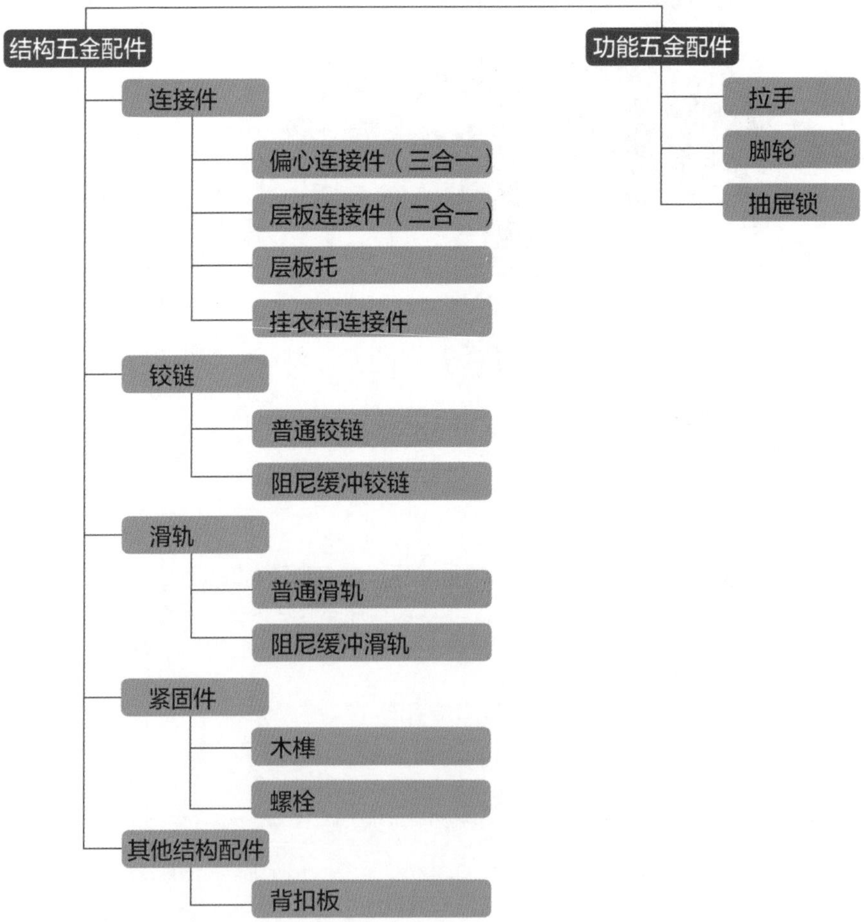

- 结构五金配件
  - 连接件
    - 偏心连接件（三合一）
    - 层板连接件（二合一）
    - 层板托
    - 挂衣杆连接件
  - 铰链
    - 普通铰链
    - 阻尼缓冲铰链
  - 滑轨
    - 普通滑轨
    - 阻尼缓冲滑轨
  - 紧固件
    - 木榫
    - 螺栓
  - 其他结构配件
    - 背扣板
- 功能五金配件
  - 拉手
  - 脚轮
  - 抽屉锁

（1）结构五金

结构五金是指连接板式家具骨架结构，实现板式家具使用功能，起结构支撑作用的五金件，它是家具功能的实现要素、家具结构连接的支撑，家具形式的载体。结构五金件根据使用用法可以细化为连接功能五金、支撑功能五金、翻转功能五金、推拉功能五金、拖拉功能五金、折叠功能五金、升降功能五金、旋转功能五金、悬挂功能五金等。

（2）功能五金

功能五金是指除装饰和接合以外的，致力于家具空间拓展应用，或在家具使用中进行辅助功能拓展和衍生的五金件，是人在使用家具中与家具进行互动的媒介。功能五金通过金属材料代替木质材料，对家具的使用功能进行拓展和延伸，体现舒适、便捷、人性化的应用特点，功能五金包括储藏功能、调节功能、防护功能、安全功能，以及隐藏功能（线缆等）等五金。

（3）装饰五金

装饰五金是指安装在家具外表面，起装饰和点缀作用的五金件。装饰五金是家具形态要素的组成部分，是家具形式的补充。

2. 主要五金配件

（1）连接件

各种五金连接件是可以将板式部件有序地连接成一体，形成了结构简洁、接合牢固、拆装自由、包装运输方便、互换性与扩展性强、利于实现标准化设计、便于木材资源有效利用和高效生产的结构特点。

◉ 偏心连接件

偏心连接件按照安装方式可分为三合一连接件、二合一连接件以及快装式连接件，分别应用于不同的场景下。

三合一连接件

三合一连接件即三合一偏心连接件，由偏心体、吊紧螺栓及预埋螺母组成。由于这种偏心连接件的吊紧螺丝不直接与板件接合，而是连接到预埋在板件的螺母上，所以吊紧螺栓的抗拔力主要取决于预埋螺母与板件的接合强度，拆装次数不受限制。

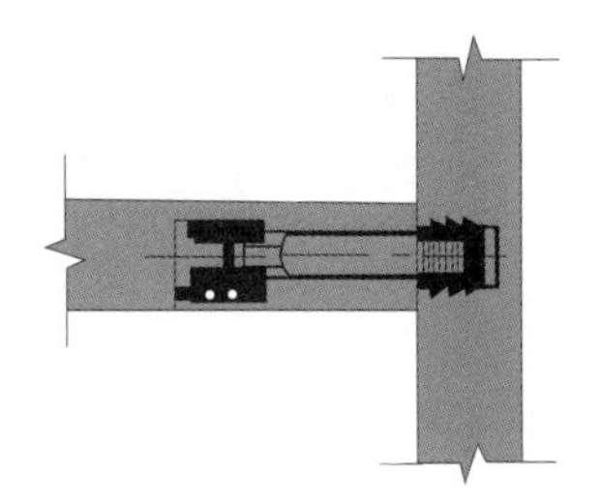

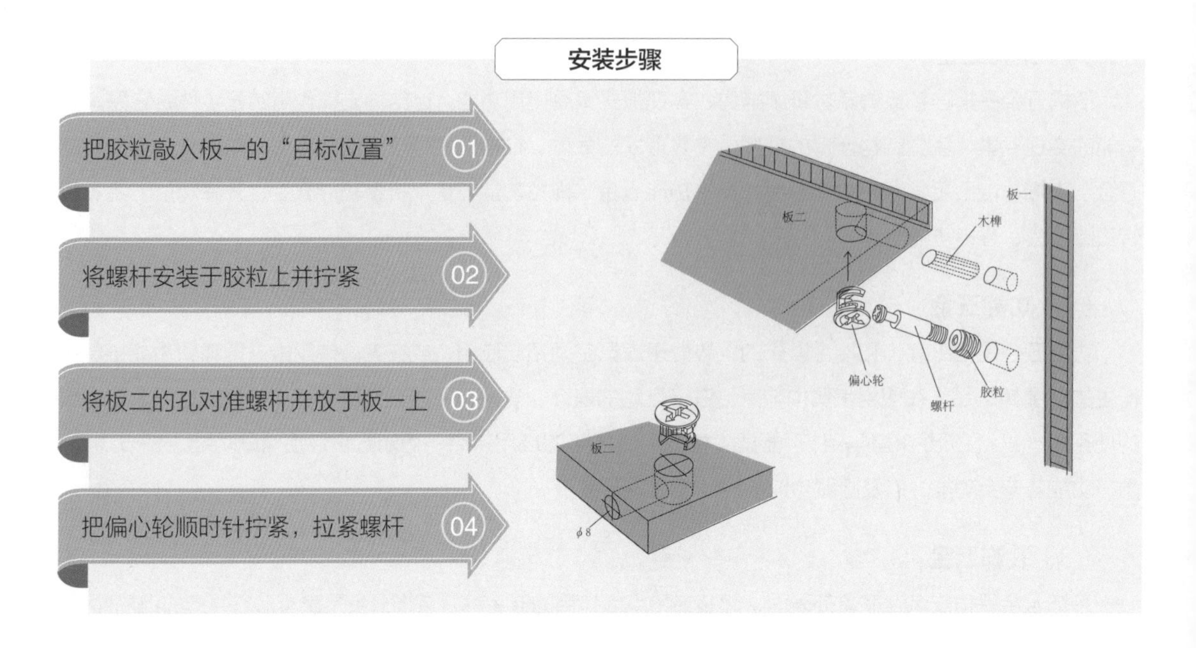

二合一连接件

二合一连接件有两种，一种是由偏心体、吊紧螺栓组成的隐蔽式二合一偏心连接件，另一种是由偏心体、吊紧杆组成的显露式二合一偏心连接件。隐蔽式二合一偏心连接件的吊紧螺栓直接与板件接合，吊紧螺栓的抗拔力与板件本身的物理力学特性直接相关。显露式二合一偏心连接件的接合强度高，但吊紧杆的帽头露在板件的外表，在有些场合会影响装饰效果。根据有关研究，这种接合的吊紧螺栓抗拔力略大于三合一偏心连接件吊紧螺栓的抗拔力，但拆装次数受限制。拆装次数在 8 次以内时，一般对吊紧螺栓的抗拔力影响不大。

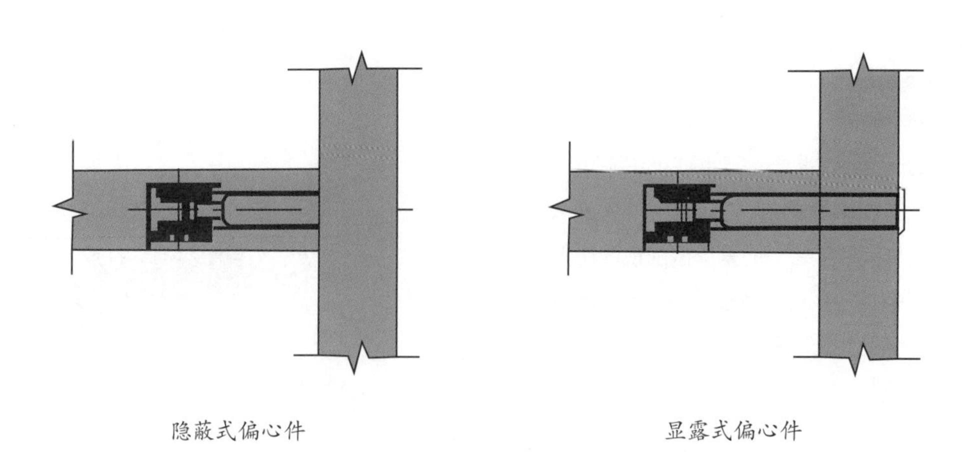

小贴士

辨析二合一和三合一连接件

1. 适用板材：二合一适用于 12mm 板材，三合一适用于 15mm 以上的连接。

2. 打孔深度：二合一螺栓打通孔或者半孔，打通孔的从另一侧插入穿过木板连接另一侧的锤头螺母。但是三合一的胀塞是打半孔。

3. 连接强度：二合一螺栓是螺栓直接连接螺母把木板连接在一起，所以比三合一通过塑料胀塞连接强度高很多。

快装式连接件

快装式偏心连接件由偏心体、膨胀式吊紧螺栓组成。快装式偏心连接件是借助偏心体锁紧时拉动吊紧螺栓，吊紧螺栓上的圆锥体扩大倒刺膨管直径，从而实现吊紧螺栓与旁板紧密接合。安装吊紧螺栓用孔的直径精度、偏心体偏心量的大小直接影响接合强度。

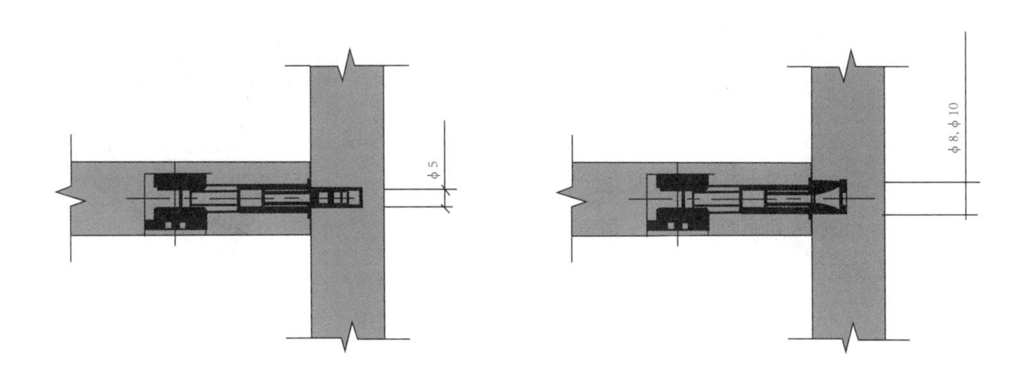

快装式连接件的两种安装方式

◎ 背板连接件

背板连接件呈现 L 形，属于紧固型五金配件。

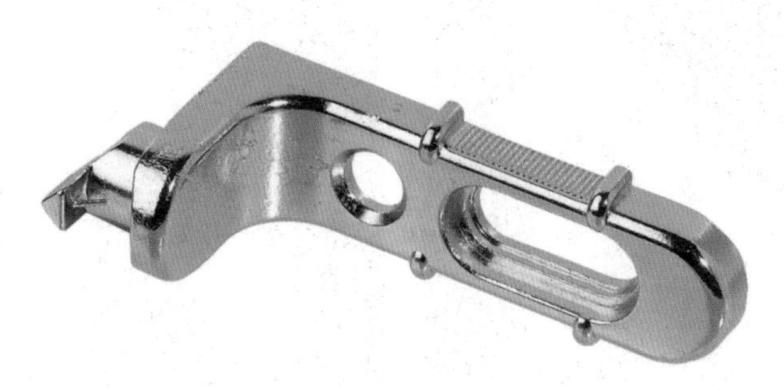

背板连接件

◎ **万能连接件**

采用万能连接件接合方式的接合强度一般，因连接件突出板件表面，会影响美观、使用及清洁度。因此常用于踢脚线、装饰板、覆盖板等接合强度要求不高的辅助板件的接合。

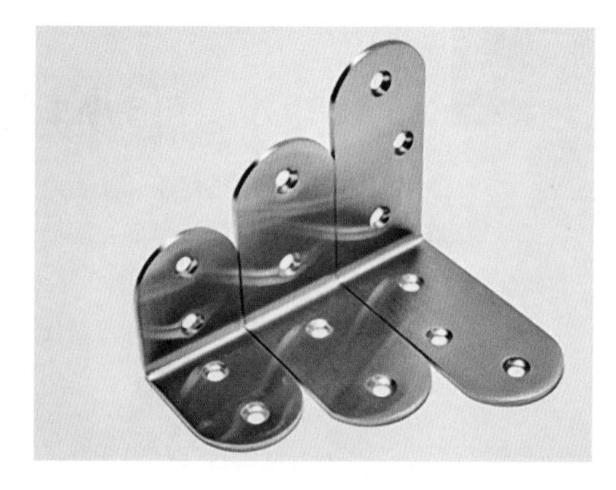

万能连接件

（2）铰链

铰链是用来连接两个固体并允许两者之间做相对转动的机械装置。它的品种很多，包括合页、门头铰、玻璃门铰、弹簧铰链、专用特种铰链等。

◎ **合页**

合页较多用于门或者柜门，材质一般为金属，铁、铜、不锈钢的最为常见、应用最广。但一般的合页不具备弹簧铰链功能，安装后必须再装上各种碰珠，否则风会吹动门板。目前较为先进的合页是液压合页，可以实现自动定位、关门的功能，经常在房门相应位置使用。

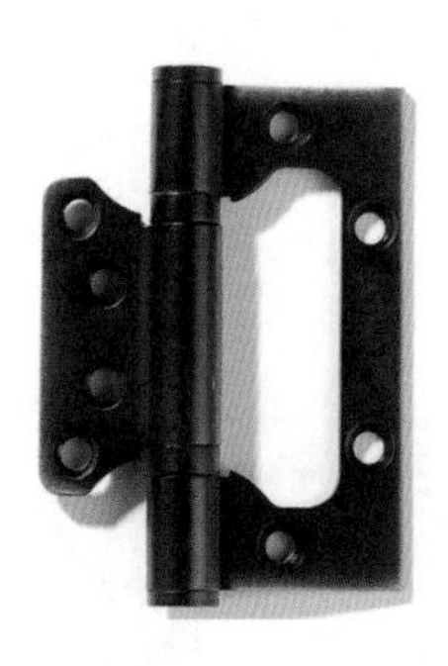

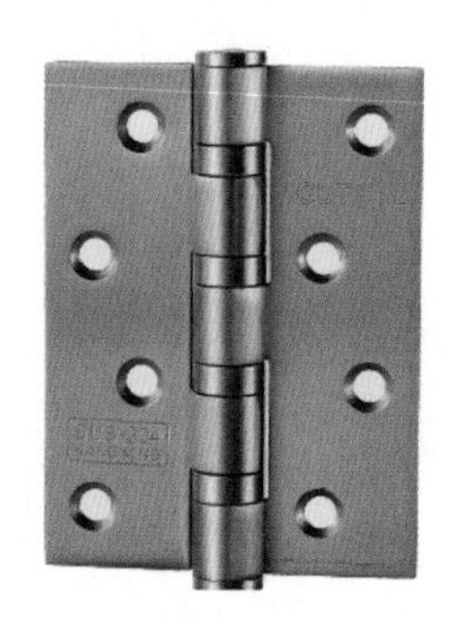

常见合页

◎ **门头铰**

门头铰是一种隐藏式的铰链，一般用于两个门板的上下端部。其可以旋转 360°，按照其连接点形状，可以分为鸡嘴铰和圆嘴铰。

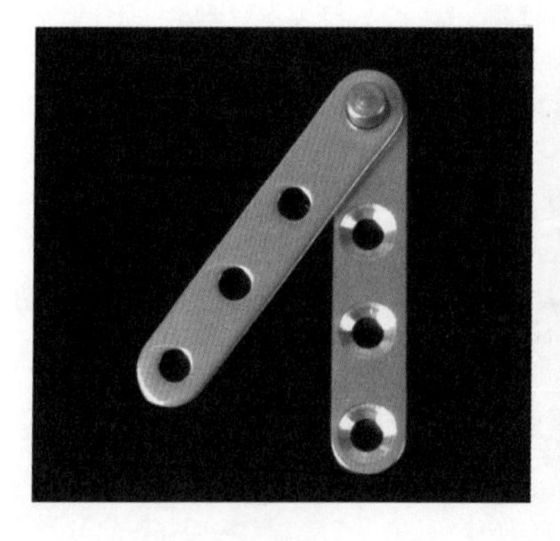

圆嘴铰

鸡嘴铰

◎ 玻璃门铰

用来连接柜板与玻璃门的连接件，其工作原理与合页类似。

常见玻璃门铰

安装步骤

准备工具	• 安装前准备好专门的安装工具，有测量用的卷尺、水平尺，画线定位的木工铅笔，开孔用的木工开孔器、手枪钻，固定用的螺钉旋具等
画线定位	• 首先用安装测量板或木工铅笔划线定位，再用手枪钻或木工开孔器在门板上打 35mm 的安装孔，钻孔深度一般为 12mm
固定铰杯	• 将铰链套入门板上的绞杯孔内，再用自攻螺栓将其固定
固定底座	• 铰链嵌入门板杯孔后将铰链打开，再套入并对齐侧板，用自攻螺栓将底座固定
调试效果	• 一般的铰链都可六向调节，上下对齐，两扇门左右适中，将柜门调试最理想效果为佳，安装好关门后的间隙一般为 2mm

◉ 弹簧铰链

弹簧铰链是指在合页中安置了弹簧装置，能够实现全开和全关，并且处于中间状态时，合页能够自动复位，也就是自动关闭。弹簧铰链主要用于橱门、衣柜门，它一般要求板的厚度为 18~20mm，由可移动的组件或者可折叠的材料构成，分为基座和卡扣两部分。弹簧铰链有各种不同的规格，如全盖（直弯、直臂）弹簧铰链、半盖（中弯、小臂）弹簧铰链、无盖（大弯、大臂）弹簧铰链。

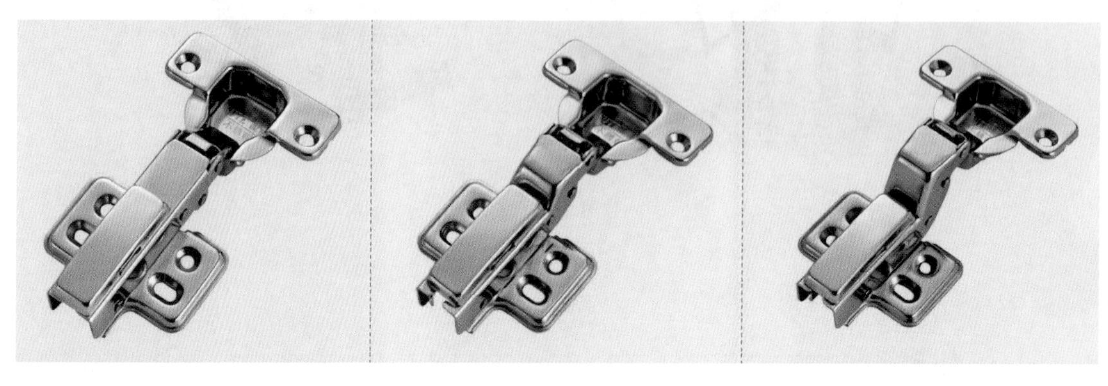

全盖弹簧铰链　　　半盖弹簧铰链　　　无盖弹簧铰链

弹簧铰链的应用

不同规格弹簧铰链的应用

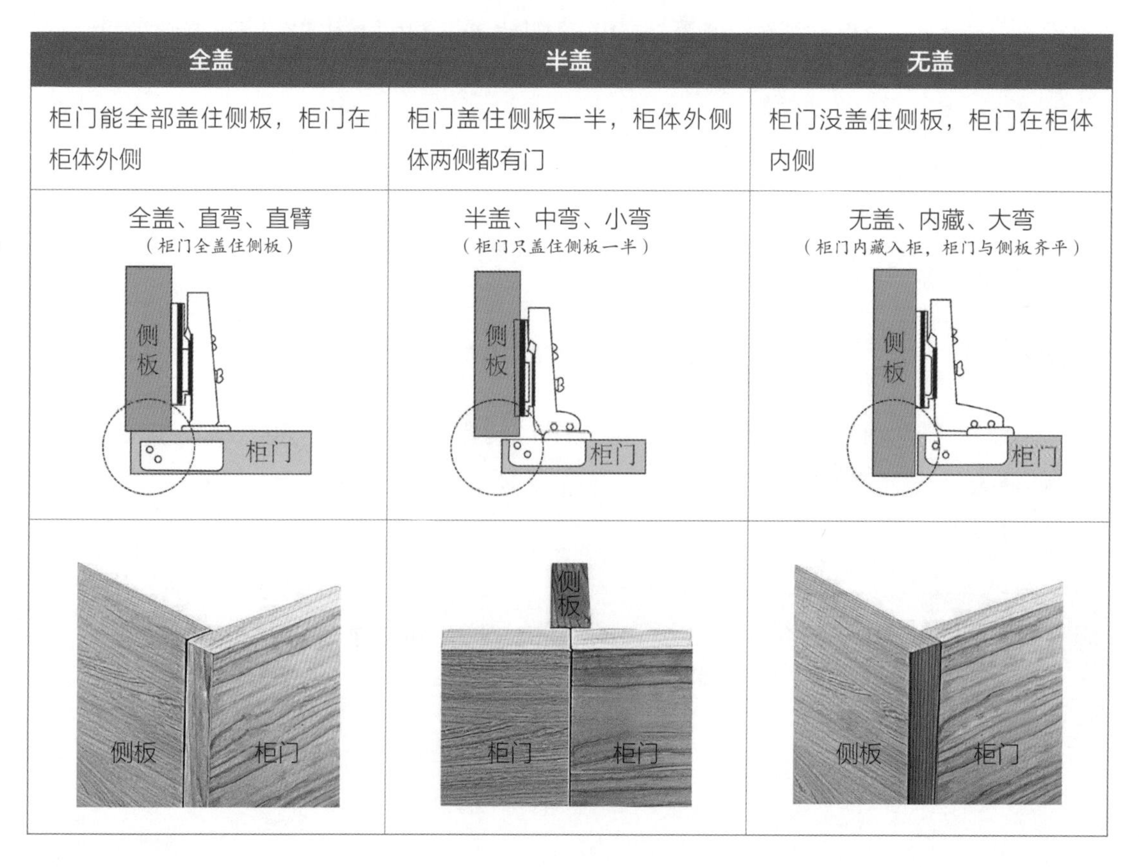

全盖	半盖	无盖
柜门能全部盖住侧板，柜门在柜体外侧	柜门盖住侧板一半，柜体外侧体两侧都有门	柜门没盖住侧板，柜门在柜体内侧
全盖、直弯、直臂 （柜门全盖住侧板）	半盖、中弯、小弯 （柜门只盖住侧板一半）	无盖、内藏、大弯 （柜门内藏入柜，柜门与侧板齐平）

弹簧铰链安装

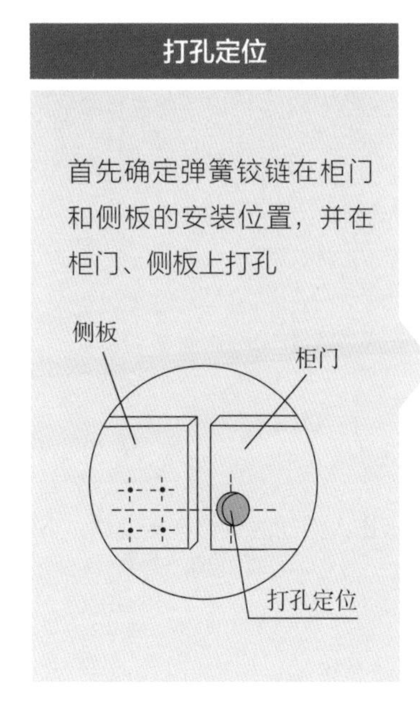

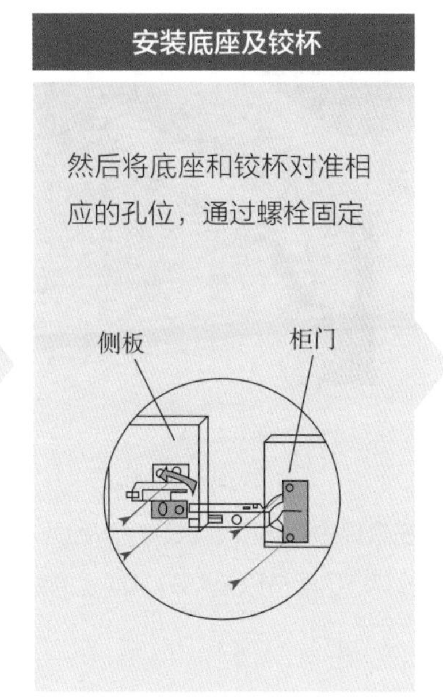

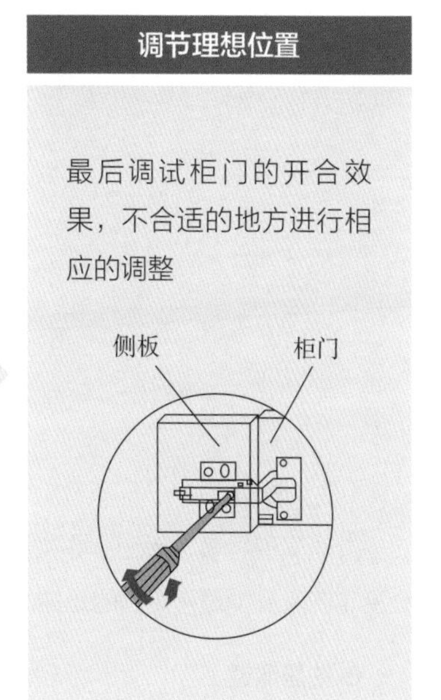

调节理想位置的方式

调节方法	操作	示意图
上下调整	调节螺栓Ⓐ可以校正门板上下间隙	调节螺栓Ⓐ 调节螺栓Ⓐ
前后调整	调节螺栓Ⓑ可以改变门板与侧板的间隙	调节螺栓Ⓑ
左右调整	调节螺栓Ⓒ可以改变门板相对于侧板的覆盖量	调节螺栓Ⓒ

◉ **翻门铰链**

翻门铰链是指可以满足柜门绕着水平轴线转动实现开合的五金构件，现在大部分的翻门铰链同时具有支撑作用。

翻门铰链

（3）滑轨

滑轨又称导轨、滑道，是指固定在家具的柜体上，供家具的抽屉或柜板出入活动的五金连接部件。在全屋定制家具中最常见到的是抽屉导轨、柜门滑道以及部分滑动式的试衣镜。

◉ **抽屉滑道**

抽屉是直线往返运动，通常抽屉承载越重，直线运行的精度要求也就越高，在某些时候可以进行扭动。全屋定制家具常用的抽屉滑道有滚轮式滑道、滚珠式滑道、四列滚珠式滑道三种。

抽屉滑道又可分为单行程滑道与双行程滑道。单行程滑道只能将抽屉拉出柜体 3 / 4 ~ 4 / 5，另外的 1/5~1/4 仍留在柜体内，这对某些物品的取放会带来不便。而双行程滑道则能将抽屉全部拉出柜体，取放物品无障碍。

抽屉滑道

滚轮式滑道

滚轮式滑道适用于抽屉承载不太大的情况，可分左右两个部分，两侧的滑道基本对称但略有差异，一侧的滑道在侧向对滚轮有导向作用，而另一侧的滑道在侧向对滚轮无导向作用，但滚轮在滑道上可作侧向微小位移，即有浮动功能，以适应因板件厚度偏差、加工误差等引起的柜体内部尺寸的误差。

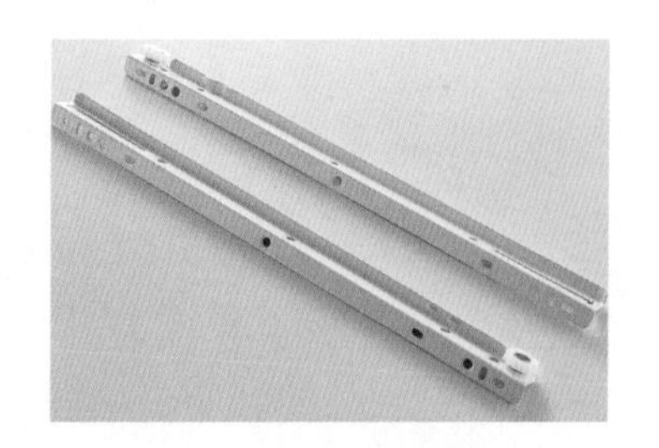

滚轮式滑道

钢珠阻尼式滑道

钢珠阻尼滑道是滚轮式滑道的进阶版，是一种能达到静音、缓冲效果的滑轨。它依靠阻尼缓冲技术使得抽屉会在关闭的阶段的最后减慢速度，降低冲击力，形成关闭时的舒适效果。即使用力推抽屉也会轻柔关闭、保证移动的安静。其部件包括固定轨、中轨、活动轨、滚珠和缓冲器。

钢珠阻尼式滑道

齿轮式滑道

齿轮式滑道主要分为隐藏式滑道、骑马抽滑道等，属于中高档的滑道，齿轮结构的运用能够让滑道非常顺滑和同步，同时还具备缓冲关闭或按压反弹开启功能，多用于中高档的家具上。价格比较高，是未来五金件使用的趋势。

齿轮式滑道

◎ 门滑道

门滑道经常用在全屋定制家具的柜门处，根据滑道的位置可划分为凸槽滑道以及凹槽滑道两种。

凸槽滑道的凸槽设计在使用次数较多后，便容易发生磨损，还容易出现移动不顺畅甚至跳轨的现象。因此凸轨往往设计有防跳装置，确保移门滑行时安全不脱轨。另外，考虑到凸轨的外形容易受到硬物碰撞而发生变形，所以凸轨往往是采用实心设计。

凹槽滑道的凹槽狭长较小，容易积累灰尘，不容易清理。另外凹槽如果出现变形、缺损的问题，容易导致移门拉动不便。因此，有的设计师会将滑道的凹槽设计得宽、浅一些，这样清洁起来会比较方便，但是很容易出现滑轨的情况。

凸槽滑道

凹槽滑道

门滑道的滑轮设计工艺

消音防锈设计

滑轮座套采用高硬度尼龙纤维材质设计，强度高、耐磨，而且可以保证与金属滚轮之间摩擦时不会产生响声。同时，其能有效减少空气对下横框和轮座金属件的侵蚀，防止生锈。

卡槽设计

滑轮座套带有下凹槽，同下横框紧密连接，有效修正了传统下横框容易变窄或变宽的弊端，使滑轮更加稳定，不跳轨，不摆动。

动力弹簧装置

普通的滑轮是钢片防震，抗疲劳性较差，容易老化。而动力弹簧可代替传统的钢片缓冲，弹簧强劲不易疲劳，可以有效地减少门框在轨道中的震动，运行更加平稳。

定位设计

滑轮座套带有凸出的定位装置，用于连接竖框与专利滑轮，同卡槽设计相呼应，使得滑轮、竖框和下横框三体合一，连接更牢固。

◎ 试衣镜滑道

如今，全屋定制衣柜的结构更为复杂、科学、全面，其中的试衣镜部分已经不仅限于单纯的粘贴在柜板上，而是配备滑道，可以进行适当的扭动和伸缩运动，具有美观性、便携性。

试衣镜滑道

（4）位置保持五金配件

位置保持五金配件是定位活动部件的构件，通常属于较小的配件类产品，主要的类型有翻门吊杆、挂衣杆、背板扣、磁扣、吊码等。

◎ 翻门吊杆

翻门吊杆一般用在翻板门上，使得门板可以绕水平轴转动开闭的门，也有支撑门板的作用。翻门吊杆有上翻门和下翻门两种。其中下翻门较为常用，因为它可以兼做临时台面，下翻时容易定位。而上翻门经常用于高位门板。

下翻门吊杆

上翻门吊杆

◎ 挂衣杆

挂衣杆是指在全屋定制家具中能挂取衣物的功能装置。衣柜高度的提高就涉及拿取衣服是否方便的问题。随着技术的发展，现在的全屋定制家具从原来的固定挂衣杆发展到可升降的挂衣架，能够更高效地利用空间，同时也方便拿取。

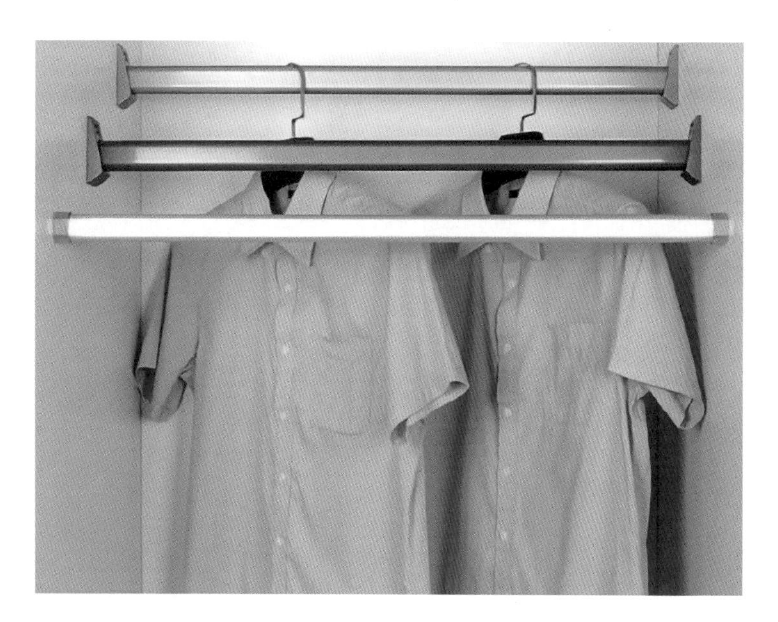

挂衣杆

◎ 背板扣

家具背板扣主要是固定背板的五金件，用于连接背板和侧板，使柜体可以承受一定的重力，让家具更加牢固。背板扣的种类繁多，配合螺栓使用。

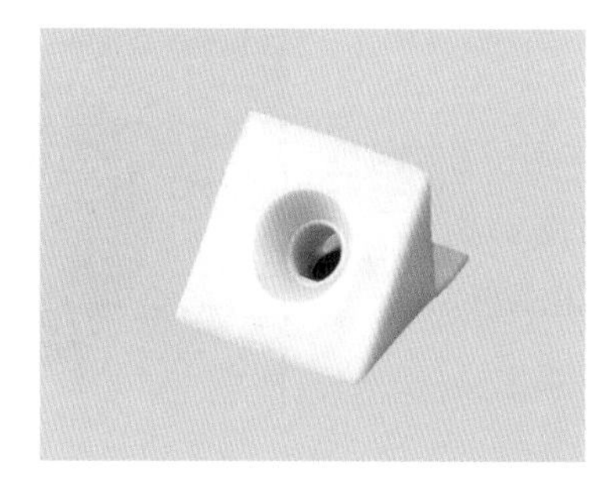

常见背板扣

◎ 吊码

吊码是可以把吊柜挂在墙上的一个小五金配件，实现吊柜和墙体的连接，有调节高低的作用。目前市场上主要有明装 PVC 吊码和钢制隐形吊码，后者承重能力更强，更不容易老化。

明装吊码

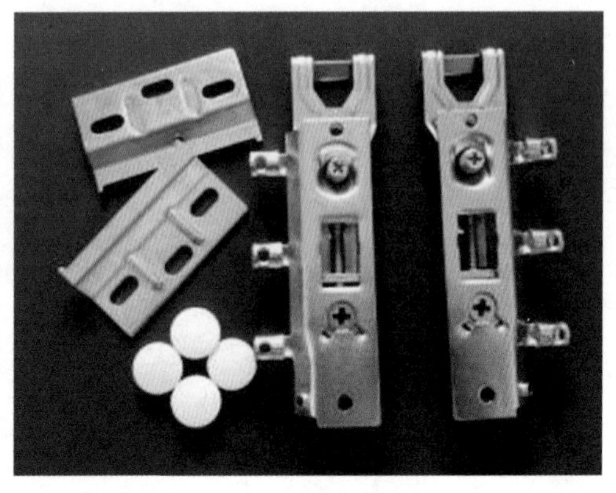

隐形吊码

◎ 磁碰

磁碰经常被用在家具柜门，如衣柜、储物柜等，其作用原理是利用磁性使柜门与柜体的两部分相互吸引，起到牢固结合、锁紧的作用。

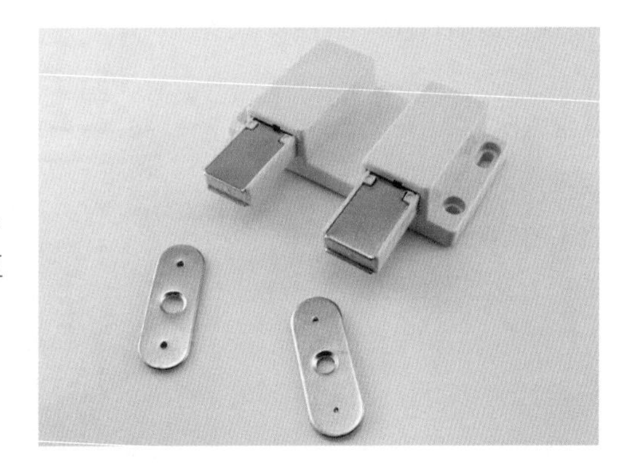

磁碰

（5）高度调节装置

高度调节装置主要用来调节和校正家具的水平和高度的位置，有调节脚、脚钉、脚垫等。

◎ 调节脚

调节脚能起到调节家具高度的作用，通过定制不同长度的调节脚，可以得到合适的家具高度。此外，调节脚可以使家具在不平的地面也保持平稳。

调节脚

◎ **脚钉、脚垫**

脚钉、脚垫的体积较小，主要应用于家具的脚部，安装方式是直接打在家具脚上，起到防滑、静音、保持高度和防止家具磨损地板的作用。

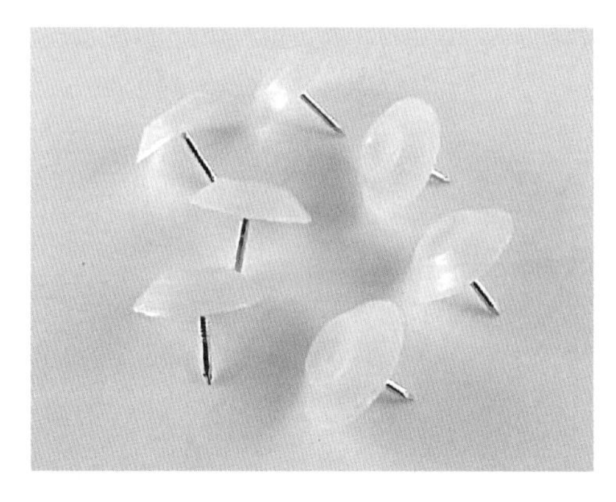

脚钉

脚垫

（6）支承件

支承件主要用于支撑家具部件，如层板支架、层板托、衣柜托等。

◎ **层板托**

层板托一般是指柜体式家具中用于承托中间层板的小五金配件，多用于板式家具中，尤其是衣柜、橱柜、鞋柜、书柜等家具的分层中。其中一端固定于家具的侧壁或墙体，另外一端平行于地面，用来搁置木板或者玻璃层板，以隔开柜子的上下空间。

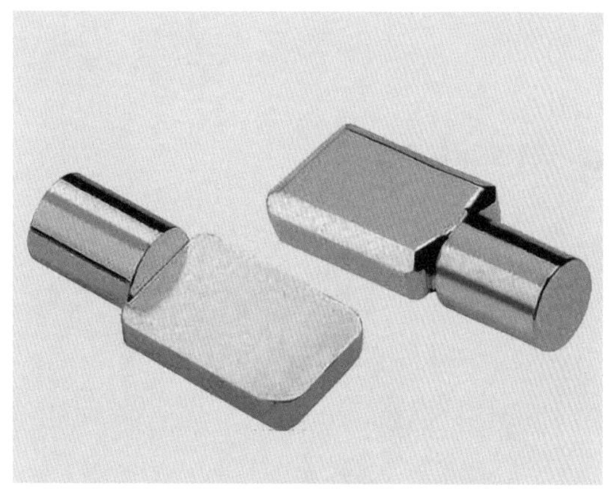

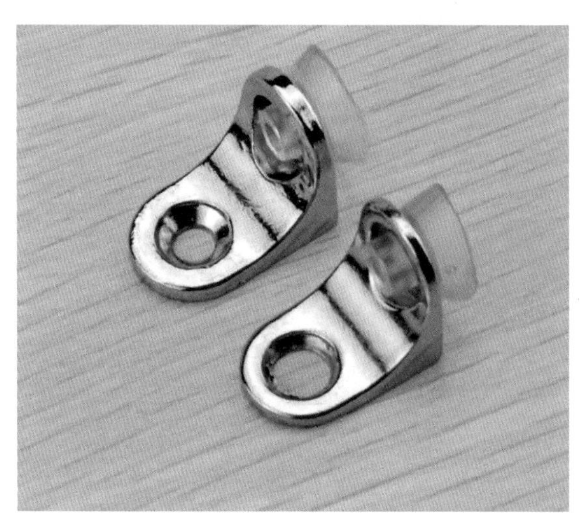

常见层板托

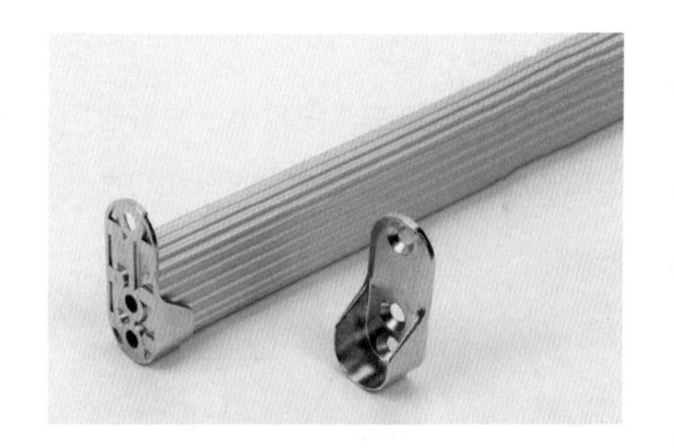

衣柜托

◎ 衣柜托

衣柜托是衣柜里面常见的一个小零件，固定于板面上，用于支撑挂衣杆。

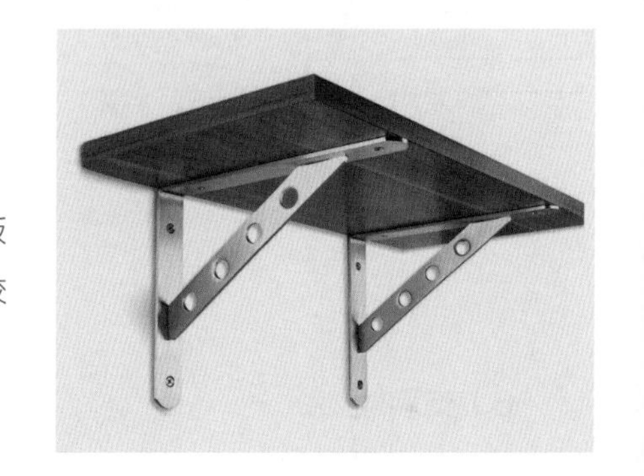

层板支架

◎ 层板支架

层板支架是较为常用的一种支撑件，用来固定单独的板材，价格较低。通常来说外露的层板支架应选用一些装饰性较强的。

层板支架的安装

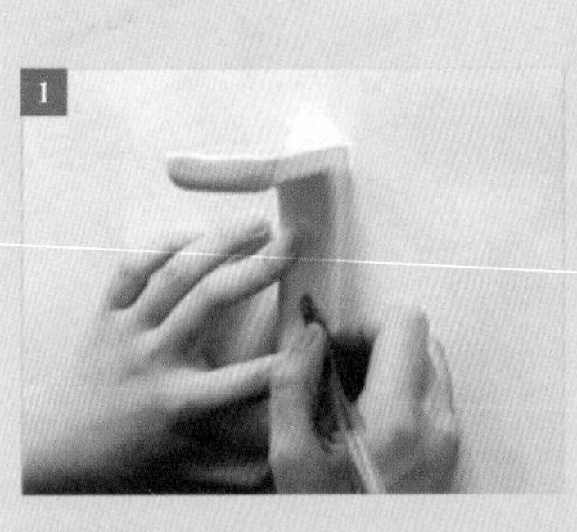

1 用隔板墙上定好打孔位置，并做好标记

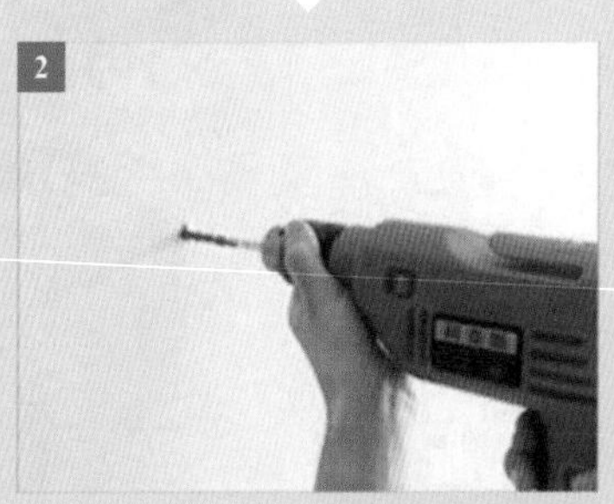

2 用 10 号钻头在墙上打 35mm 深的孔（如操作不熟练可先用 8 号钻头打孔，以免孔打太大）

3 将整颗膨胀螺栓敲进墙里，露出部分

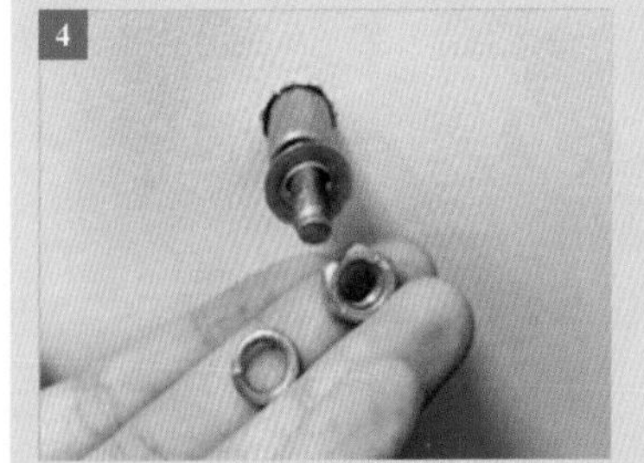

4 将螺母拧下

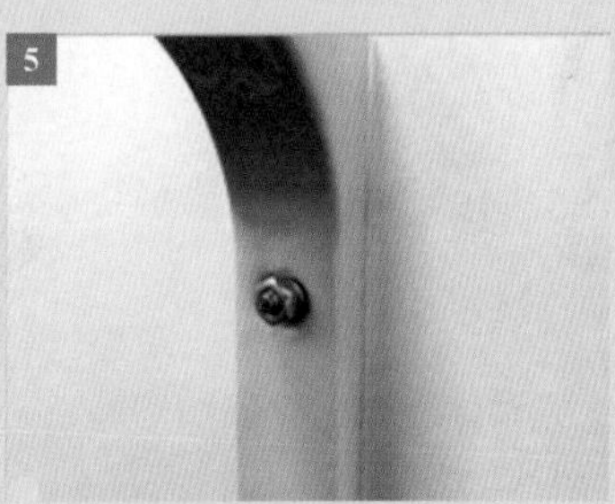

5 螺栓穿过支架，再把螺母拧紧即可

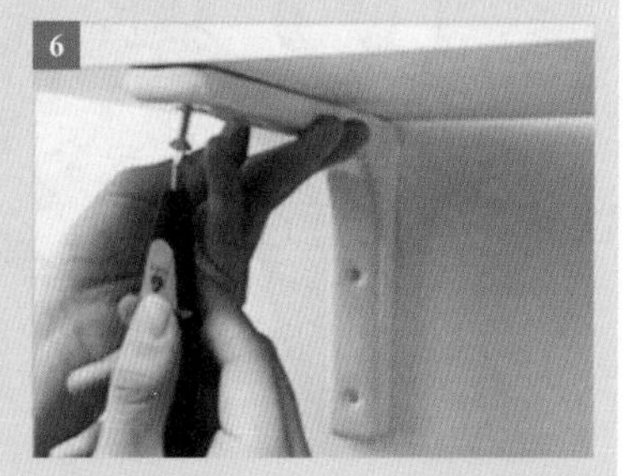

6 用自攻螺栓（16mm）固定连接支架和层板

（7）拉手

拉手是安装在门或抽屉上，便于用手开关的木条或金属物等。拉手的形式也有很多，传统的拉手外露在柜体表面，容易勾到衣服或者碰伤人体，存在安全隐患。因此，现在很多拉手都做成暗拉手、隐藏拉手和旋转式拉手，既美观又安全。拉手的材质有很多，家具用的拉手主要是不锈钢、锌合金及铁合金、铝合金这几种，个别家具拉手还会使用皮革。

拉手在选配时必须注意家具的款式、功能和场所，一般来说，拉手与家具的关系大致有两种处理原则，要么是醒目，要么是隐蔽。以使用功能为主的家具，其拉手应该具有隐蔽性，以不妨碍使用为妥。如食品装饰柜的拉手可以与其自身较为抢眼的格调相适应，选购具有光泽并与家具色泽有反差的双头式拉手。

各式拉手

（8）锁具

全屋定制家具的锁具是指在柜门、抽屉等收纳类家具上的封闭装置，以保证其私密性。通常来说，锁具可以大致分为两种，分别是柜门锁、抽屉锁。

◎ 柜门锁

柜门锁可以通用于单开门柜门和双开门柜门，其构造和安装方式较为简单。在安装柜门锁时只需在门板面板上开直径 20mm 的圆孔，用螺钉固定即可。

柜门锁

◎ 抽屉锁

抽屉锁可细化为两种：独立抽屉锁和联动锁。独立抽屉锁较多用于家居空间中，联动锁主要用于办公空间中。

独立抽屉锁

独立抽屉锁是市面上最常见、运用最广的一种锁具。按照锁舌的形状分为方舌锁和斜舌锁。

方舌锁

斜舌锁

联动锁

在多组抽屉柜中，常采用一种联动锁系统，也称中心锁系统。它利用导轨上多个制动稍分别锁紧各个抽屉，而又只用一个锁头，一次锁多个抽屉。联动锁有两种安装方式，一是锁头在抽屉正面，导轨装在旁板上，即正面锁；二是锁头与导轨同时装在旁板上，即侧面锁。

联动锁

（9）其他

◉ 脚轮与滑轮

脚轮是个统称，包括活动脚轮和固定脚轮。活动脚轮也就我们所说的万向轮，它的结构允许 360° 旋转；固定脚轮也叫定向脚轮，没有旋转结构，不能转动。通常，这两种脚轮是搭配使用的。

脚轮

滑轮是一个周边有槽，能够绕轴转动的小轮，经常用在可移动式家具中，如移动式抽屉柜、餐边柜等。

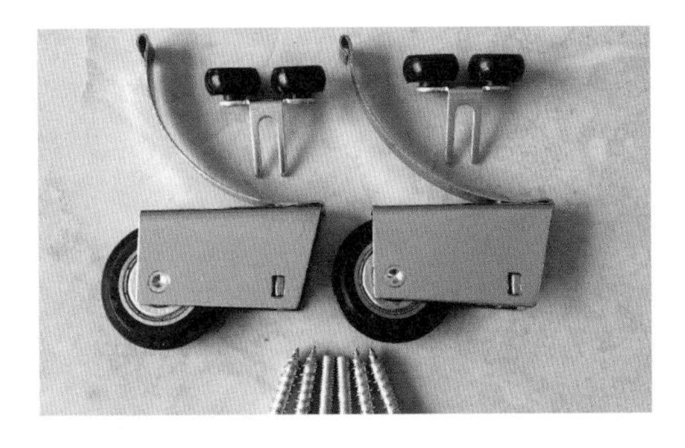

滑轮

◎ 人体感应灯挂衣杆

人体感应灯挂衣杆一般是充电锂电池供电，连续工作时间为 2~5 个月，其工作原理是通过人体感应设备来实现灯的开启和关闭，有效避免了能源浪费，而且安装简便。人体感应灯挂衣杆既可对衣柜的整体照明起主导作用，又可局部采光烘托气氛。LED 光源，散热量低，适用于储物柜、书架、衣柜和橱柜等小空间局部照明。

人体感应灯挂衣杆

◎ 旋转衣架

旋转衣架能最大限度地利用衣柜转角空间，可 360° 独立旋转。

旋转衣架

◎ 挂钩

挂钩用于悬挂物体，可以钉在墙上或者柜板上。样式小巧方便、种类繁多，选择时一般与家具风格搭配。

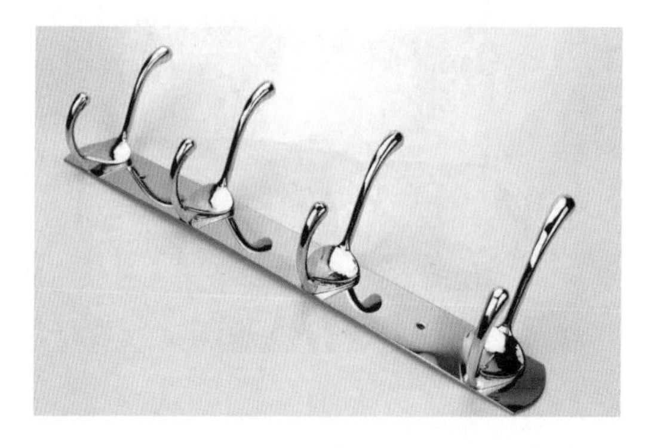

挂钩

三、安装操作步骤与规范

1. 安装人员工作制度

1）主管下达的安装任务，充分做好货品的清点以及安装工具的准备工作，避免出现到达现场后因遗漏而影响了工作的开展。每日正常订单安装，必须在当天内安装完工，除因设计问题或客户问题外，不得以任何借口或理由拖延安装完工的时间。

2）业主在安装人员提货到家时，一定要要求现场安装人员开箱检查内部家具是否有磕碰或有划伤等运输问题，如有区分责任方。

3）回答客户问题时，要注意表达的方式和策略，不能因个人言语不慎而造成对公司利益的损失或对品牌的影响。如果因设计或客户自身问题导致安装不能当天完工，离开前必须明确承诺给客户再次上门服务的时间，并且由原安装人员跟进。

4）安装过程中，如果有出现因产品质量或生产问题造成的安装工作受阻，必须及时与售后主管人员联络，以寻求最快解决问题的办法。

5）因设计出错而导致现场安装受阻时，应在第一时间通知有关设计人员到达现场解决问题，并且及时反映给售后主管以便合理安排工期。

6）当客户有问题提出修改意见，要有礼貌和耐心，首先应通过专业的知识进行讲解，涉及产品修改时，必须要有客户或设计人员确认。

2. 安装操作步骤

（1）现场核对

货品到达安装现场后，不要马上分拆外包装，应先按照出货清单所注明包数，清点、核对货品；再将货品整齐堆放于边角位置。

如果有玻璃制品或者塑料制品，务必检查是否有破碎或者变形等。

在安装之前，一定和业主进行验收对接，确保家具部件完好无缺。

（2）现场清理

对空间进行整理并清洁，空出组装和安装家具的场地，将保护毯或大块纸板铺于组装家具的地面上，清点好家具组装需用的配件及工具，充分做好安装前的各项准备工作。

（3）货品分类

对照安装图纸和配货清单，对堆放的货品进行清点分类，必要时打开包装纸箱和保护膜进行货品分类。书桌或电脑桌台面及床组在安装前尽量靠墙侧立放置，以防折断，并将保护膜垫放于墙体与家具部件之间，以保护墙体不被弄脏或刮花。

五金配件应尽量集中于角落位置摆放，避免安装过程中配件遗失。

（4）位置摆放

根据图纸，在相应的位置进行家具安装或者安装后将家具摆放到相应的位置。

3. 安装操作规范

1）拆包装前应将物品平稳放在无尖锐突起、无杂物、平整稳固的平面上。

2）拆牛皮坑纸或纸箱包装时，应用刀片沿着包装材料接口处轻轻划开封口纸；拆开气珠膜等软性包装材料时，刀具刃口的运动方向应取远离包装内物品的方向，严禁将刀具插入包装材料内割开包装，以避免在划开的过程中损伤包装内物品。

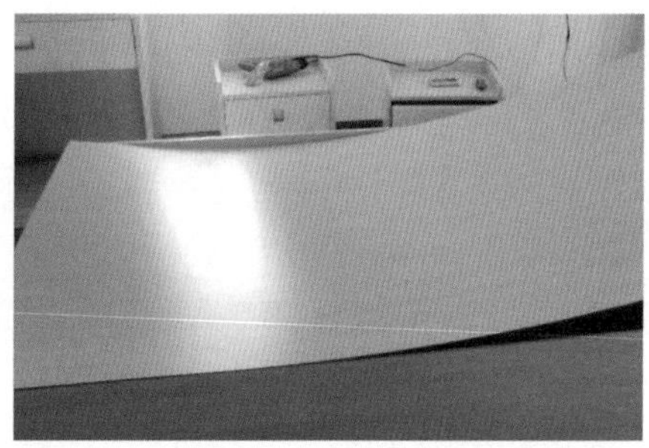

3）拆开包装后，先检查包装内有没有玻璃类或容易滑动的部件，然后须谨慎地逐一拿出部件，以备安装。

4）安装作业前，要充分利用包装材料铺垫安装现场以保护客户现场物品免受损伤。

5）安装前，根据安装说明图确认产品各部件安装顺序、对照检查产品部件、配件等是否齐全及有否明显质量缺陷。

6）安装时，配载配件必须完备，禁止省略；多余的配件应收集、整理好带回商场保管好，禁止留在安装现场或随意丢弃。

7）配件中备有乳胶时，木榫孔必须填满乳胶。

8）拆除已安装的部件，如有螺纹类配件，应谨慎旋出，严禁强力拉出。

9）一般来说，应该先安装框架，后安装抽屉等活动组合件；安装框架则应根据先下后上、先内后外、先前再后的原则。

10）连接大型家具的框架，连接位置的螺栓应在整个框架完全组装起来以前预留适当的活动余地，先不要将扣件、螺栓等拧得太紧，待整个框架完全组装起来，并经过调整偏差后再彻底拧紧，加固。

11）安装玻璃门的门铰，禁止用电钻紧固螺栓；改用人手收紧螺栓，以防玻璃在过大的压力下而开裂；螺栓的紧固程度应以玻璃门不松动为度，也不适宜过紧。

12）安装过程中，如果需要踩踏在部件上进行安装时，应赤脚踩：严禁将尖锐工具放在正在装配的部件或已组装好的家具上：严禁以尖锐硬质物体击打家具部件。

13）钉背板时，钉子应稍偏向要钉入的板件的内侧；若家具部件需要钻孔，在钻孔前必须用标尺精确测量钻孔的位置，以防孔位偏差，而且在钻孔时，要在钻头钻出的一侧用平整的木板衬垫，以防造成表面爆裂。

14）产品安装完毕后，应对缝隙、对称性等进行最后的调整，以求最高安装质量。

15）抬动已安装好的家具时，必须托住底板抬起，禁止仅持顶板或层板抬动。

第七章

验收与售后

一、验收

1. 配件验收

1）铰链安装螺栓帽不能突出或歪斜，同一件门板上两个以上的铰链的底座或铰杯垂直度必须在一条直线上。

2）导轨安装螺栓帽不能突出或歪斜，左右导轨安装与柜体正面进深一致，且同在一水平线上；抽屉或拉篮、裤架、格子架、旋转收缩镜在抽拉时顺滑自然，手感无明显阻滞现象，来回出入不会产生异常声响。

3）挂件、衣杆、领带夹安装，所在安装位置应尊重客户使用习惯，安装后要稳固安全，左右平衡在同一水平线上。

2. 收口验收

1）收口板件的裁切尺寸要精确，裁切后的边缘与墙体之间的间隙要紧密并且上下一致。

2）收口板件裁切后的边缘要细腻，无明显的缺口或弧线，打玻璃胶后要干净整洁，胶水的痕迹要宽窄一致。

3. 门板验收

1）门上下高度保持同一水平，推拉顺畅、自然平稳无异常声音，上下导轨定位准确与顶部、侧板边缘对齐，靠侧板处无明显缝位。

2）门板安装稳固，开启灵活顺畅，旋转触感无折动与响声。拉手与铰链开孔位置无缺口现象。

3）门板与阻尼器接触自然，关上门板与阻尼器接触时，有平稳收缩性。

4）拉手安装工整对称，整体门板线条平直，门板之间的缝位左右小于 2mm，上下小于 3mm。

5）门板 / 抽面的表面无刮花擦伤现象，整体门板 / 抽面颜色无明显的色差。

4. 柜体验收标准

1）柜体组装的配件要连接到位，柜体结构牢固，背板与柜体插槽之间衔接紧密，组装后柜体正面基准面误差小于 0.2mm（横向面积小于竖向面）。

2）下柜组装侧板与固层要安装牢固紧密，上柜与下柜之间基准面一致，整组柜体平面高度应在同一水平线上。

5. 清洁验收标准

1）柜体内部清洁到位，不得遗留任何安装的工具、小配件或螺栓，不能留有安装画线的痕迹，不能有胶痕或灰尘。

2）门板及台面的表面光洁，无生产或安装过程中的画线或污垢，无胶水痕迹或杂质附在表面。

3）抽屉部位的清洁，应注意抽屉导轨部位不得留有碎屑或灰尘，抽屉内部和底部无明显的施工痕迹或灰尘。

4）所有五金配件的表面无灰尘和手印，及安装时螺栓突出的现象。

5）所有产品安装完工后，除产品以外的地面或墙面，不得留有任何工作垃圾和杂物。

验收清单示例

<table>
<tr><th>客户</th><td></td><th>交货时间</th><td colspan="2"></td></tr>
<tr><th>详细地址</th><td></td><th>设计师</th><td colspan="2"></td></tr>
<tr><th colspan="2">货物验收汇总</th><th>外观</th><th>包装</th><th>备注</th></tr>
<tr><td colspan="2">板材是否完好：是（ ）否（ ）
五金是否完好：是（ ）否（ ）
漆面是否完好：是（ ）否（ ）
安装是否完好：是（ ）否（ ）
卫生是否打扫好：是（ ）否（ ）</td><td></td><td></td><td></td></tr>
<tr><th>验收项目</th><th colspan="4">验收标准</th></tr>
<tr><td>板材基层、填充</td><td colspan="4">1. 采用德国榉木或欧洲红榉，木方木架采用实木。
2.E0 或 E1 级实木多层板材，胡桃木饰面。
3. 基层内海绵、鹅绒、多密度三明治环保、三维丝填充。</td></tr>
<tr><td>五金</td><td colspan="4">1. 采用 304 不锈钢；内部看不见的金属件都做防锈处理（烤漆或电镀硬度达到 1.5HB）。颜色根据设计师来定。
2. 轨道使用“百隆”BLUM，柜脚或沙发脚采用 30mm×30mm、50mm×50mm 的方管制作。电镀部分应在金属表面擦防锈油。
3. 抽屉滑轨寿命≥ 20000 次，门铰链寿命≥ 20000 次，抽屉滑轨寿命≥ 20000 次。
4. 转盘、底盘和脚轮整体承重能力：承重 150kg，静止存放 24h 无开裂和严重变形，即可正常使用。</td></tr>
</table>

漆面	1. 封闭油漆和木皮开放油漆颜色正确，按订单要求区分亮光和亚光。 2. 开放油漆产品 A 面（组装后的表面和容易看到的面）木皮光滑平整，纹路顺直平顺，保持原木的完整性；无开裂、缺损、缺边、脱胶、飞边、死黑节、发霉、异色条纹和压痕等不良现象。 3. 开放油漆产品开放效果好，木纹内无杂物和脏污现象；边缘和拼接处允许有轻微无色差的木皮修补痕迹（修补长度≤ 5mm，宽度≤ 2mm）。 4. 封闭油漆产品的 A 面（组装后的表面和容易看到的面）油漆光滑平整，流平效果好，无掉漆、开裂、崩边、碰伤、划伤、透胶、起泡、起皱、橘皮、发白、雾光、露白、流油、污迹、杂渣和修补痕迹等不良现象。 5. 封闭油漆产品的 B 面（组装后的背面和不常见的面）允许有轻微的尘点、雾光、发白、划痕和轻微修补痕迹等轻微不良现象；C 面（组装后看不到的面）允许存在不影响产品装配和性能的外观缺陷。 6. 油漆使用环保大宝油漆底、面漆。
安装	1. 均匀承重 450N，静止存放 12h，层板无脱落，变形度≤ 2mm。 2. 均匀吊重 450N，静止存放 12h，挂衣杆无断裂和脱落，变形度 3mm。 3. 台面中间垂直载荷 1250N，每次保持 10s，重复 10 次，产品无损坏，结构无松脱，功能正常；允许产生 2mm 的变形。 4. 水平载荷 450N，每次保持 10s，重复 10 次，产品无损坏，结构无松脱，功能正常；允许产生 2mm 的变形。 5. 大理石面厚度及见光面按设计师要求制作。
包装	1. 装纸箱产品应王字形封箱，按图纸或客户要求打带固定。 2. 大件或整件产品应用珍珠棉包装表面，重物或有尖锐边角的零部件应用厚珍珠棉包装两到三层或用海绵包装。 3. 装配用的垫片螺栓类小件应统一装在包装袋内，包装袋应统一放在纸箱的同一部位并用胶纸或珍珠棉固定；其余部件应先用薄珍珠棉单包装，再用塑料袋或厚珍珠棉或气泡袋进行包装。
外观	表面洁净、颜色均匀、无划伤。封边带流畅、顺滑、无划伤、结构严密。
门板	铰链坚固到位，门板平齐；除特殊造型门板外间隙均匀；把手安装到位无歪斜现象。
功能柜体	功能配件齐全，质量完好，安装到位，抽拉转动灵活无阻带现象。
客户签字： 日期：	厂商签字： 日期：

二、售后

全屋定制家具企业完善的售后体系是其立于行业不败之地的关键，是树立良好品牌，挖掘发展潜力的重要途径。售后服务的用心可以为企业或者经销商传播良好的口碑，增加回头客，使得产业体系能够良性循环。通常来说，良好的售后服务具备以下几个特征。

1）提供合理的保修期。家具是一种需要在使用一段时间之后才能发现其不足的商品，因而企业需要核算最佳的保修时间，过长或者过短都不利于自身有效发展。

2）快速、优质的服务。如果家具在保修期期间出现问题，公司需要尽快安排维修人员上门进行服务，建立快速的反应机制。

3）定期跟踪、维护。全屋定制企业应该对产品进行跟踪回访，掌握更多的产品发展特性，对其进行优化。针对老化的家具产品在保修期外进行有偿翻新。

4）拓展附加服务。附加服务的类型可以有清洁项目、展览项目等，其主要目的是增加消费者对企业的好感度。

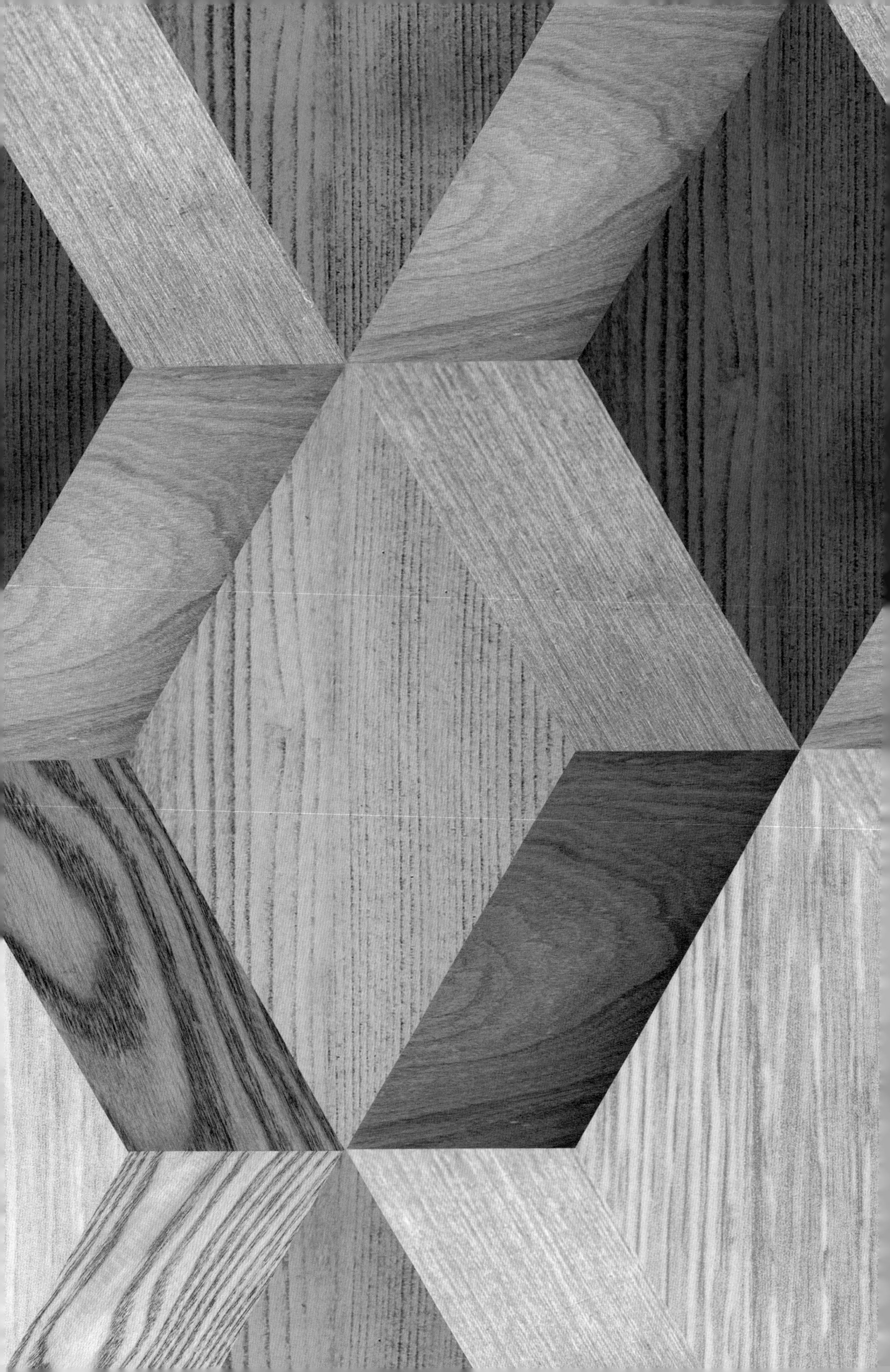

第八章

入户空间定制

一、玄关柜

入户空间中定制的家具通常是玄关柜。玄关是厅堂的外门处，也就是居室入口的一个区域。玄关柜可避免客人一进门就对整个居室一览无余，具有装饰、保持主人的私密性、方便主人换鞋脱帽等多种作用。

玄关柜类似于我们日常认知中的鞋柜，但随着人们需求的增加，其功能已经不仅限于对鞋品的收纳，相对而言，现在的鞋柜承载的内容物更为广泛，形式也更加多样。

1. 玄关柜与人体工程学

（1）常见放置物品

由于玄关柜在设计时通常会有收纳功能，因而在设计时，需要考虑柜间搁板，搁板距离是按照收纳物品来决定的。收纳的物品通常有鞋、帽子、衣服、伞等物品。

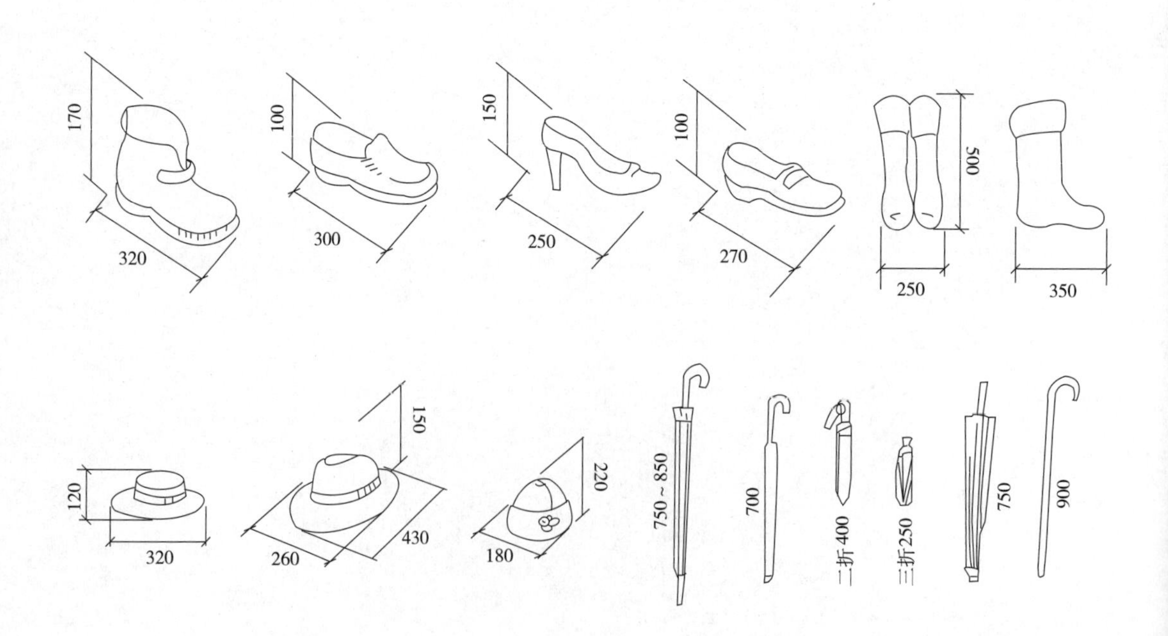

（2）柜前间距

玄关柜前应留出足够的空间供人活动，通常极限距离为 900mm。

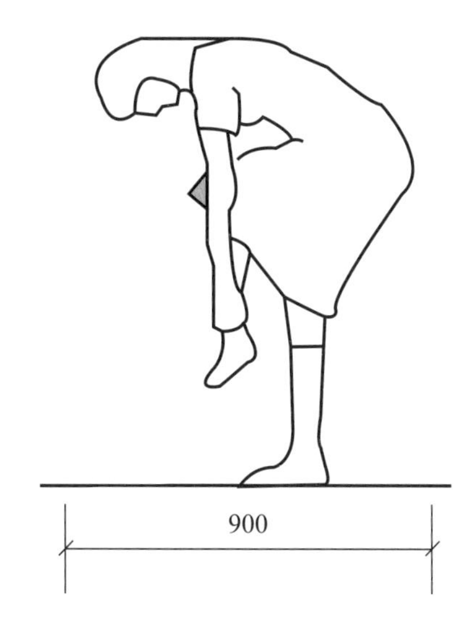

（3）玄关柜功能分区

玄关柜根据不同家庭的不同需要，其功能分区并不是一定的，可根据实际情况进行调整。

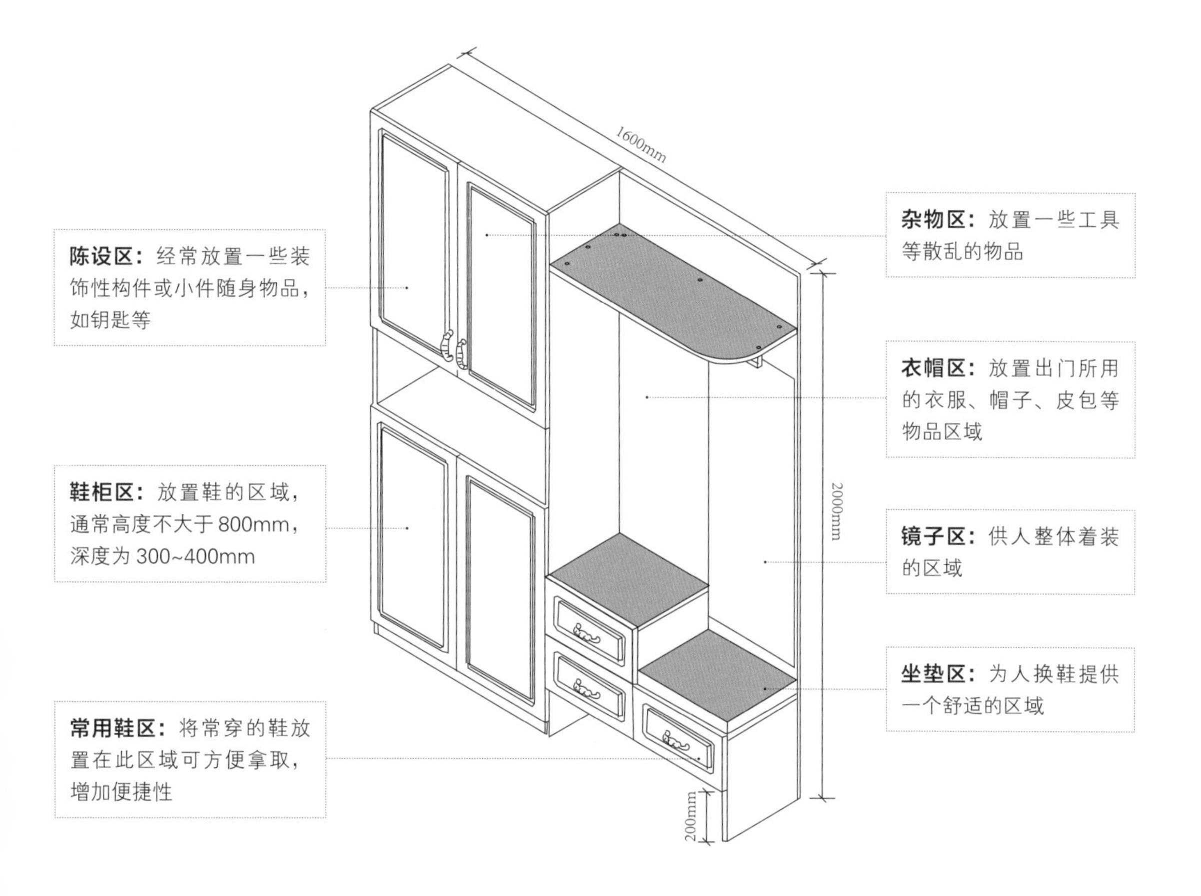

2. 玄关柜设计案例

玄关柜一

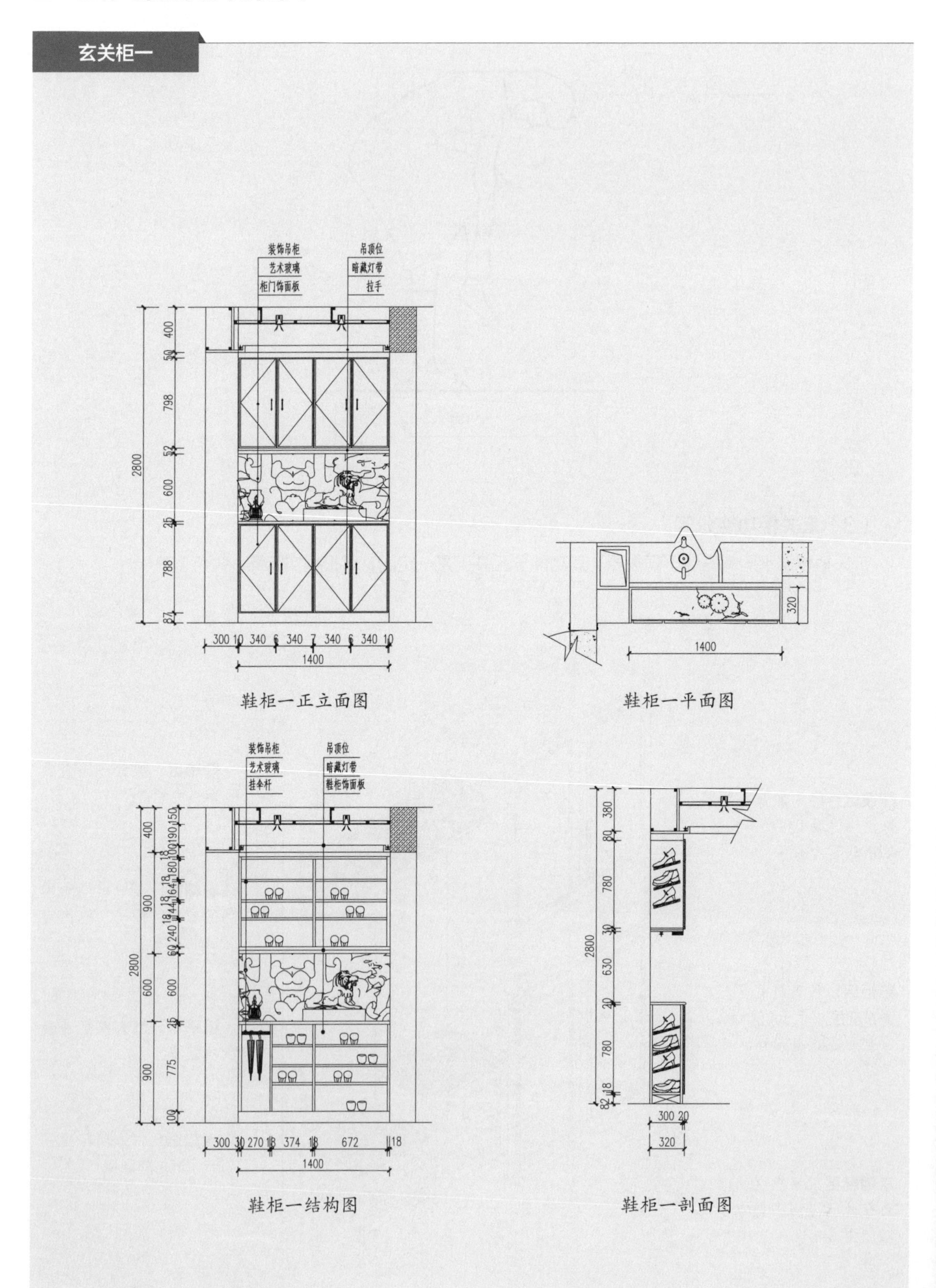

玄关柜二

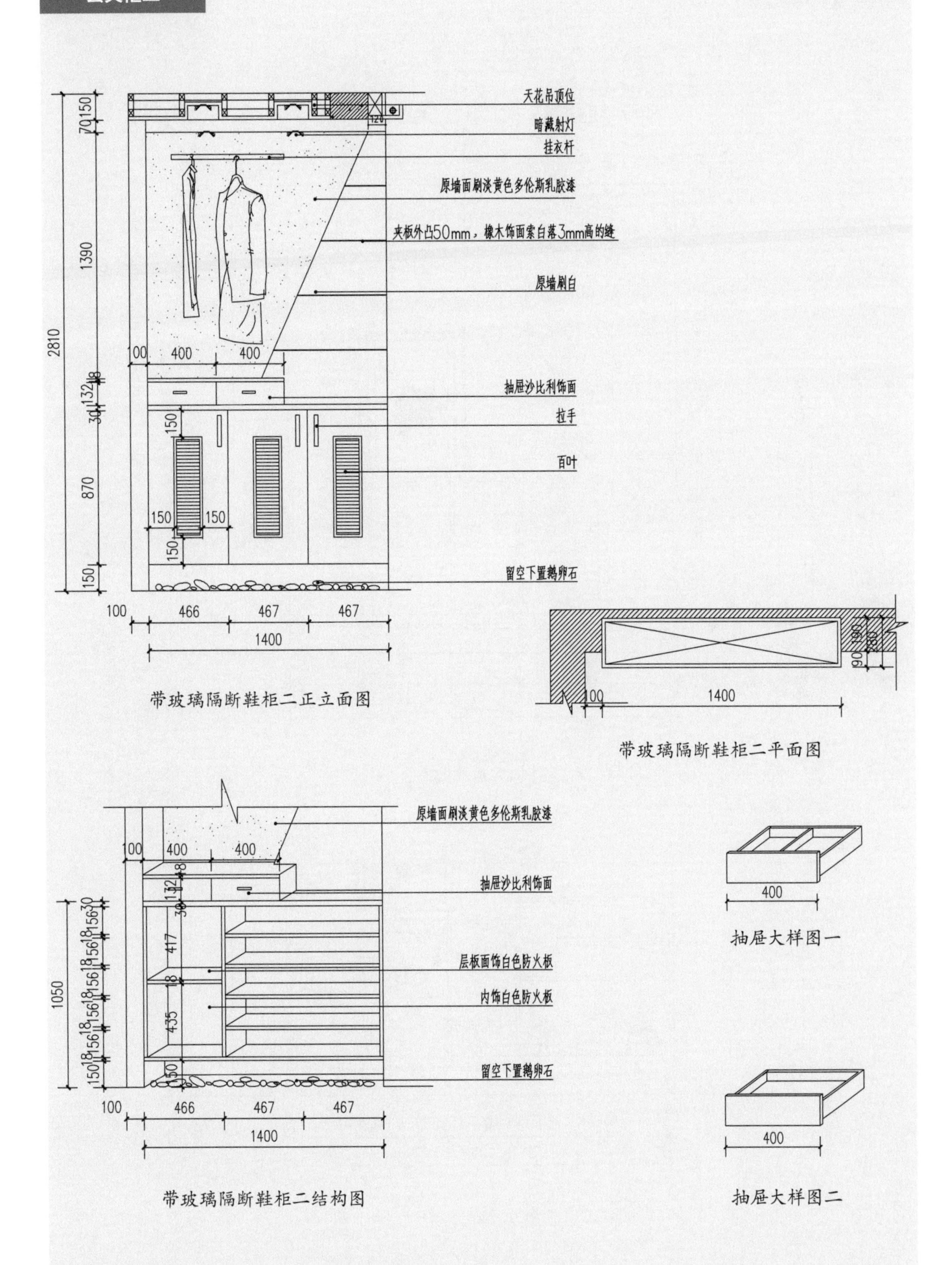

带玻璃隔断鞋柜二正立面图

带玻璃隔断鞋柜二平面图

带玻璃隔断鞋柜二结构图

抽屉大样图一

抽屉大样图二

玄关柜三

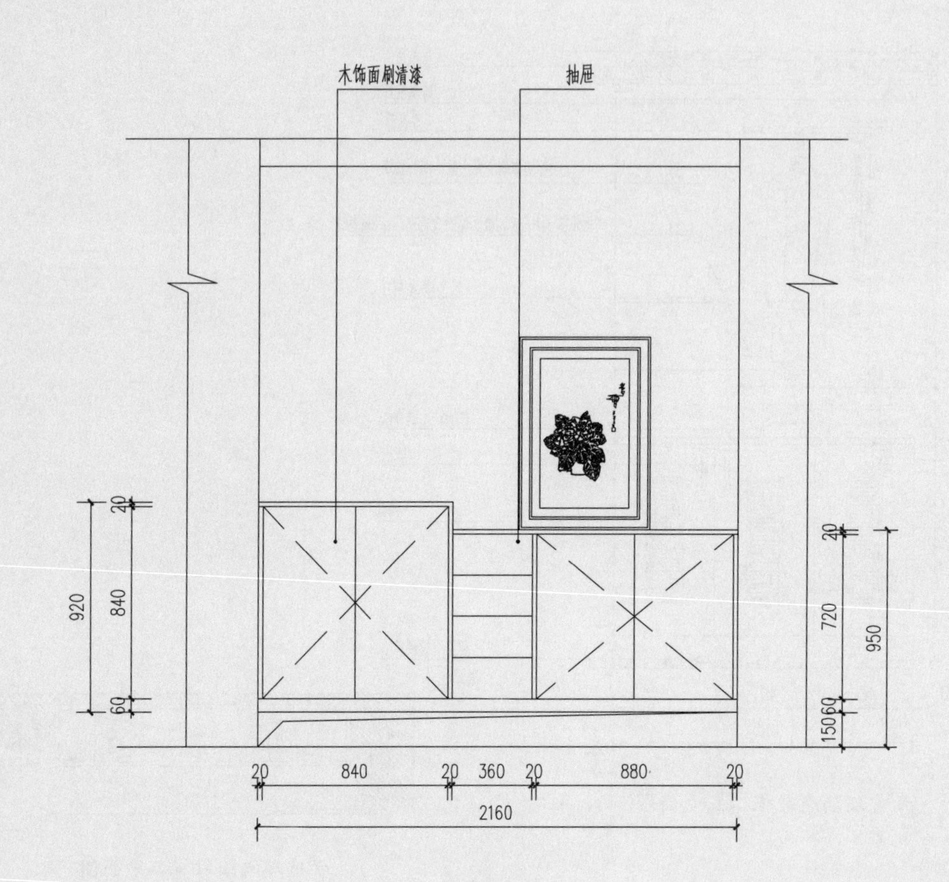

鞋柜三正立面图

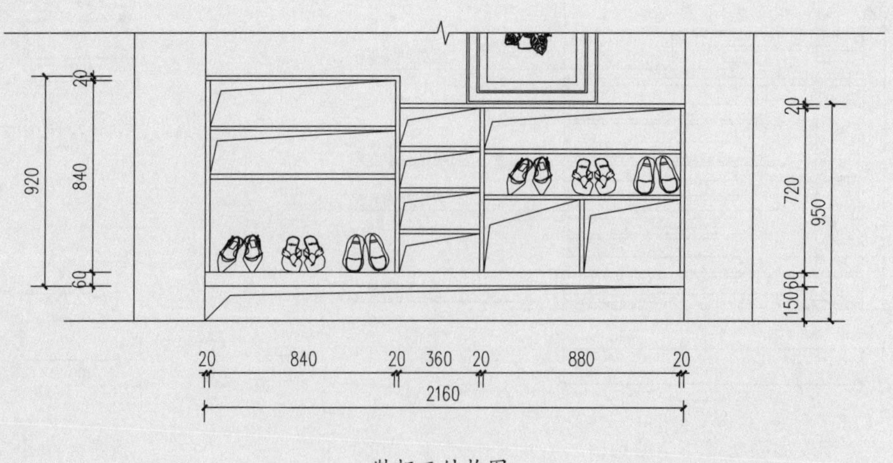

鞋柜三结构图

带玻璃隔断鞋柜

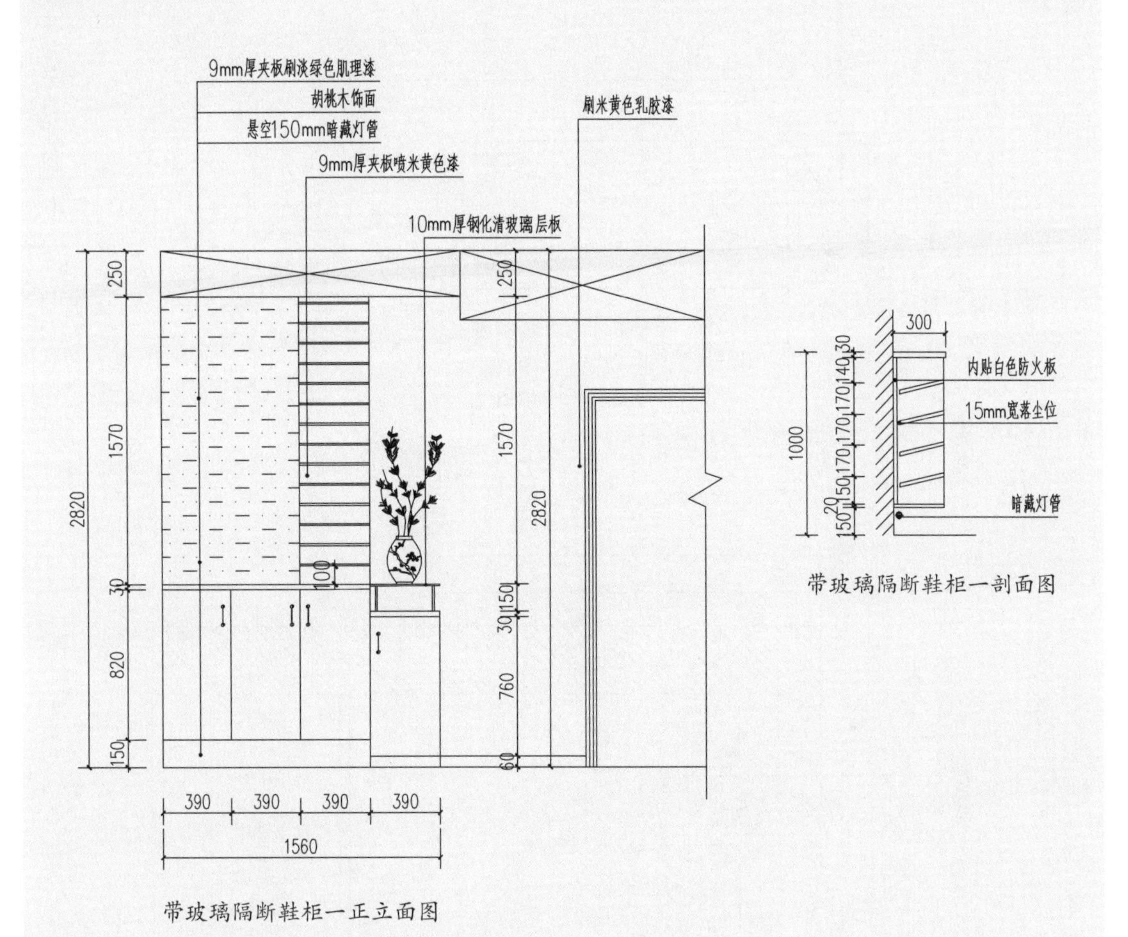

带玻璃隔断鞋柜一正立面图

带玻璃隔断鞋柜一剖面图

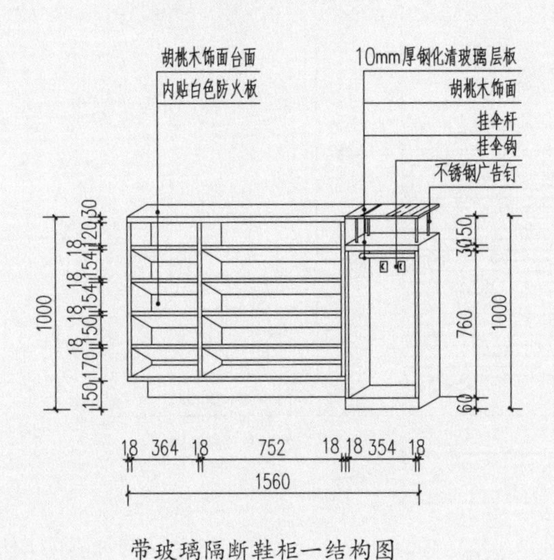

带玻璃隔断鞋柜一结构图

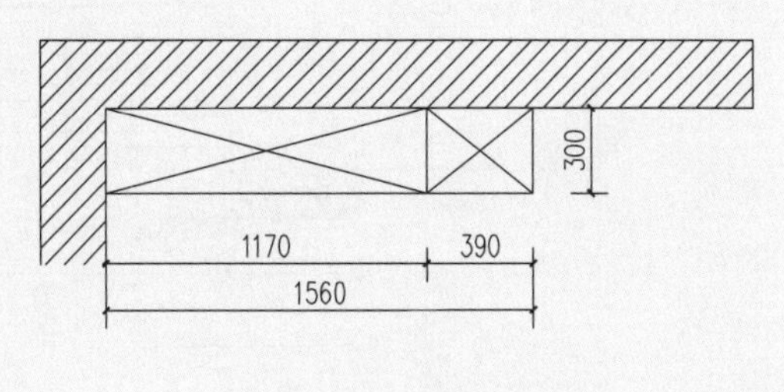

带玻璃隔断鞋柜一平面图

悬空玄关柜

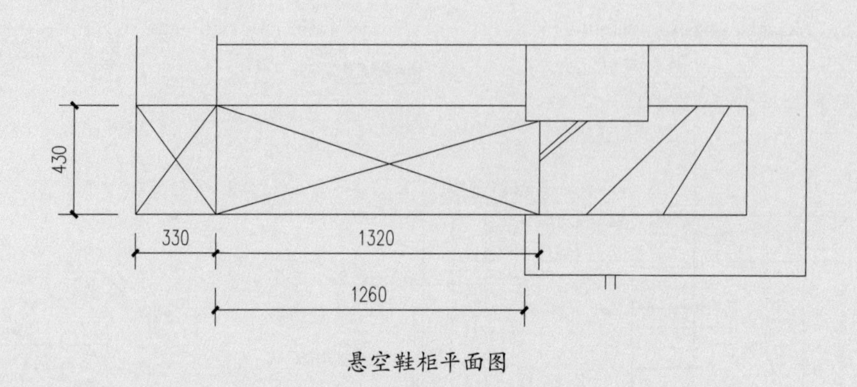

悬空鞋柜平面图

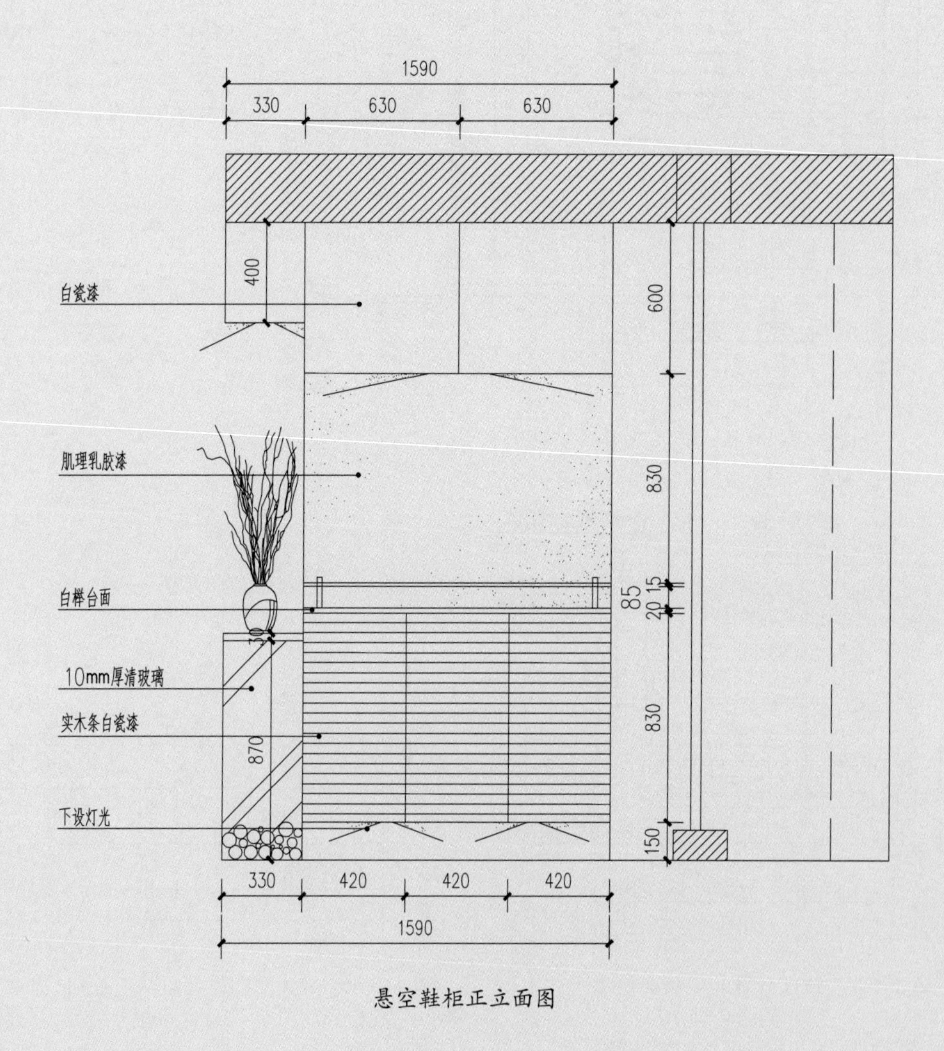

悬空鞋柜正立面图

3. 玄关柜实景案例

组合玄关柜：纤维板贴实木膜、刨花板、白色模压板

设计赏析：该玄关空间很大，因而有足够的空间放置玄关柜，有效增加储物面积。玄关处柜子分成了两部分，白色的柜体与实木柜体有机组合，色彩搭配赏心悦目。

百叶玄关柜：密度板、刨花板

设计赏析：在玄关处设置一个置物空间可以集中放置一些进门时的散乱物品，如钥匙、帽子等。

木贴面玄关柜：密度板、刨花板贴实木皮

设计赏析：柜体放在墙体内部，嵌入墙中，从而玄关柜化作为墙面背景，起到了良好的装饰作用。从而创造了一个小型的空间，台面上也可陈列小型摆件，增加空间趣味性。

转角玄关柜：黑檀木饰面清油、刨花板

设计赏析：放鞋处分成了两层，够满足较多的鞋类存储需求。但此种设计较为适合男性居住的公寓，女性的鞋种类多样，若层板之间间隔较短，则无法满足需求。

高低组合玄关柜：纤维板、黑色金属拉手

设计赏析：鞋柜和衣柜进行了一体化设计，方便出门时更衣。鞋柜的深度较深，方便放置小件物品，收纳更为合理，百叶门的使用也有利于柜体通风排味。

简欧风鞋柜：实木框架、墨绿色饰面板、金属拉手

设计赏析：鞋柜内部运用活动层板，可以根据不同鞋履来调整，内部暗含抽屉可以放一些零散的物品，让收纳更有秩序。

卡座式玄关柜：白色模压板、密度板、刨花板

设计赏析：柜体内设小型的卡座，更衣换鞋时较为便捷，卡座下方预留出的空间则可以放日常穿着的拖鞋，而且便于清理打扫。

L 形玄关柜：纤维板贴实木皮、刨花板、木线条

设计赏析：采用 L 形的布局，左半部分设计为物品的悬挂、陈列区，右半部分为更衣换鞋区，从而将入门区域合理利用起来，提高了利用率。

简洁玄关柜：纤维板、刨花板、铁艺拉手

设计赏析：一通到顶的玄关柜可以较好地利用立体空间，内部结构也分成了多层，墙面用挂钩开放式的设计让人可以便捷的出门，色调和整体空间保持一致，凸显简洁、素净之感。

二、玄关装饰柜

玄关装饰柜主要起装饰作用，使用性一般。通常为超薄式，多用于门厅空间狭小的位置，避免空间的浪费。

1. 玄关柜设计案例

梯形玄关装饰柜

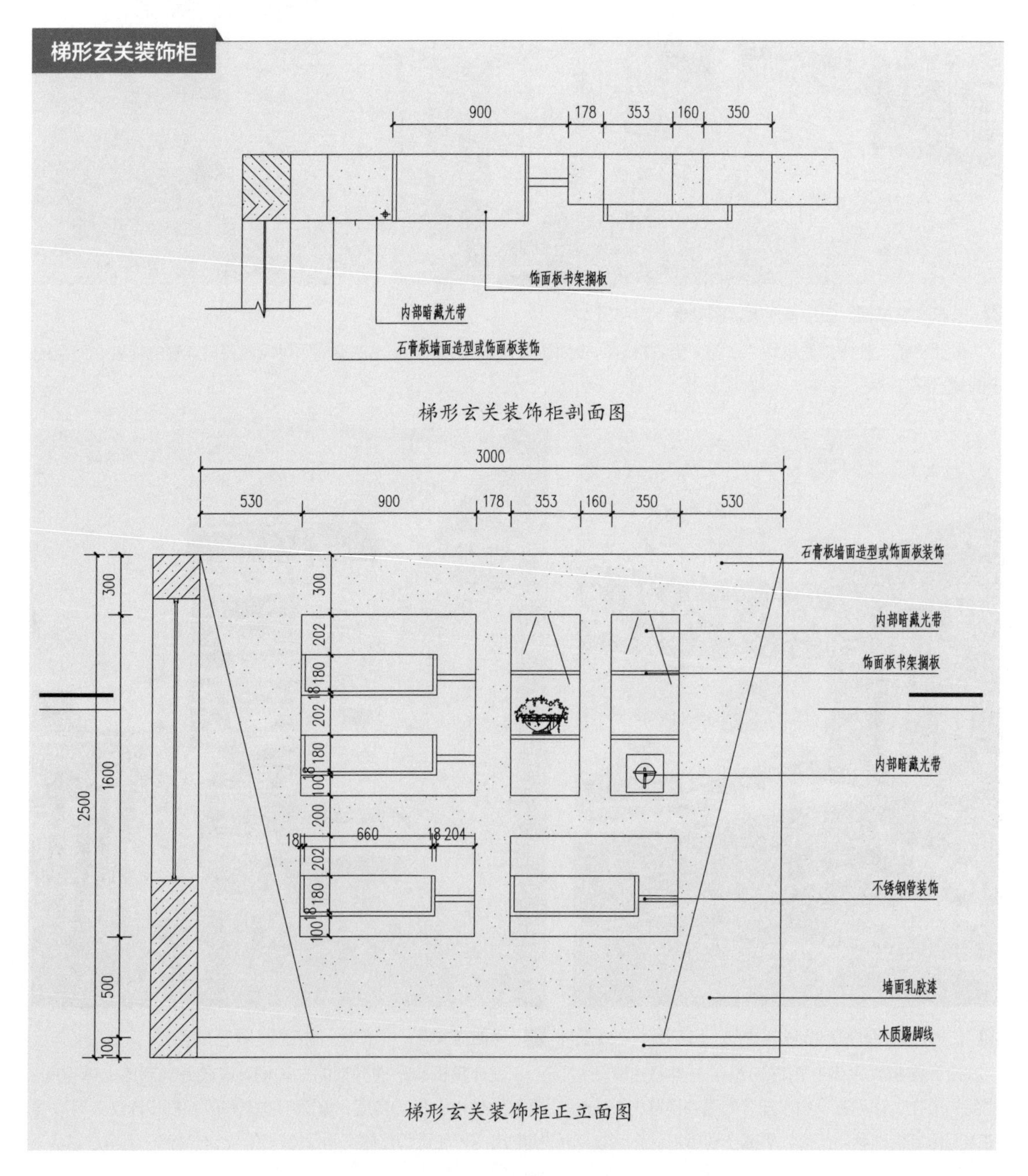

梯形玄关装饰柜正立面图

带镜子装饰储物柜一

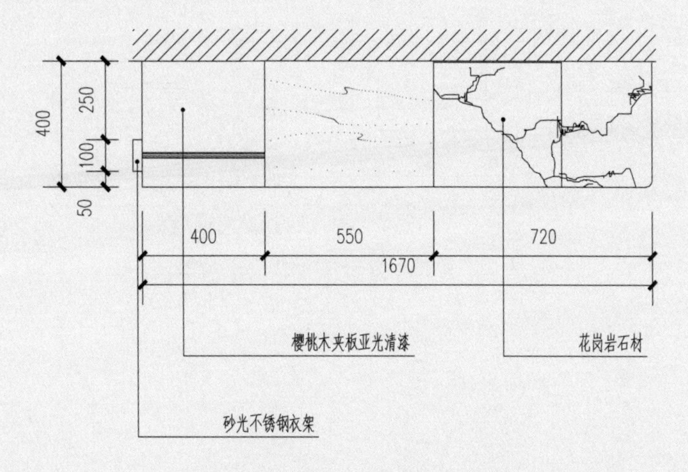

带镜子装饰储物柜一平面图

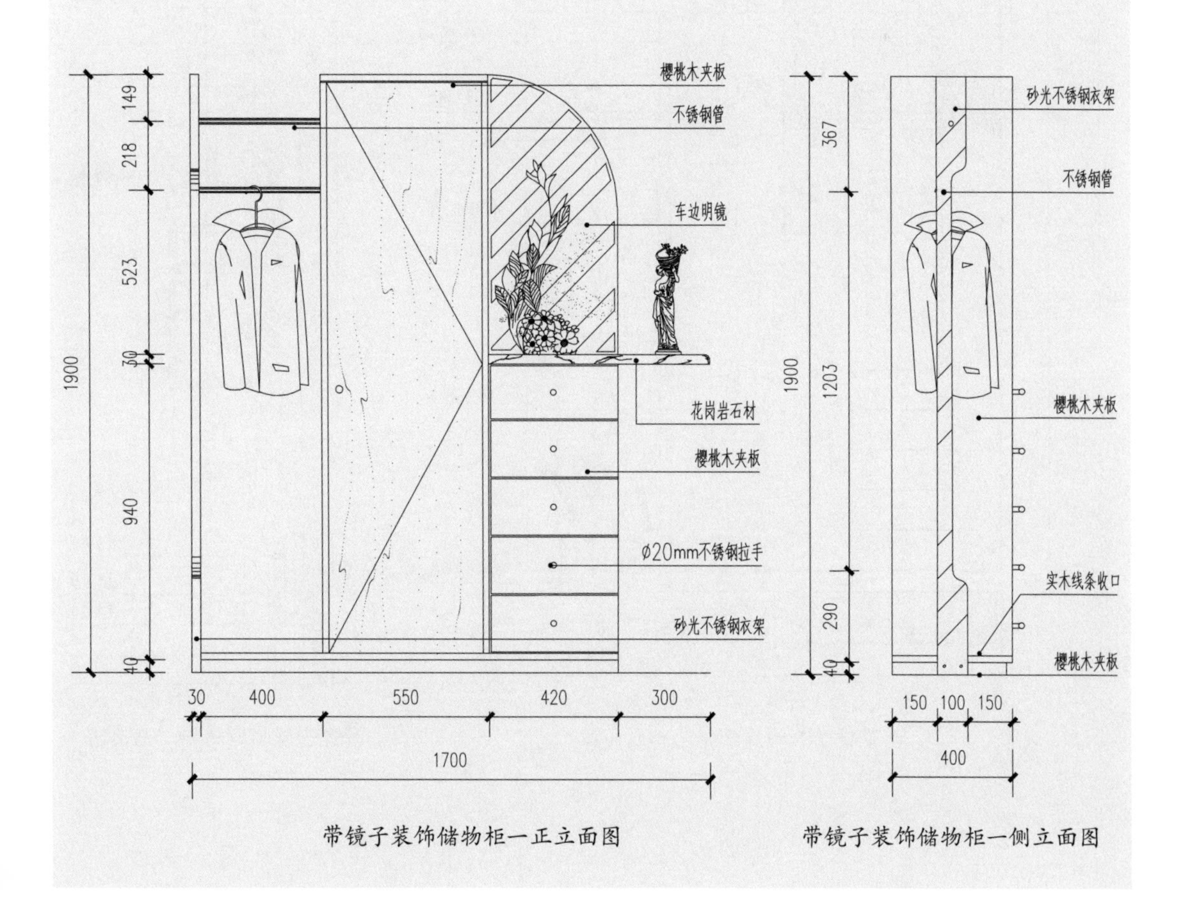

带镜子装饰储物柜一正立面图

带镜子装饰储物柜一侧立面图

带镜子装饰储物柜二

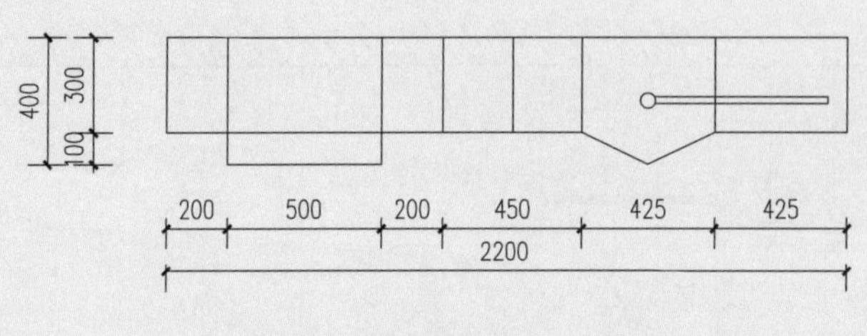

带镜子装饰储物柜二平面图

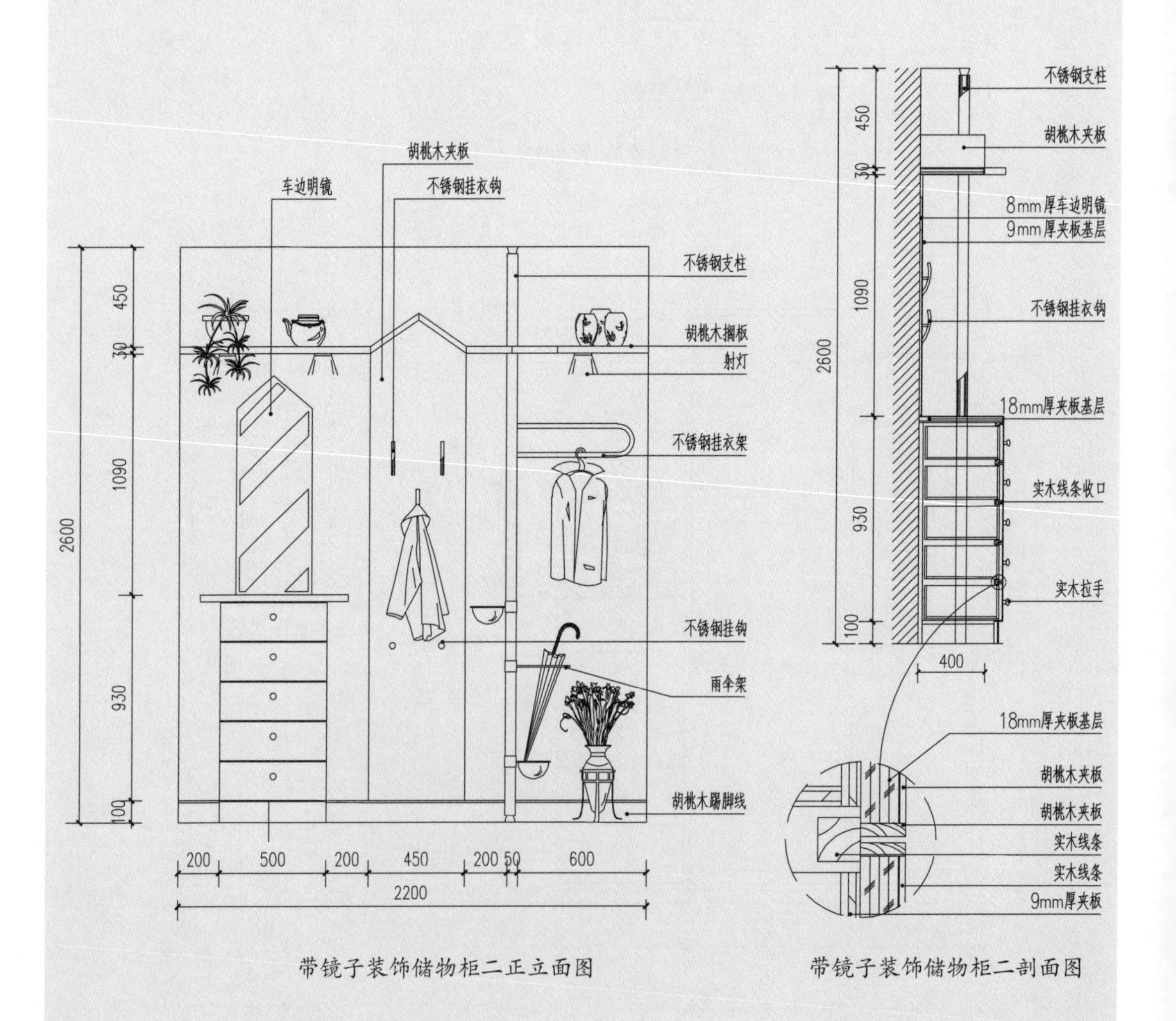

带镜子装饰储物柜二正立面图

带镜子装饰储物柜二剖面图

仿古玄关装饰柜、推拉门玄关装饰柜

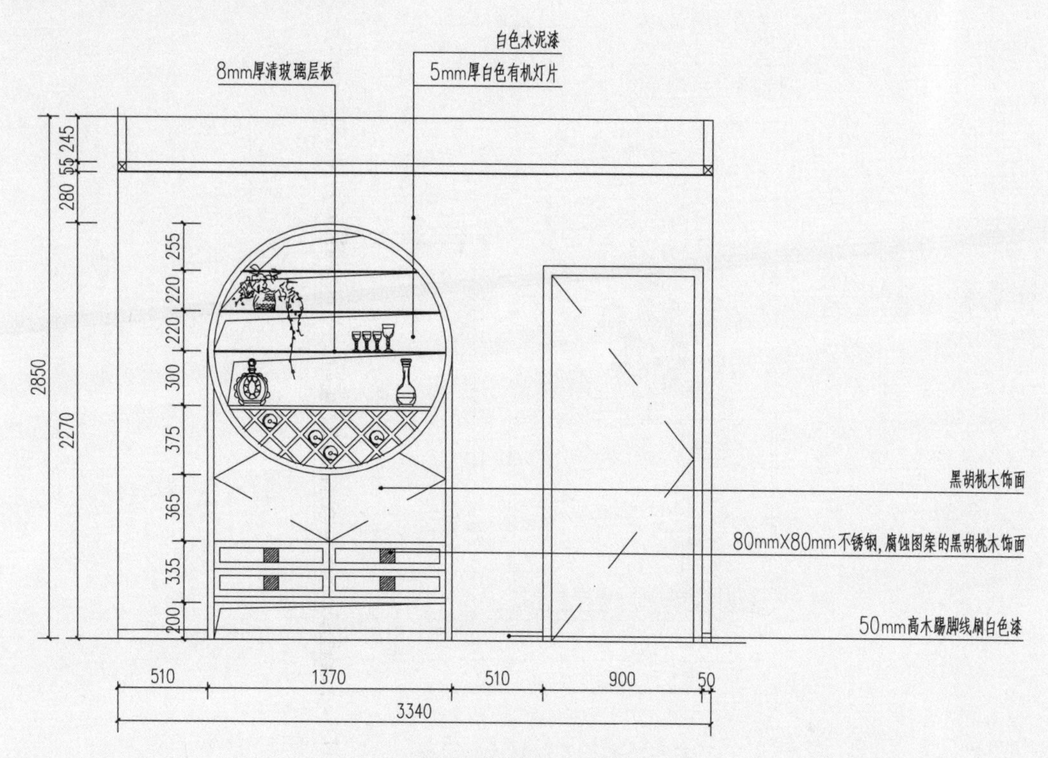

仿古玄关装饰柜正立面图

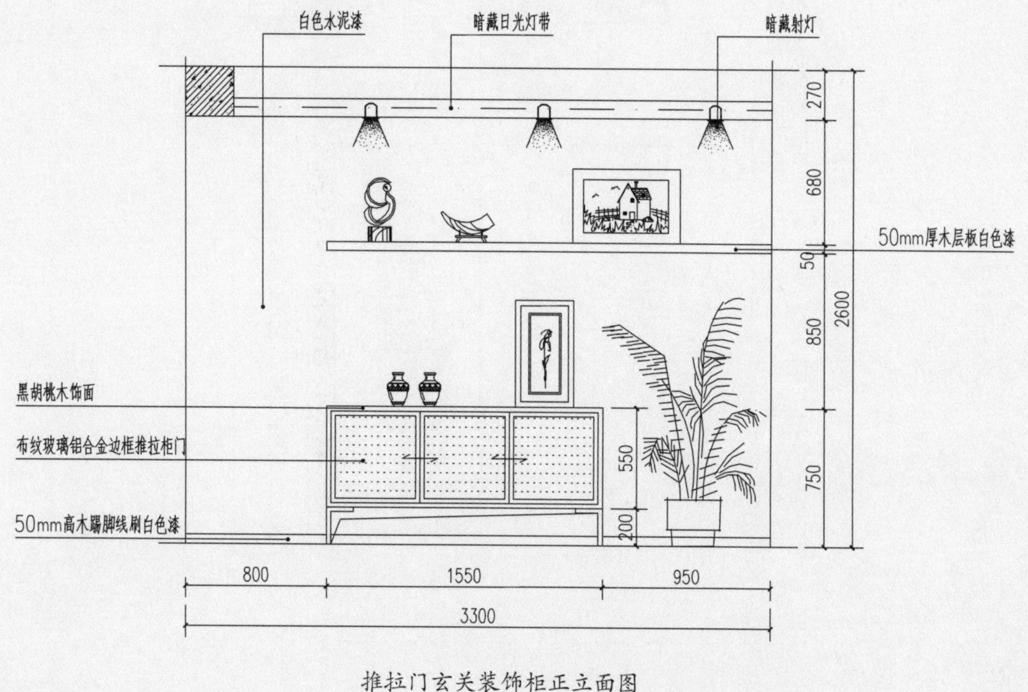

推拉门玄关装饰柜正立面图

北欧风玄关装饰柜、欧式隔断储物柜

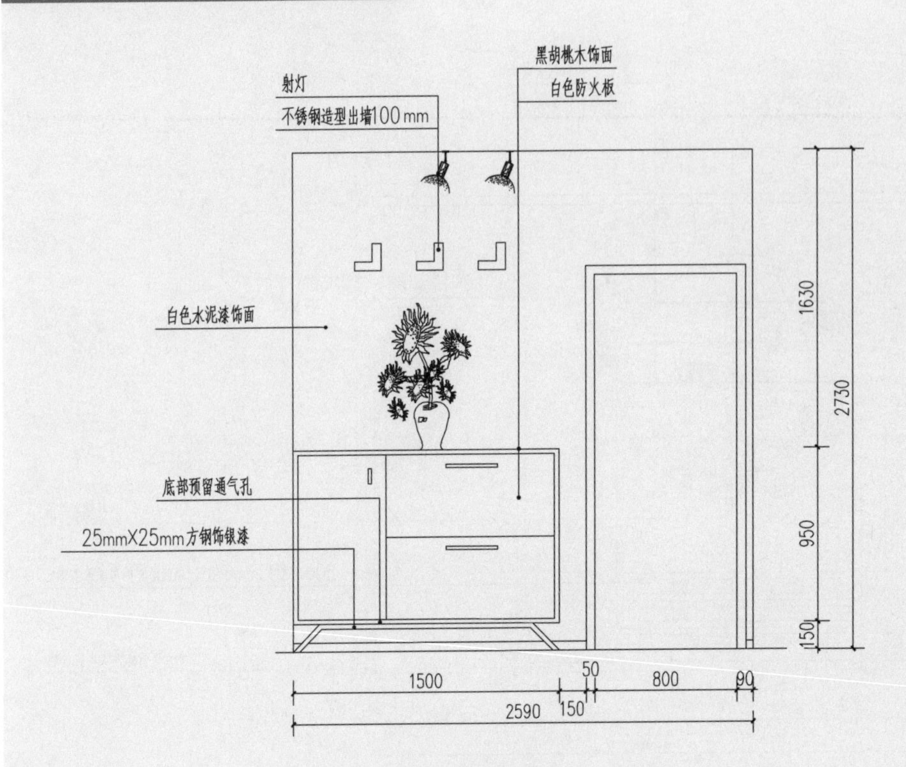

北欧风玄关装饰柜正立面图

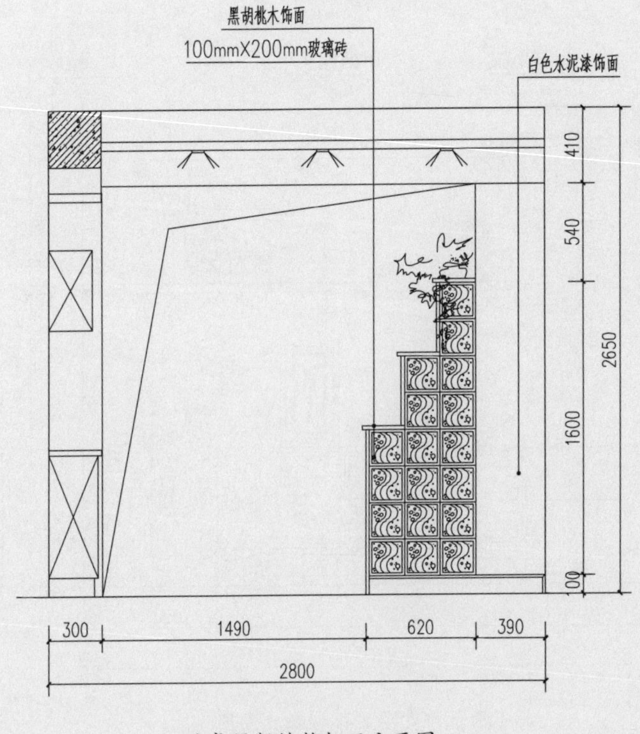

欧式隔断储物柜正立面图

2. 玄关装饰柜实景案例

简欧玄关装饰柜：纤维板、刨花板、人造石台面

设计赏析：黑色的质感凸显了高贵典雅的家居氛围，搭配亮面的金属和人造石台面可以改善沉重的配色效果，减缓玄关柜的沉重感。

贴木皮装饰柜：纤维板、刨花板

设计赏析：外形的直线线条简洁明快，木色进一步彰显了自然气息，也增加了空间的层次感，显得淳朴素雅。

中式隔断柜：纤维板贴黑檀木皮、镜面

设计赏析：将中国古典的窗格元素融入柜体的设计中，极好地表现了中式美。镜面、灯光的使用更增添了柜体整体的趣味性和陈列品的美感。

中式装饰柜：纤黑檀木、刨花板

设计赏析：完全对称式结构、经典的中式元素很好地体现于其中，黑檀木质地厚重、手感温润，无疑提升了装修的档次。

装饰置物柜：实木板、多孔板、刨花板

设计赏析：以实木为基材定制，质感自然亲切，和空间色调有机融合。而多孔板的使用可以灵活地增加搁板，增加悬挂的空间。

做旧装饰柜：实木、做旧油漆

设计赏析：采用对称式的设计，凸显均匀的美感。相似设计元素的重复出现也表现出了全屋定制家具的优越性，保证了整体风格的统一。

北欧风装饰玄关柜：纤维板、刨花板贴实木皮

设计赏析：此类玄关装饰储物柜制作工艺较为简单，用料较少，也能满足基本的日常需要，装饰性也较好，是追求极简风格的一种很好的选择。

黑色装饰柜：实木框架、密度板

设计赏析：柜体整体造型十分简洁，长方体的设计也能呈现敦厚稳重的形态。同时柜面上的曲线花纹呈现重复的韵律，能够提升柜体的装饰性。

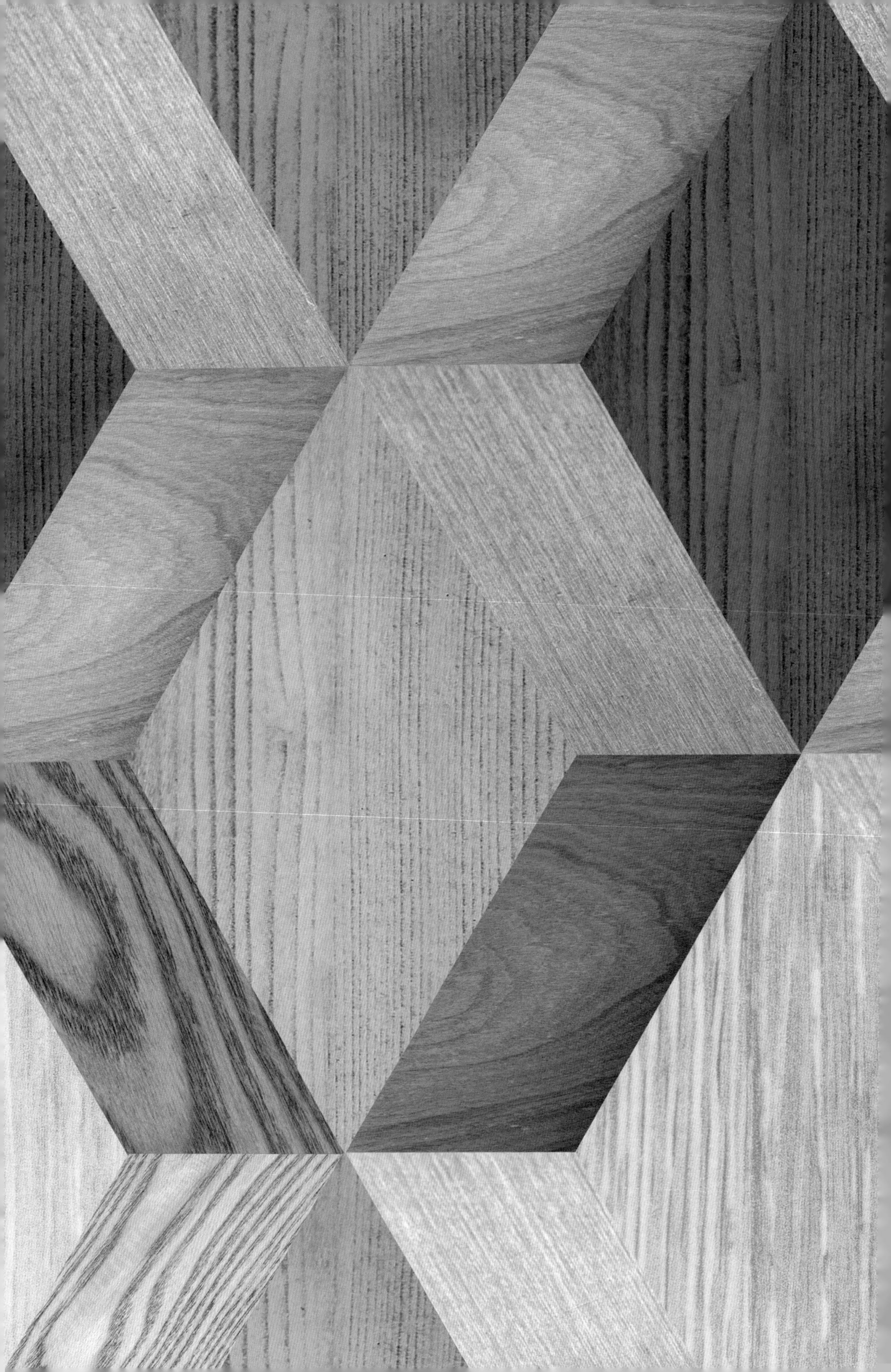

第九章

客厅空间定制

一、电视柜

电视柜主要是用来摆放电视的。随着人民生活水平的提高，与电视相配套的电器设备相应出现，导致电视柜的用途从单一向多元化发展，它已不再是单一地摆放电视的用途，而是集电视、机顶盒、DVD、音响设备、光盘等产品的收纳和摆放，更兼顾展示的用途。

1. 电视柜与人体工程学

（1）距离

定制电视柜与沙发组之间的距离受到电视屏幕大小的限制。

随着电视显示技术的日新月异，4k 电视成为大多数家庭的选择，高清电视与观看者之间的距离可依靠公式计算：

最大电视高度 = 观看距离 ÷1.5

最小电视高度 = 观看距离 ÷3

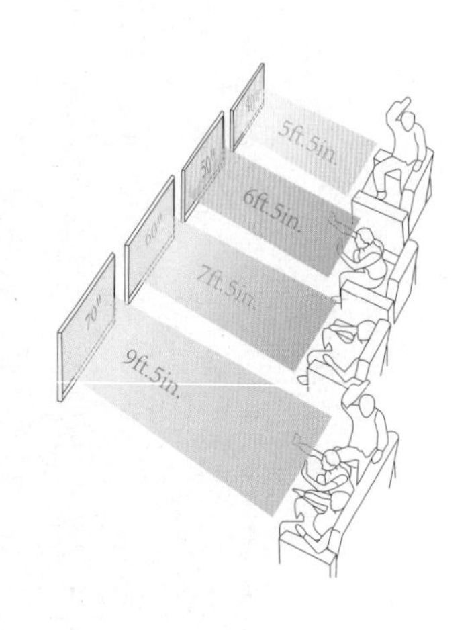

（2）高度

电视柜的高度应让使用者就坐后的视线正好落在电视屏幕的中心。一般人体视线高度为沙发座面高度加上座面到眼部高度距离之和。这个距离通常不超过 1160mm，即电视柜的高度到电视机中心高度的最大值。

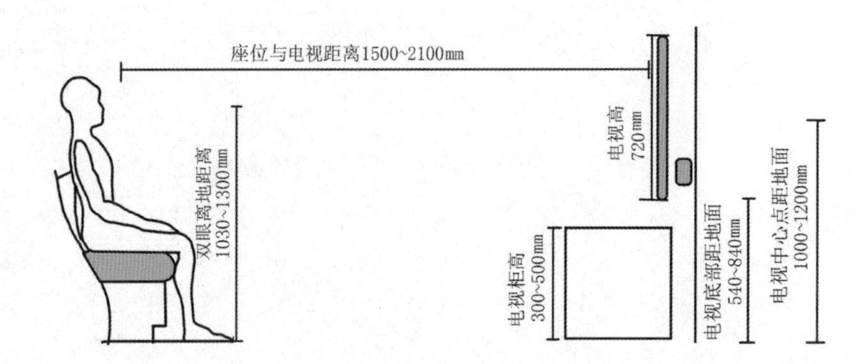

2. 电视柜设计案例

中式电视柜

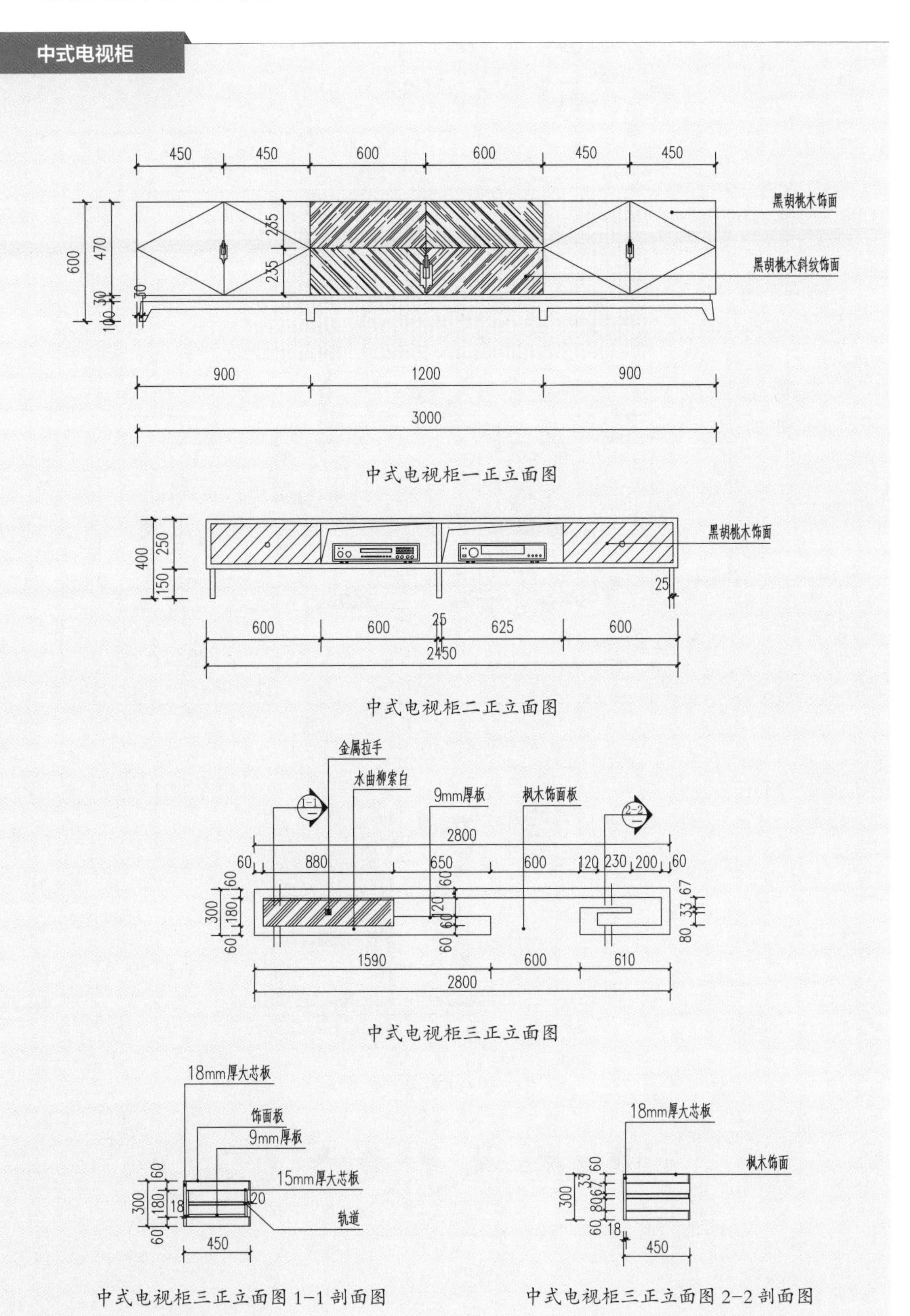

中式电视柜一正立面图

中式电视柜二正立面图

中式电视柜三正立面图

中式电视柜三正立面图 1-1 剖面图

中式电视柜三正立面图 2-2 剖面图

层板式电视柜

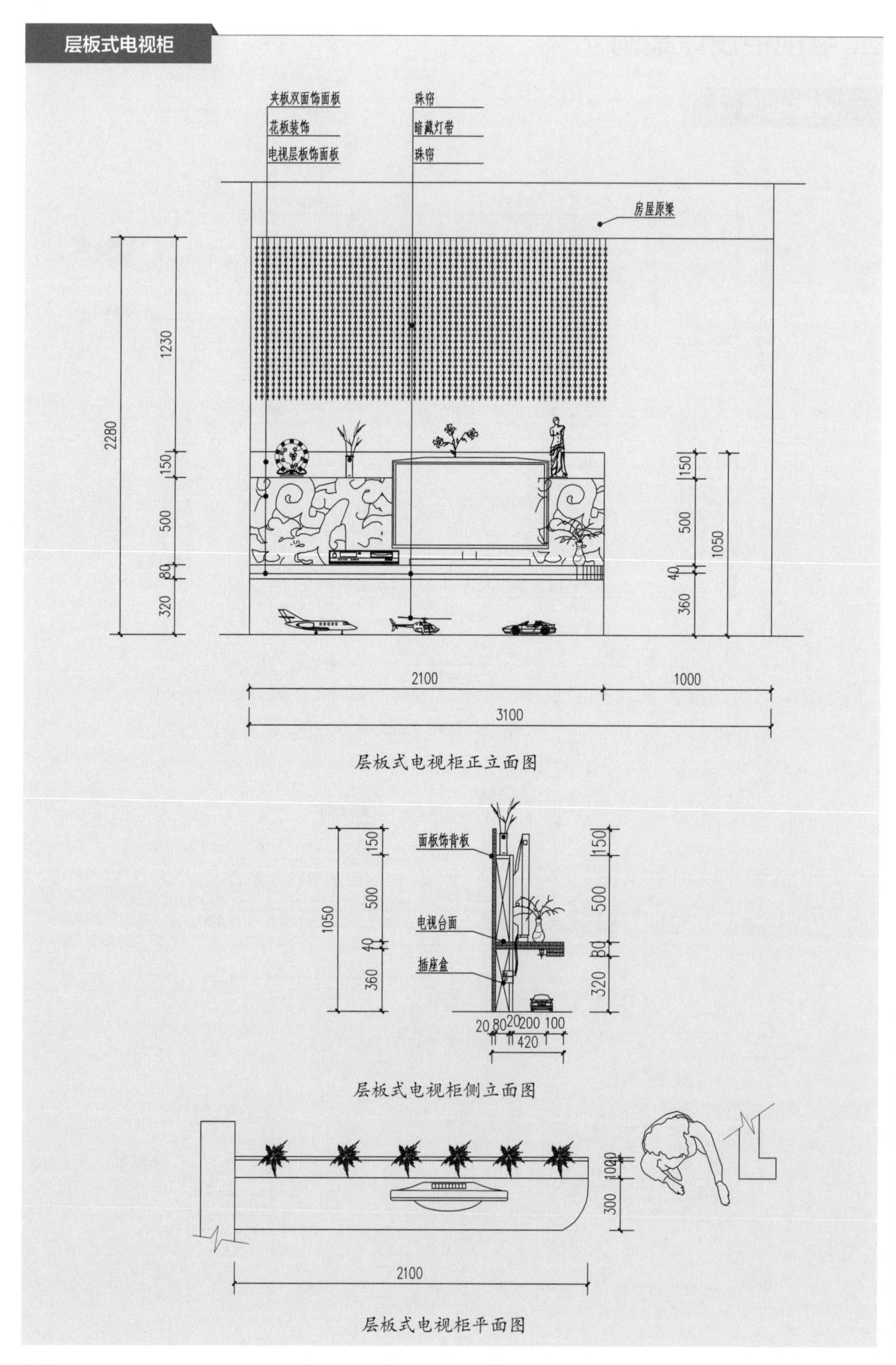

层板式电视柜正立面图

层板式电视柜侧立面图

层板式电视柜平面图

对称式电视柜、拼接式电视柜

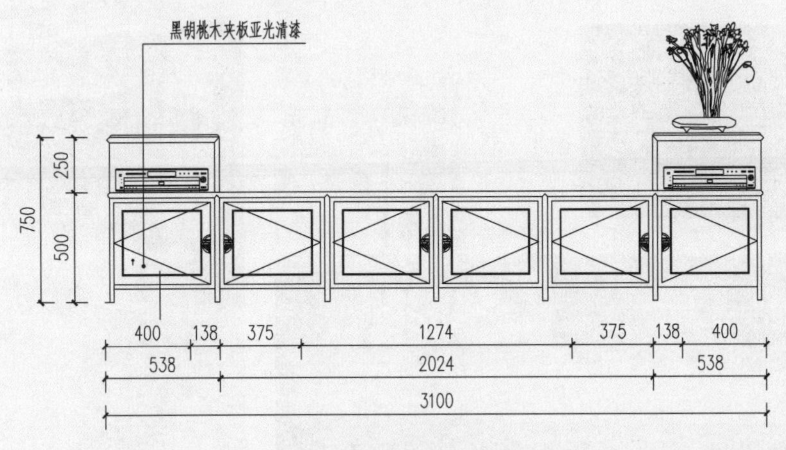

对称式电视柜正立面图

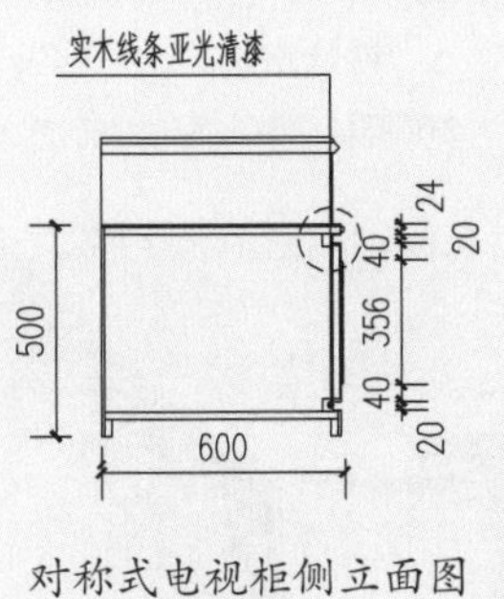

对称式电视柜侧立面图

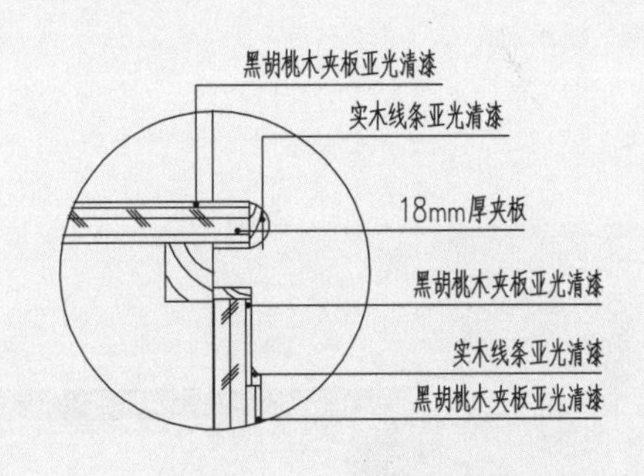

对称式电视柜节点放大图

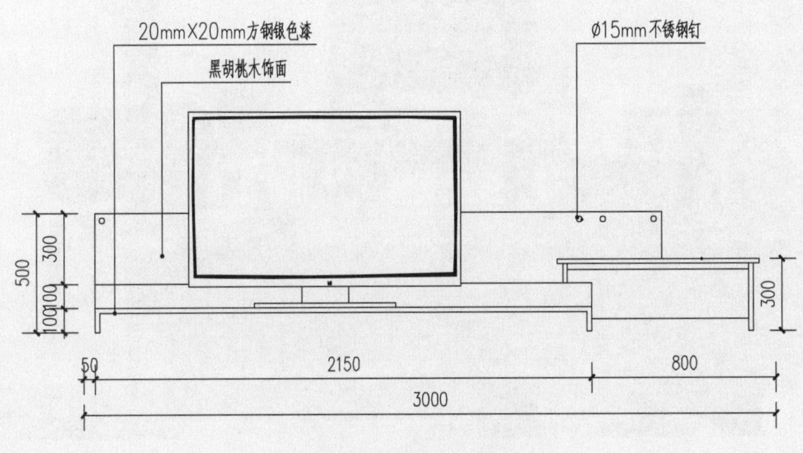

拼接式电视柜正立面图

3. 电视柜实景案例

实木电视柜：枫木

设计赏析：根据墙面，柜体的深度保持一致，右侧部分则通过封板的方式填补墙柜之间的空隙，保证了整体性。

材料：白枫木饰面、纤维板白色混油

设计赏析：木色的设计有着舒适的视觉效果，可以弱化地砖的冷硬感。

错落式柜门电视柜：刨花板贴实木皮、刨花板、纤维板

设计赏析：在电视柜的设计上采用白色的门板和实木结合的方式，色泽表现更为亲切、自然，同时整面墙布满了柜体，储物空间相当充足，柜门错落式的设计也能让电视柜更具美感。

进墙电视柜：柚木

设计赏析：将电视悬挂在墙上，并在墙上开槽设置电视柜，充分利用了墙面空间，没有凸出的部分，达到了清爽的视觉效果，但嵌入式的设计需要墙体有一定的深度才能满足需求。

镶框式电视柜：刨花板贴实木皮、纤维板

设计赏析：电视外框上增加了金属框，丰富了电视柜的材质表现形式。电视隔断墙和吧台结合设计的形式形成了跌级的台面，台面上可以放置遥控器、机顶盒等物品。

欧式电视柜：人造石、刨花板、装饰线条

设计赏析：该电视柜的重点为与柜体结合设计的背景墙，通过装饰线条表现出了欧式的华丽感，下层柜体则较为简单，同时灰蓝色的色彩设计也避免了过多使用白色带来的单调感。

二、装饰柜架

装饰柜架是厅柜的一种形式。它主要是通过陈设或者储藏来提升客厅格调、实用性及趣味性。

1. 装饰柜架设计案例

装饰壁架、博古架

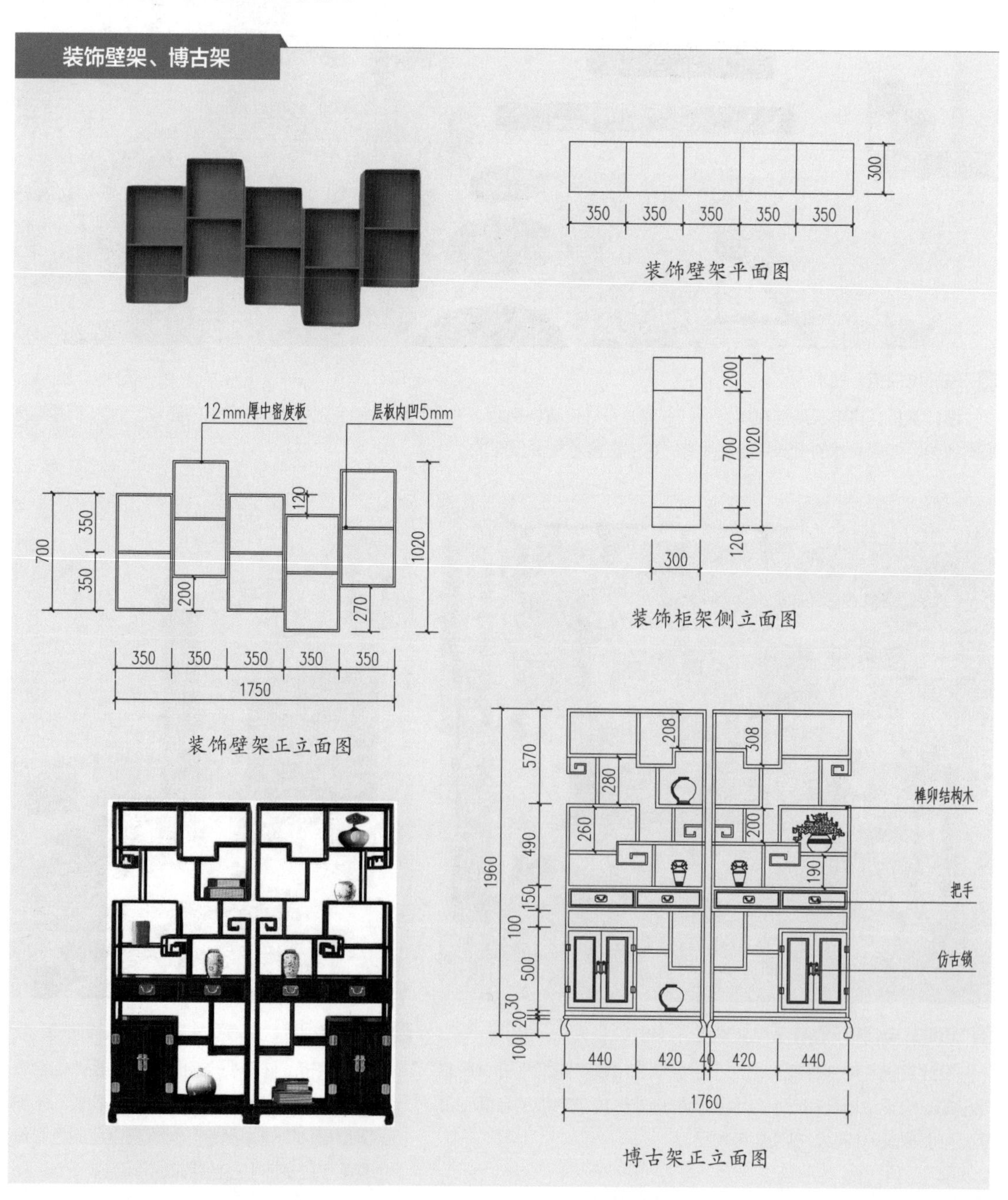

悬空陈列柜、展示架

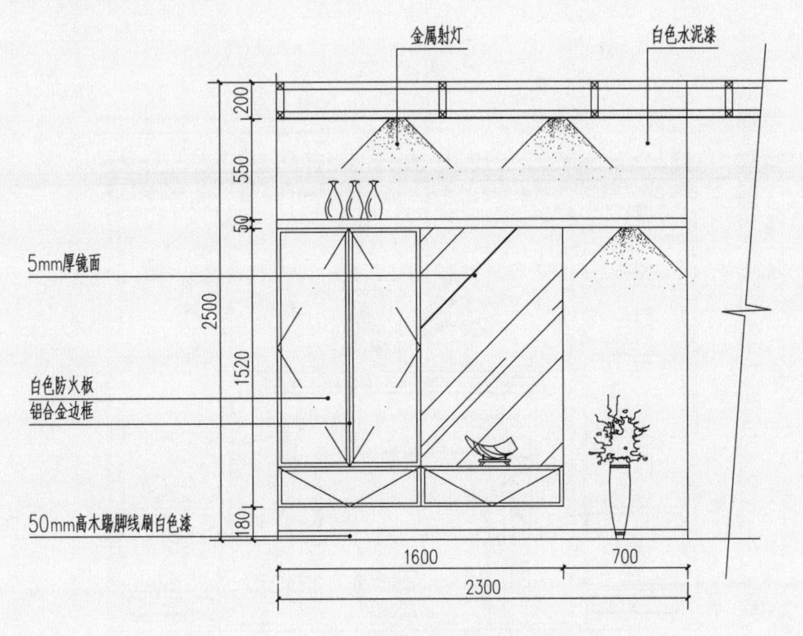

悬空陈列柜架正立面图

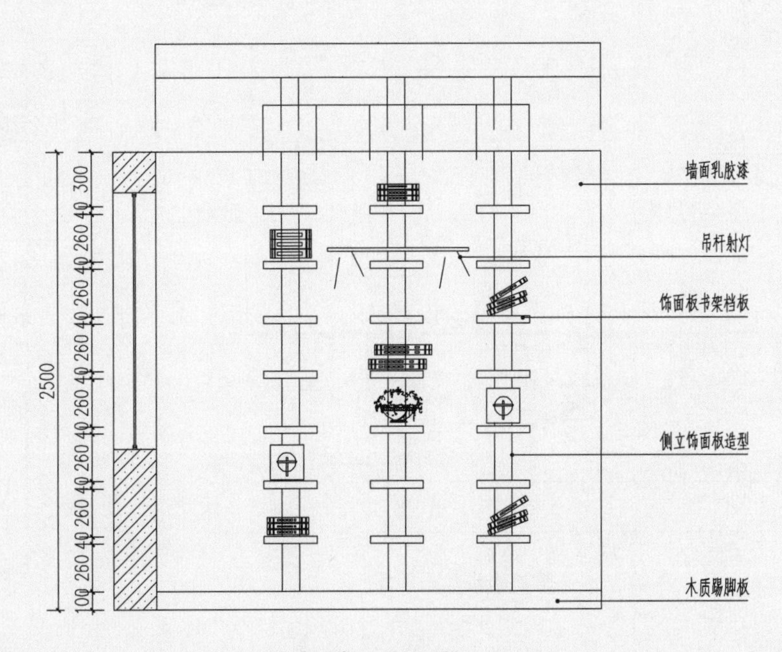

展示架正立面图

带壁炉陈列架

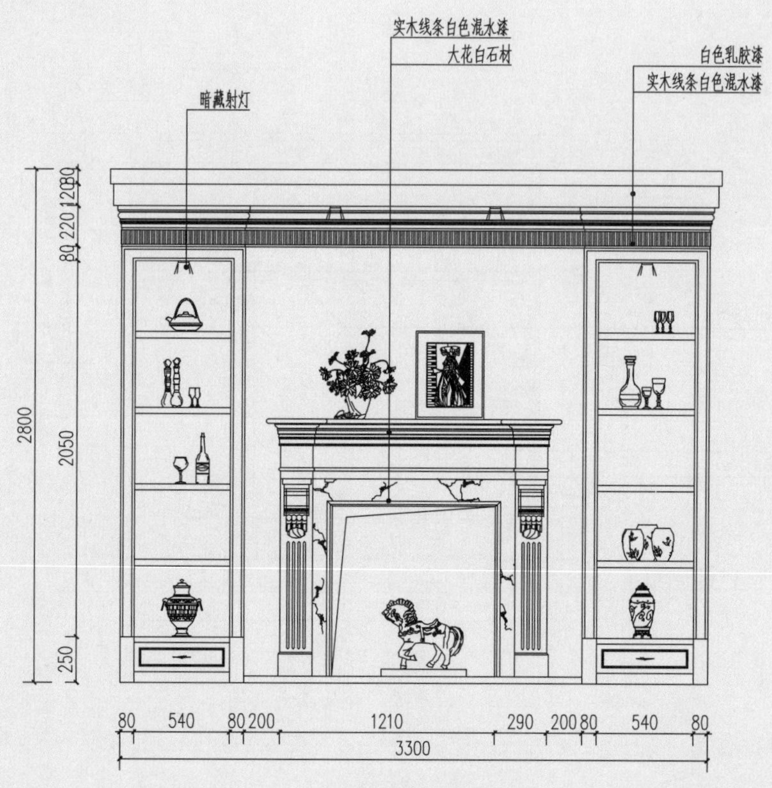

带壁炉陈列架正立面图

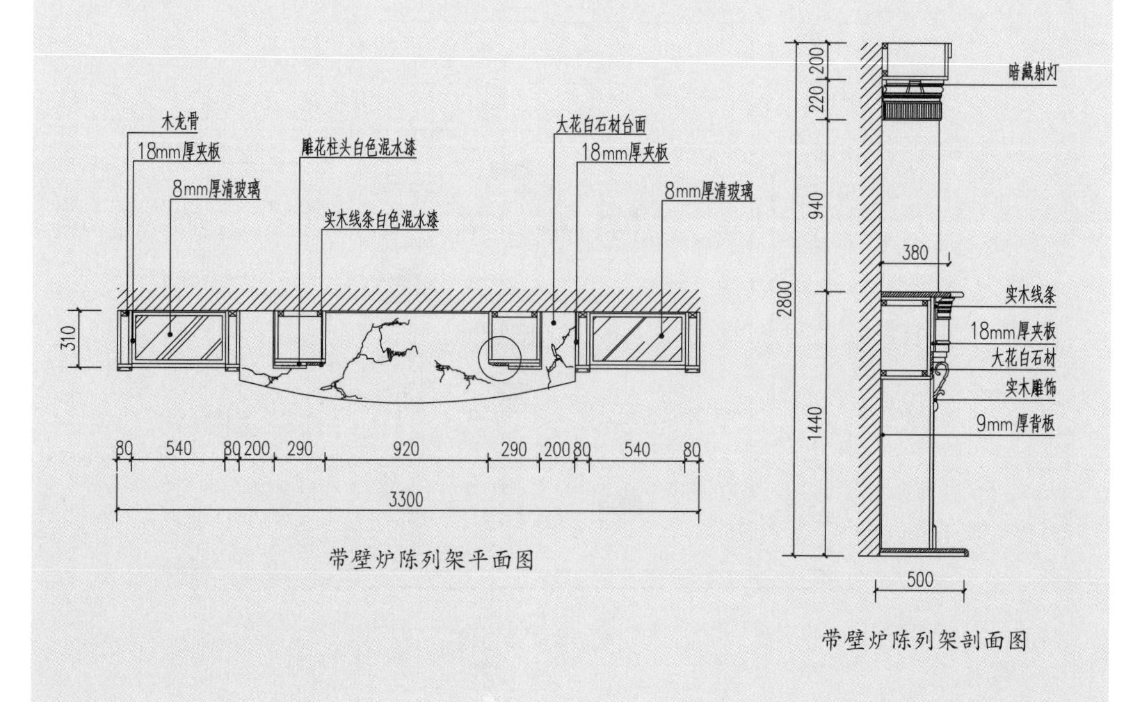

带壁炉陈列架平面图

带壁炉陈列架剖面图

玻璃陈列柜

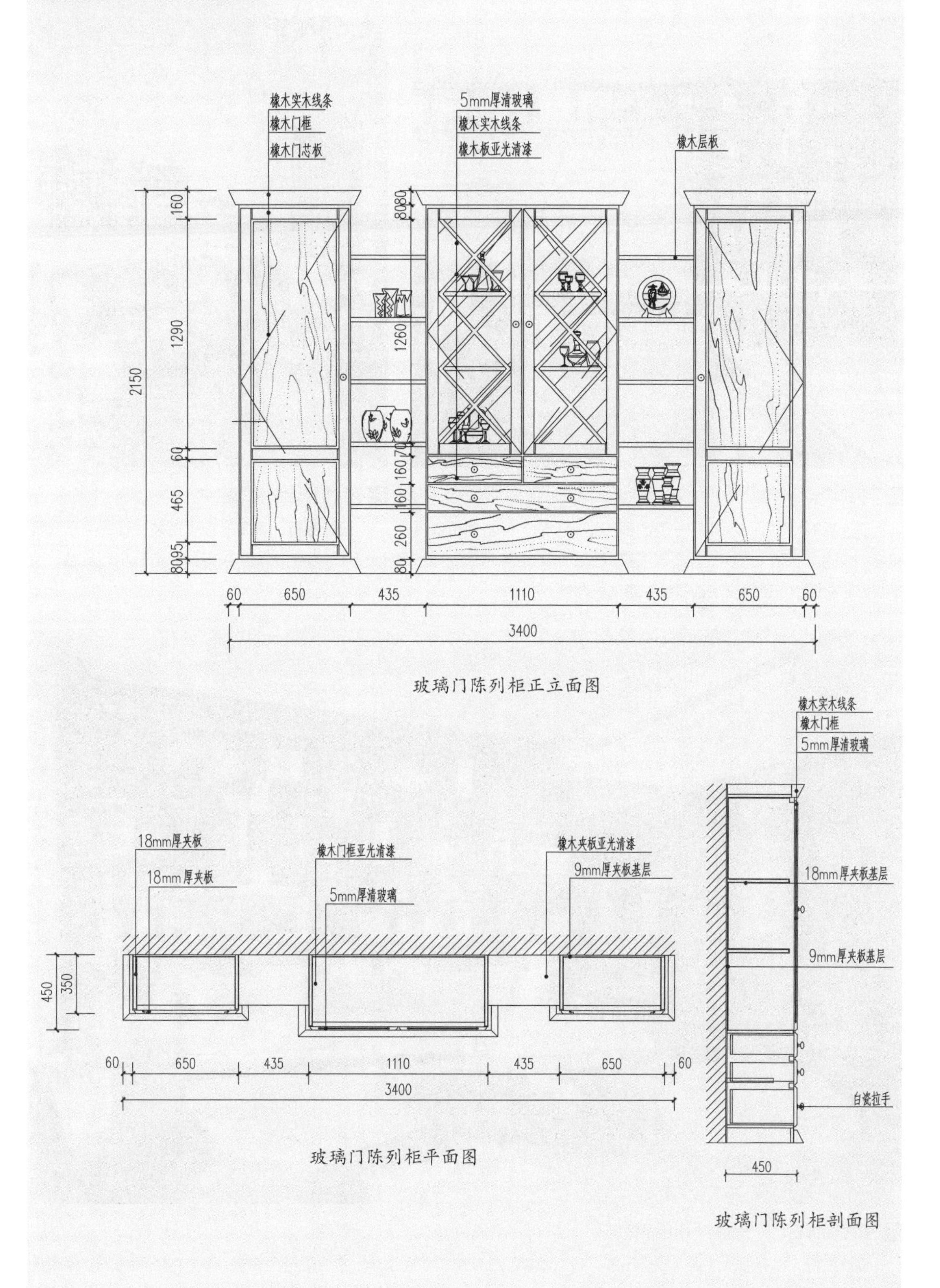

玻璃门陈列柜正立面图

玻璃门陈列柜平面图

玻璃门陈列柜剖面图

2. 装饰储物柜实景案例

中式柜架：科定板

设计赏析：该柜架采用了一通到顶的设计手法，但上部分直接装饰中式的山水画，这种处理方式能够减少过多的柜架带来的拥挤感，也能通过山水画渲染家居气氛，避免单调。

小格架：橡木饰面板

设计赏析：将条形板材拼装成格式的小型装饰柜架，收纳功能虽较弱，但造型小巧自然，装饰性较好。

实木装饰柜：实木板材、金色不锈钢

设计赏析：将搁板从地到顶成排布置，利用搁板的线条感有效地拉伸了室内视觉空间感。下方的石质台面支撑和金色不锈钢的搭配让柜架更显雍容华贵。

推拉门柜架：纤维板、密度板、刨花板贴膜

设计赏析：搁板采用和电视背景墙一样的材质，柜门则用刨花板贴黄色的镀膜，瞬间让客厅鲜亮起来，增强了整体空间的活力。

北欧工业装饰架：刨花板贴实木皮、纤维板

设计赏析：该柜架直接暴露结构，很有通透美，吊顶内部暗藏的灯带也更好地渲染了空间气氛。

简洁柜架：刨花板、白枫木饰面、石膏板

设计赏析：这种柜架是通过石膏板做一个假墙，然后使用挡板进行分隔，看上去好似直接在墙面上开洞做收纳。流线的造型也能呈现更多的动感，唯一的不足是比较容易落灰，在清洁时不是很方便。

第十章

餐厅空间定制

一、酒柜

酒柜是专用于酒类储存及展示的柜子，可分为电子酒柜和实木酒柜。电子酒柜需制冷、恒温，会与其他电子设备相配合，因而此部分不做赘述。

1. 酒柜与人体工程学

（1）高度

酒柜的高度应该根据使用者的身高具体调节，这也是全屋定制家具的优点之一。若客户身高、臂长为平均水平，则可以按照通用的尺度确定大致区间范围。

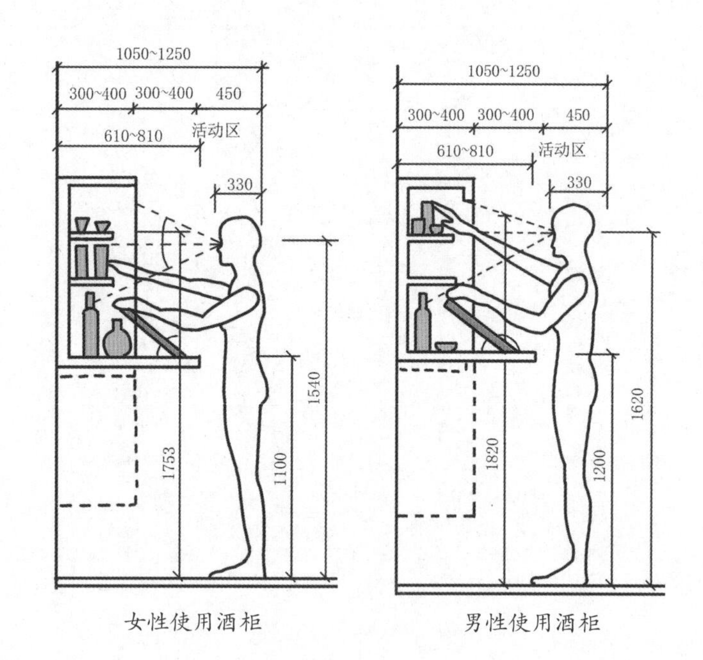

（2）深度

酒柜的深度一般为 300~400mm。如果设置有台面，台面的深度可为 300~650mm，这时就要灵活处理台面和柜体的深度关系，保证整体美观性。

（3）酒柜设计注意事项

1）酒柜尺寸要以实用性为原则，不能过分追求繁复的花样而忽略了功能需求。

2）酒柜的高度应适当，在设计时不要将过重的物品放于上部，避免重心上移造成的不稳定现象。

3）做嵌入型酒柜时，要确认墙体是否为承重墙及墙的承重力。

2. 酒柜设计案例

美式酒柜

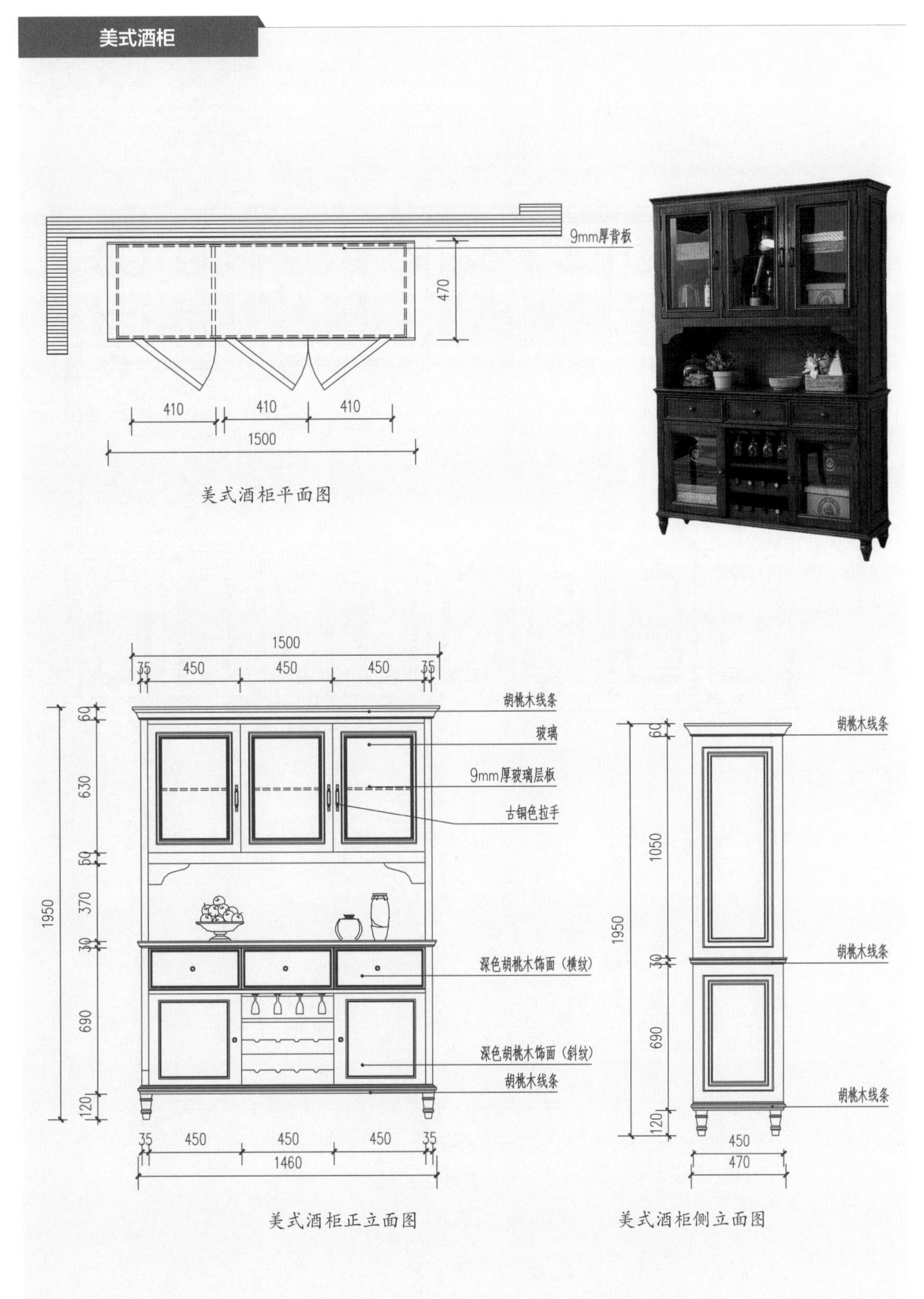

欧式酒柜

欧式酒柜正立面图

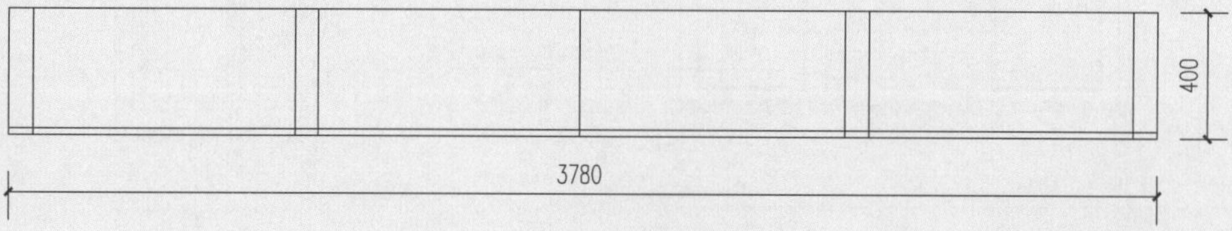

欧式酒柜平面图

现代酒柜

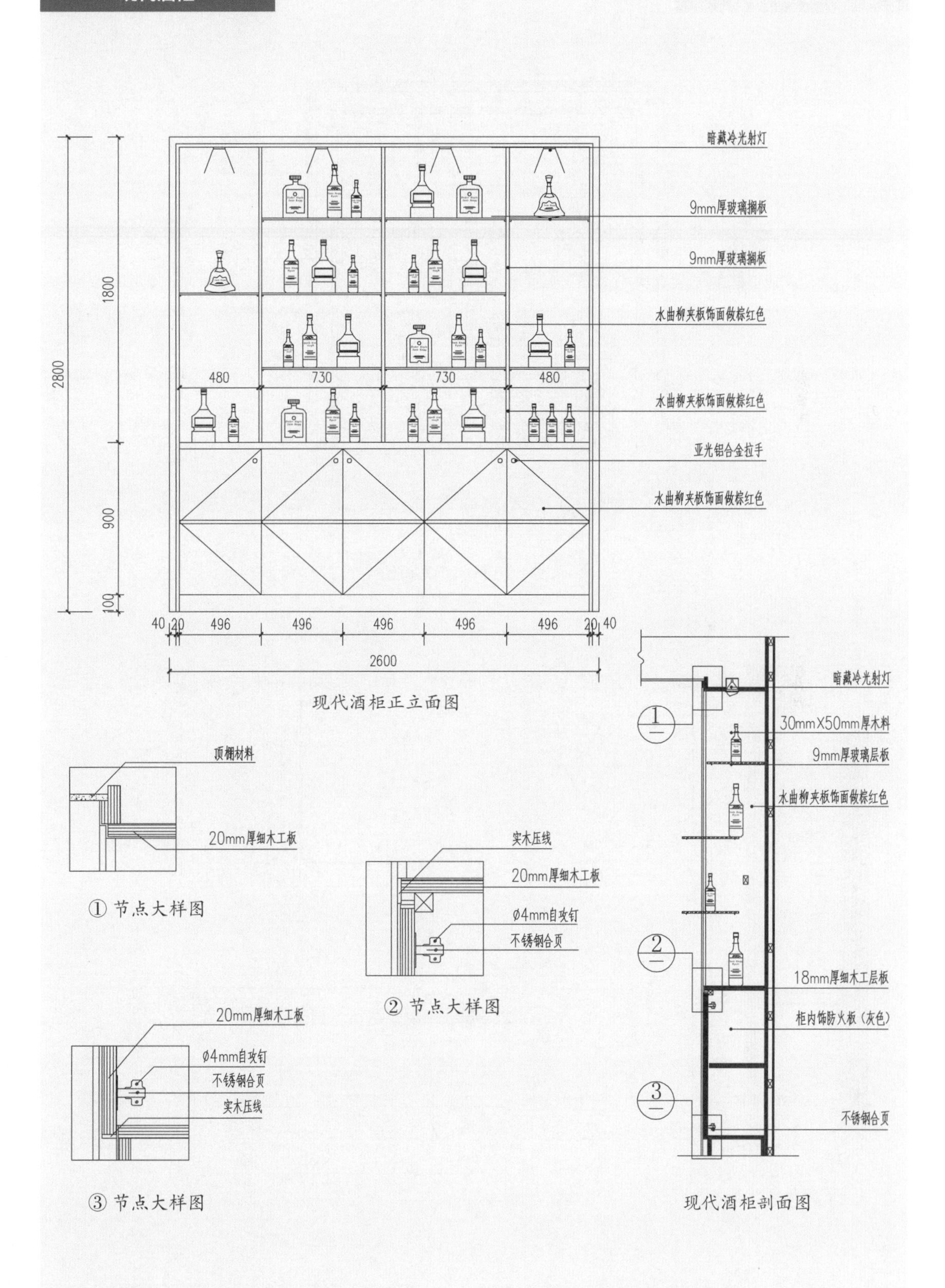

暗藏冷光射灯
9mm厚玻璃搁板
9mm厚玻璃搁板
水曲柳夹板饰面做棕红色
水曲柳夹板饰面做棕红色
亚光铝合金拉手
水曲柳夹板饰面做棕红色
2800
1800
900
100
480
730
730
480
40
20
496
496
496
496
496
20
40
2600
现代酒柜正立面图
顶棚材料
20mm厚细木工板
① 节点大样图
实木压线
20mm厚细木工板
Ø4mm自攻钉
不锈钢合页
② 节点大样图
20mm厚细木工板
Ø4mm自攻钉
不锈钢合页
实木压线
③ 节点大样图
暗藏冷光射灯
30mmX50mm厚木料
9mm厚玻璃层板
水曲柳夹板饰面做棕红色
18mm厚细木工层板
柜内饰防火板（灰色）
不锈钢合页
现代酒柜剖面图

装饰性酒柜

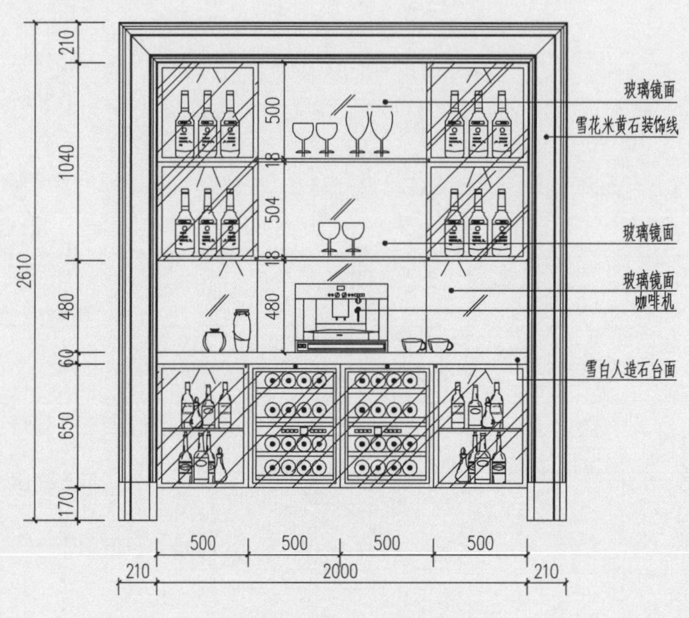

装饰性酒柜三正立面图

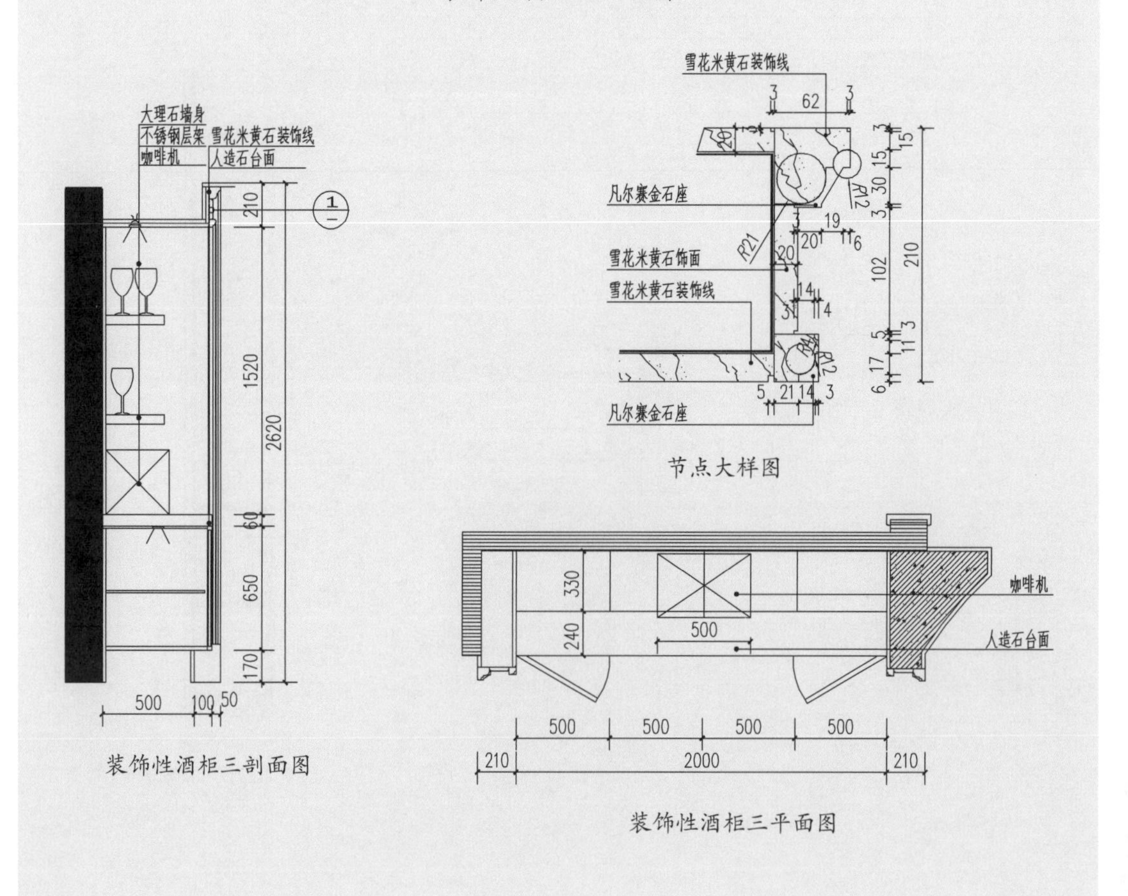

装饰性酒柜三剖面图

节点大样图

装饰性酒柜三平面图

带酒格酒柜

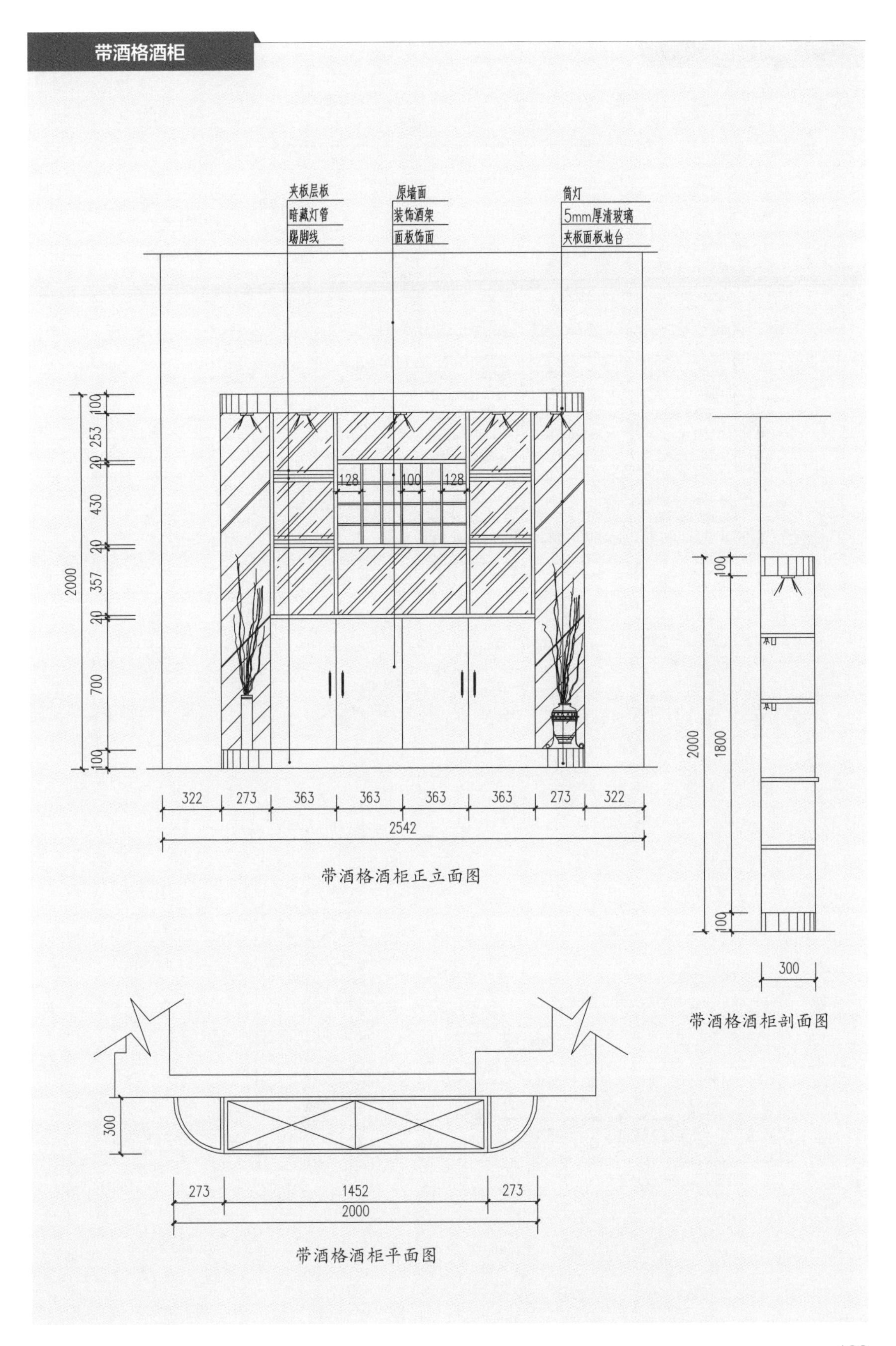

带酒格酒柜正立面图

带酒格酒柜剖面图

带酒格酒柜平面图

玻璃门酒柜

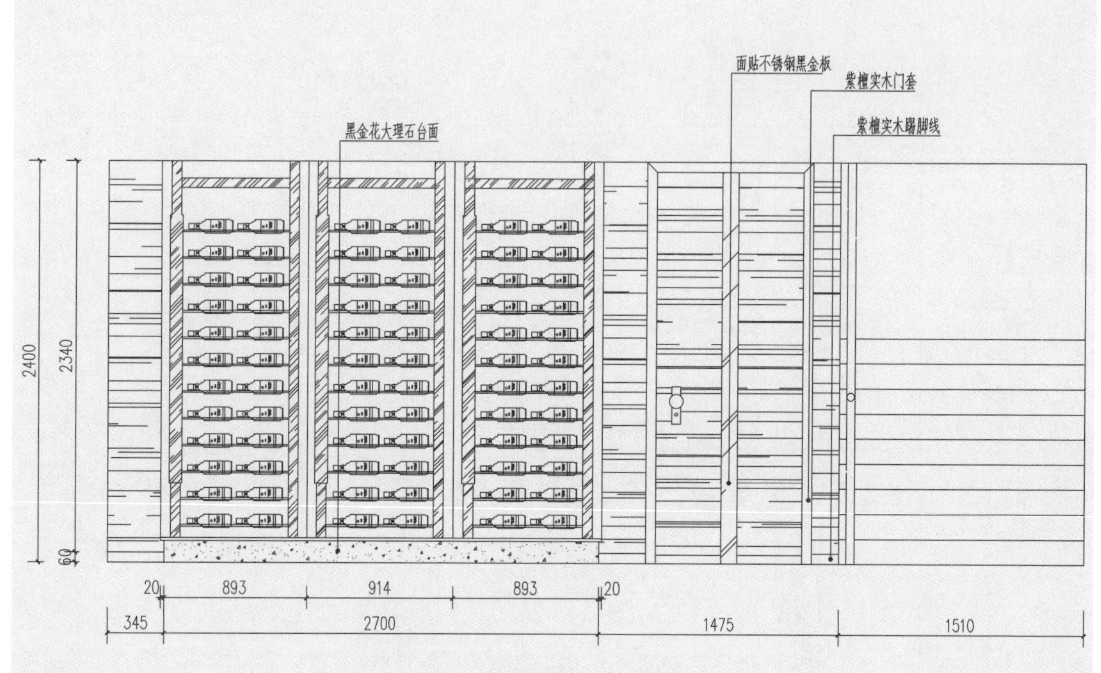

玻璃门酒柜正立面图

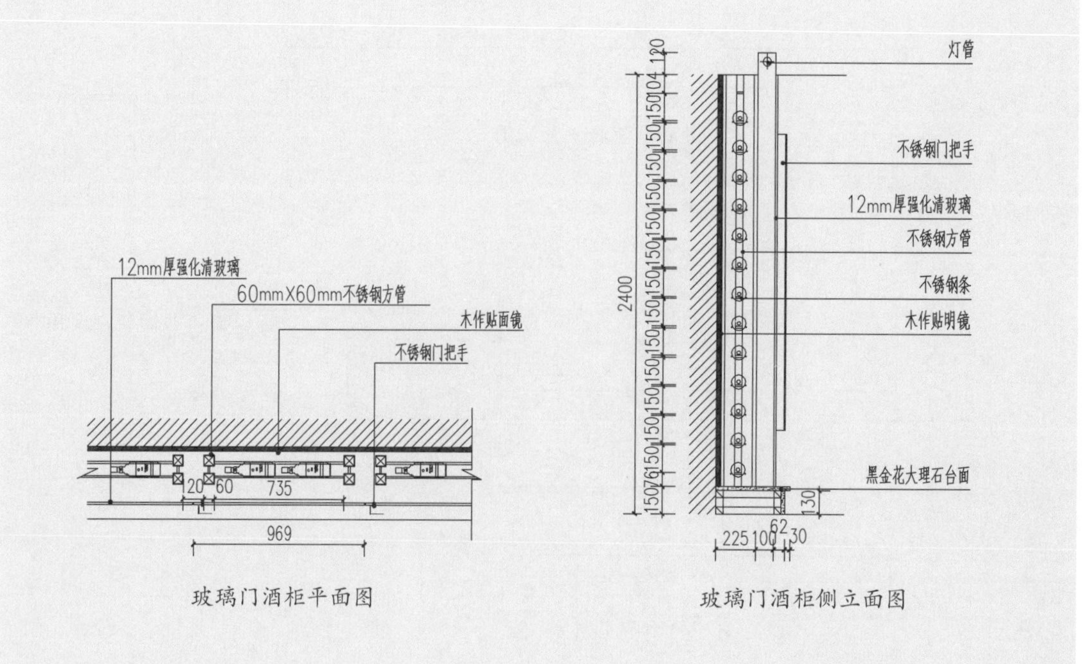

玻璃门酒柜平面图

玻璃门酒柜侧立面图

3. 酒柜实景案例

简约酒柜：胡桃木饰面、纤维板、密度板

设计赏析：具有拱形元素的木质酒柜充满了美式乡村风格的气息，为单调的柜体赋予变化，提升了设计感。

不锈钢酒柜：白枫木饰面、纤维板

设计赏析：当酒柜位于阳台附近时，需要注意防晒。尽可能不在朝南的阳台设置酒柜，以免阳光照射破坏酒的口感。

美式风格酒柜：木纹饰面板、大理石台面

设计赏析：此酒柜功能较多，有吧台、水槽与台面，还有划分空间的效果。顶部的等腰三角形设计也为酒柜整体增色不少。

隔断式酒柜：玻璃、黑胡桃木、刨花板

设计赏析：这个酒柜进深较大，可双面使用。朝向客厅的一侧可作为装饰墙，朝向厨房的一侧则作为酒柜，在视觉上划分客厅和厨房，使得空间区域和流线更明确。

开放式酒柜：柚木饰面、合金架

设计赏析：将合金酒架直接安装在饰面板上，金属的冷感和木头的温和感混搭在一起别有一番意趣，酒架支撑构件的使用也避免了空间的呆板。

欧式酒柜：实木线条

设计赏析：当酒柜充当一部分背景墙功能时，需要注意酒柜的装饰性设计，酒柜的储酒量可以放到次要位置。这时，酒柜的材质、灯光、酒瓶等都可提升装饰美感。

工业风酒柜：黑檀木饰面、玻璃

设计赏析：酒柜从地面一直伸到顶部，内部采用交叉式的小型搁板，将酒瓶从存储物转换为装饰物，别具一格。

红酒展示柜：玻璃、金属框架

设计赏析：该酒柜不采用任何复杂的装饰，仅利用酒柜内部的暗藏灯带和金属框架便打造出了良好的视觉效果，整体熠熠生辉。

实木酒柜：红木饰面、实木线条、密度板

设计赏析：整个空间的家具实现了风格上的统一。正面墙体上还设置了展示架，整齐的对称排列方式打造出了视觉中心点，十分和谐。

二、餐边柜

餐厅中最容易造成混乱的地带无疑是餐桌。餐桌作为空间中使用率最高的地方，存放的物品也繁杂多样，使用餐边柜可以很好的缓解杂乱的情况。

1. 餐边柜设计案例

转角餐边柜

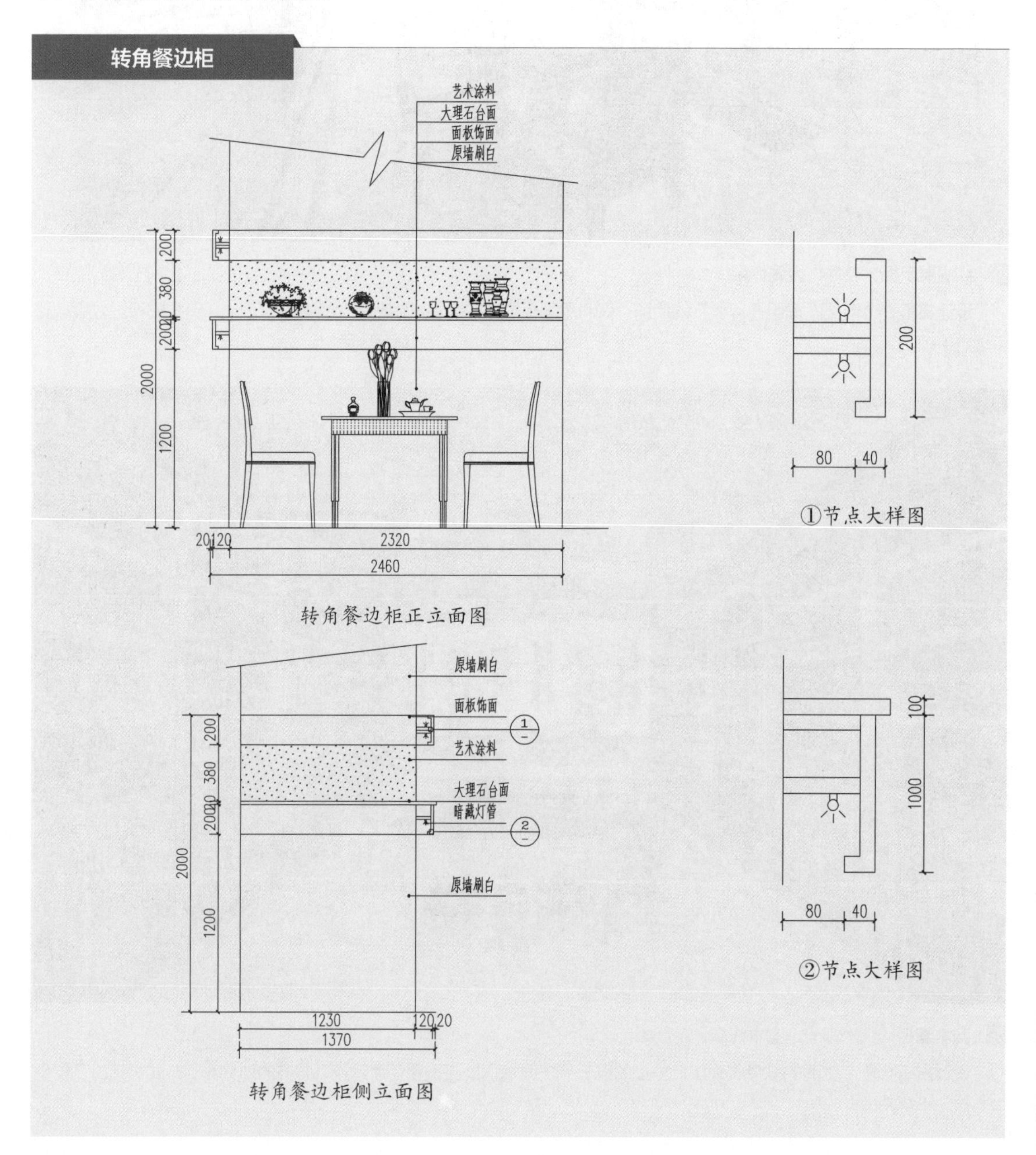

转角餐边柜正立面图

转角餐边柜侧立面图

镜面玻璃餐边柜、隔断式餐边柜

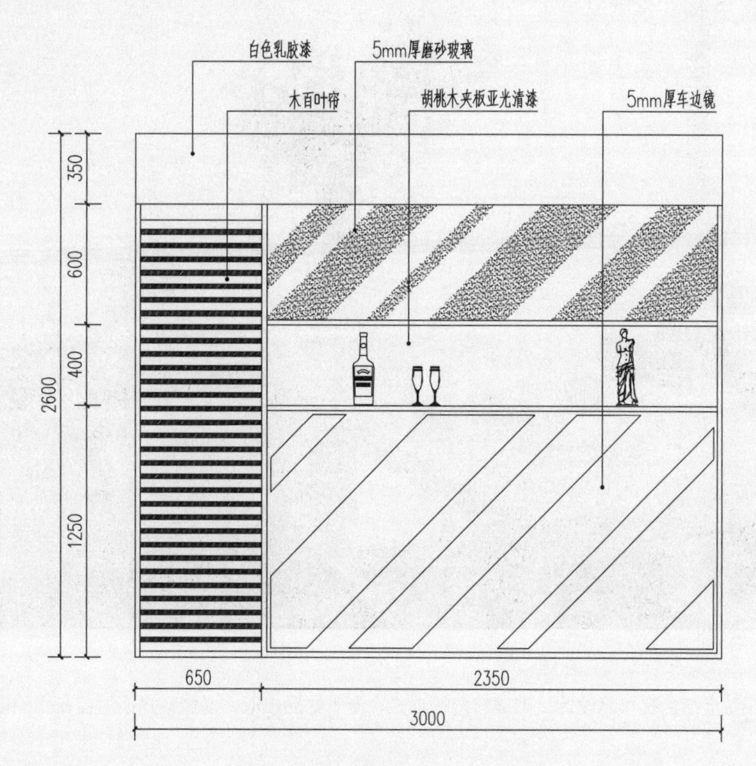

镜面玻璃餐边柜正立面图

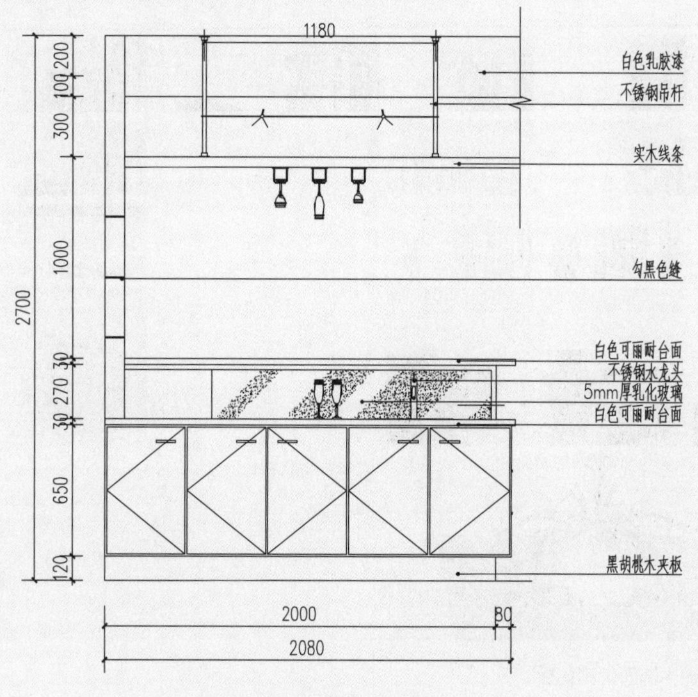

隔断式餐边柜正立面图

2. 餐边柜实景案例

转角式餐边柜：红樱桃三聚氰胺饰面板、纹理门板

设计赏析：将餐边柜和餐桌结合在一起设计，做成转角的样式，便于物品拿取。这种方式很适合在面积较小的餐厅中使用。

满墙式餐边柜：榆木饰面、刨花板

设计赏析：层板加地柜的结构，可增加餐边柜的功能性。柜体以整个墙面为基础进行设计，保证了墙面的平齐，整体效果较好。

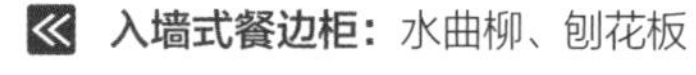

入墙式餐边柜：水曲柳、刨花板

设计赏析：餐边柜的层板内嵌于柱子和另一柜体之间，从而保持了同一平面的延续性。

卡座式餐边柜：纤维板贴实木皮、刨花板

设计赏析：该餐边柜将卡座整合到柜体中，不仅节省了室内面积，通高的柜体还能加大储物空间。

嵌柱式餐边柜：水曲柳饰面

设计赏析：将房屋原本裸露的柱子利用起来，通过架层板的方式获得了墙面的储物空间。

金属支架餐边柜：不锈钢支架、刨花板

设计赏析：层板可在支架上灵活变动，以满足多样的储物需求，也能通过错落的布置方式创造美感。

第十一章

卧室空间定制

一、到顶衣柜

到顶衣柜是从地面一直到顶面的一种衣柜形式，可以充分地利用卧室空间。到顶衣柜可以分为两种形式：一种是内置顶柜，采用直接到顶的方法，整体看上去美观大气；另一种是外置顶柜，顶部采用吊柜设计，方便收纳。

1. 到顶衣柜与人体工程学

到顶衣柜的人机交互方式与不到顶衣柜基本相同，因而到顶衣柜中的数据尺寸同样适用于不到顶衣柜。

（1）高度

可分为三个区间，第一区间是从地面至人站立时手臂垂下指尖的垂直距离（0~600mm），第二区域是从指尖至手臂向上伸展的距离（600~1650mm），第三区域为上部空间（1650mm 以上）。

（2）宽度

宽度一般来说没有固定要求，可随业主喜好及房屋大小进行定制，通常情况下是以 400mm 或者 800mm 为基本模数单元，具体数值可上下浮动。

（3）深度

衣柜深度通常为 550~600mm，这样比较符合人的需要。

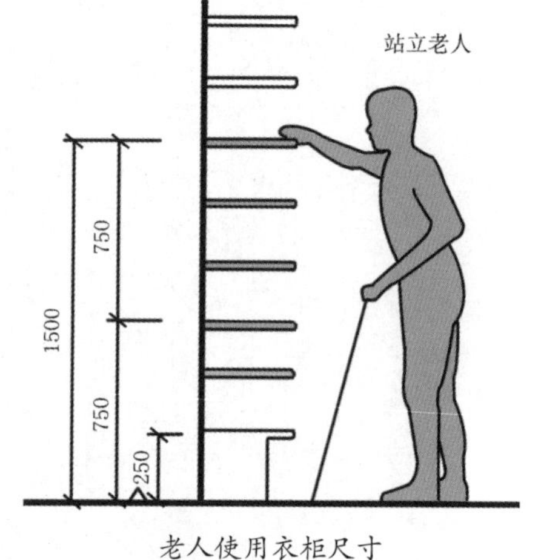

老人使用衣柜尺寸

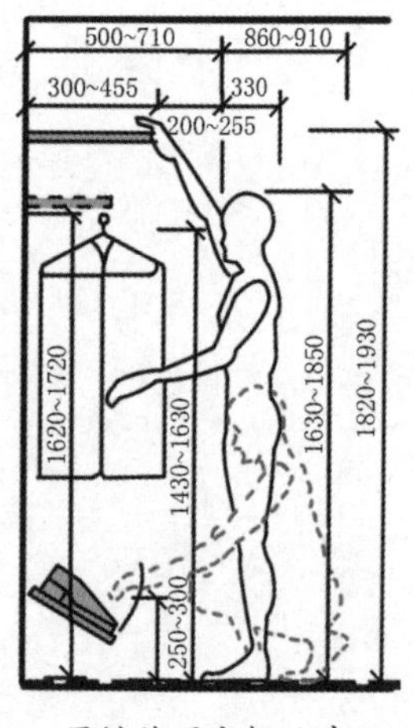

男性使用衣柜尺寸

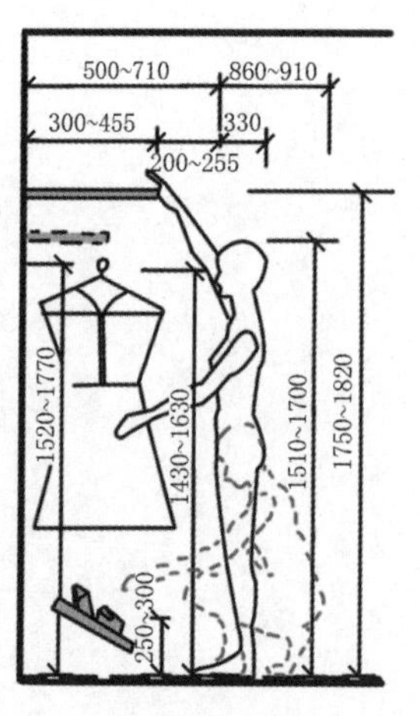

女性使用衣柜尺寸

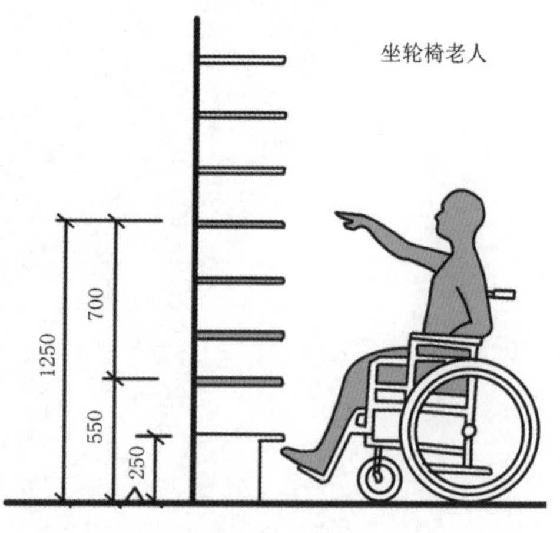

坐轮椅者使用衣柜尺寸

2. 衣柜功能区分析

衣柜的主要功能是用来储藏衣物、被褥，一般可以粗略地分为挂衣区、被褥区、叠放区、抽屉区。

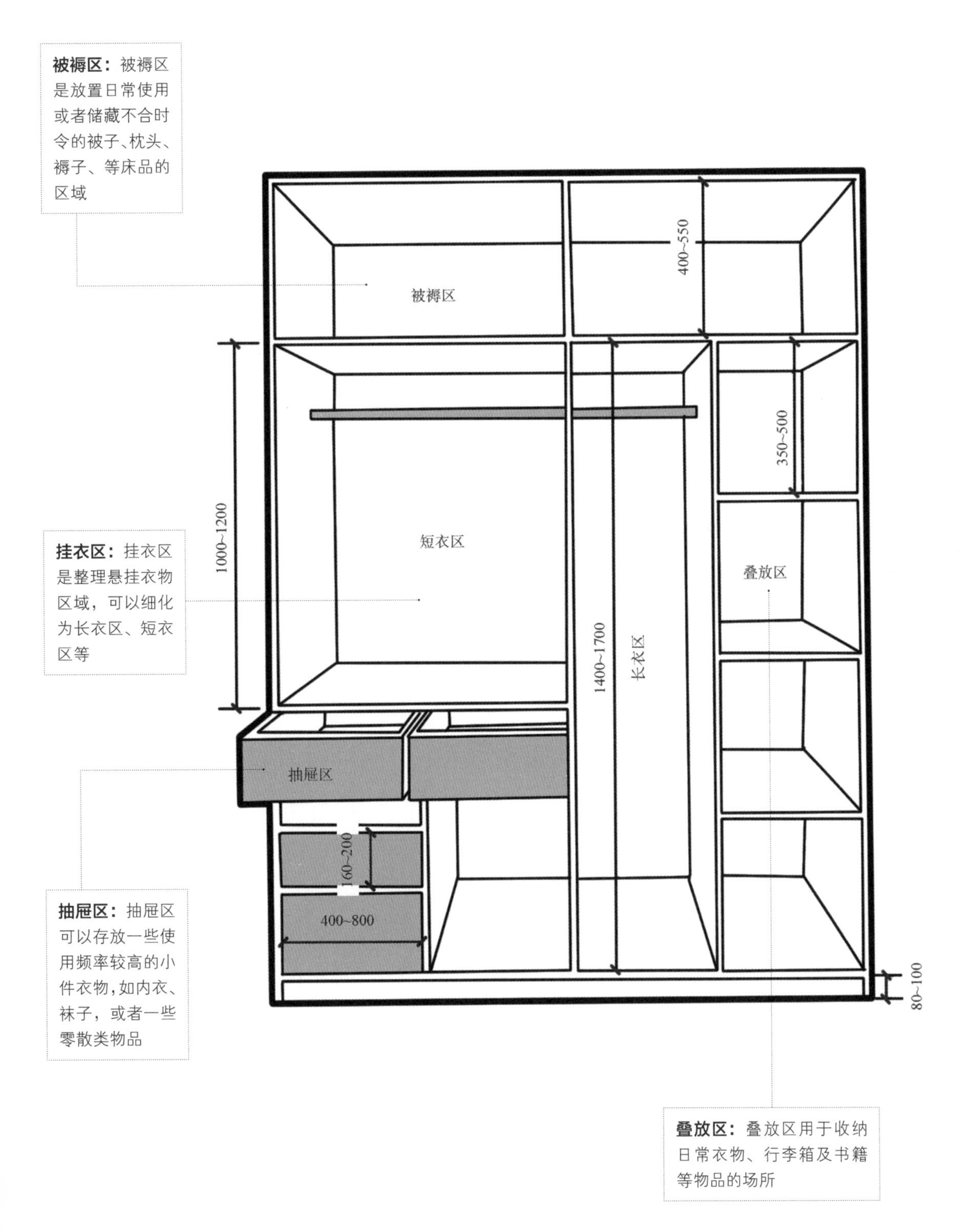

3. 衣柜模块化设计

模块化设计其实就是在特定范畴内，将各种性能、规格相同或存在差异的产品在功能分析的层面上进行科学的划分，并且设定科学、可行的功能模块，借助模块的选择与组合的方式，构建个性化的定制产品，如此就能够使得客户多样化与个性化的需求得到满足。

2.2m高衣柜模块

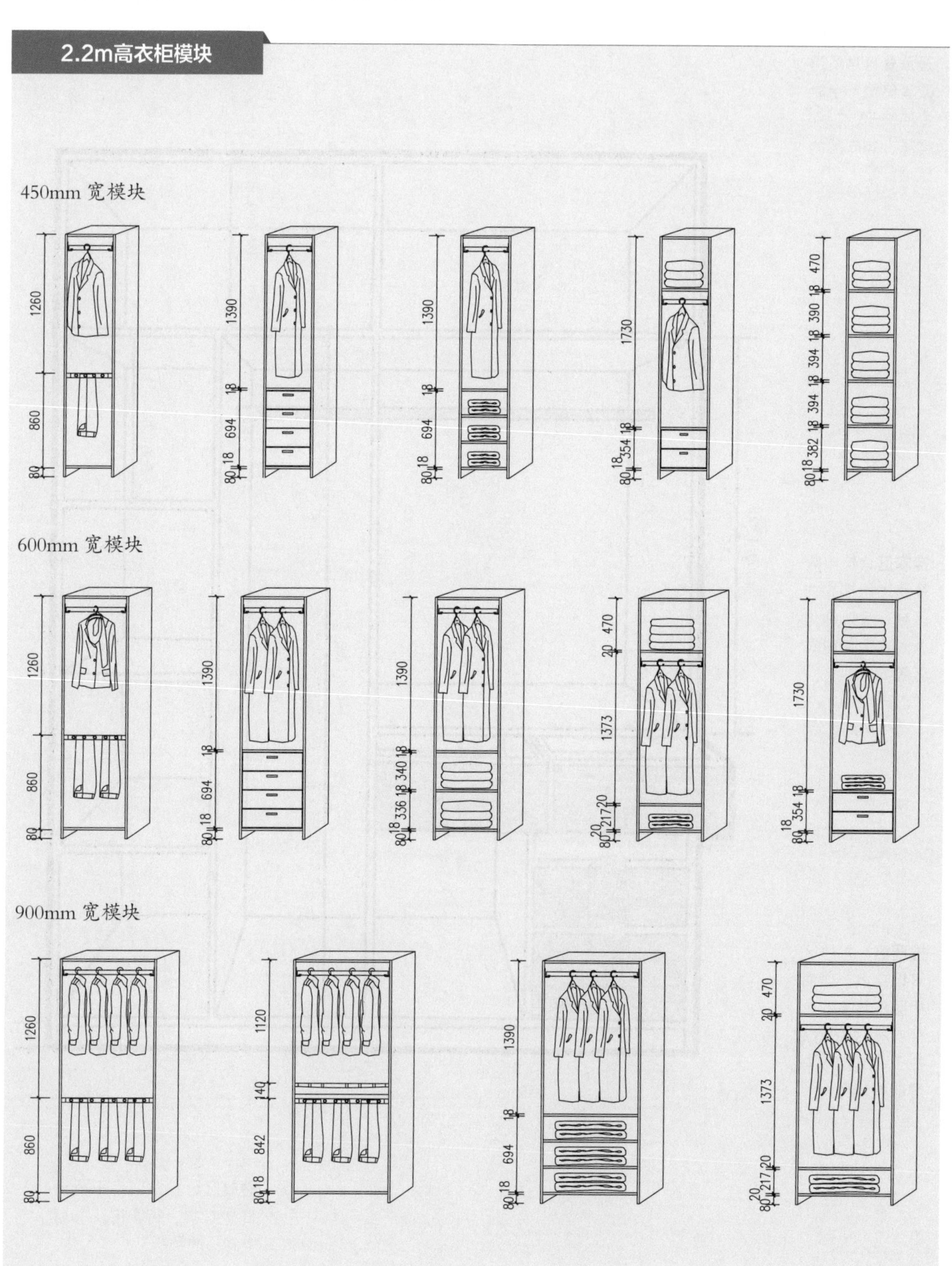

2.4m高衣柜模块

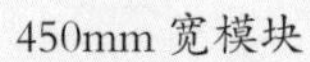
450mm 宽模块

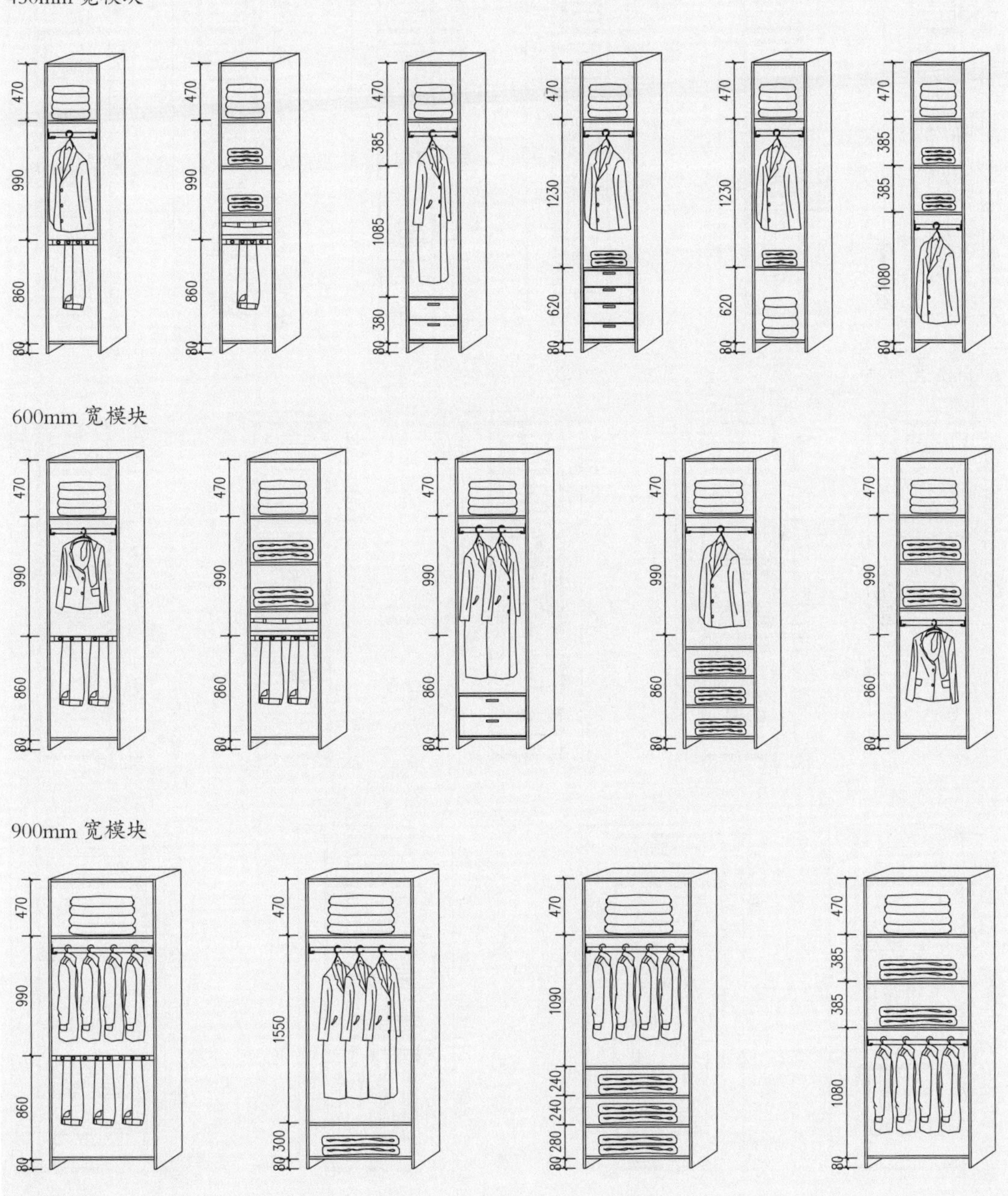
470
990
860
80
470
990
860
80
470
385
1085
380
80
470
1230
620
80
470
1230
620
80
470
385
385
1080
80
600mm 宽模块
470
990
860
80
470
990
860
80
470
990
860
80
470
990
860
80
470
990
860
80
900mm 宽模块
470
990
860
80
470
1550
300
80
470
1090
240
240
280
80
470
385
385
1080
80

2.8m高衣柜模块

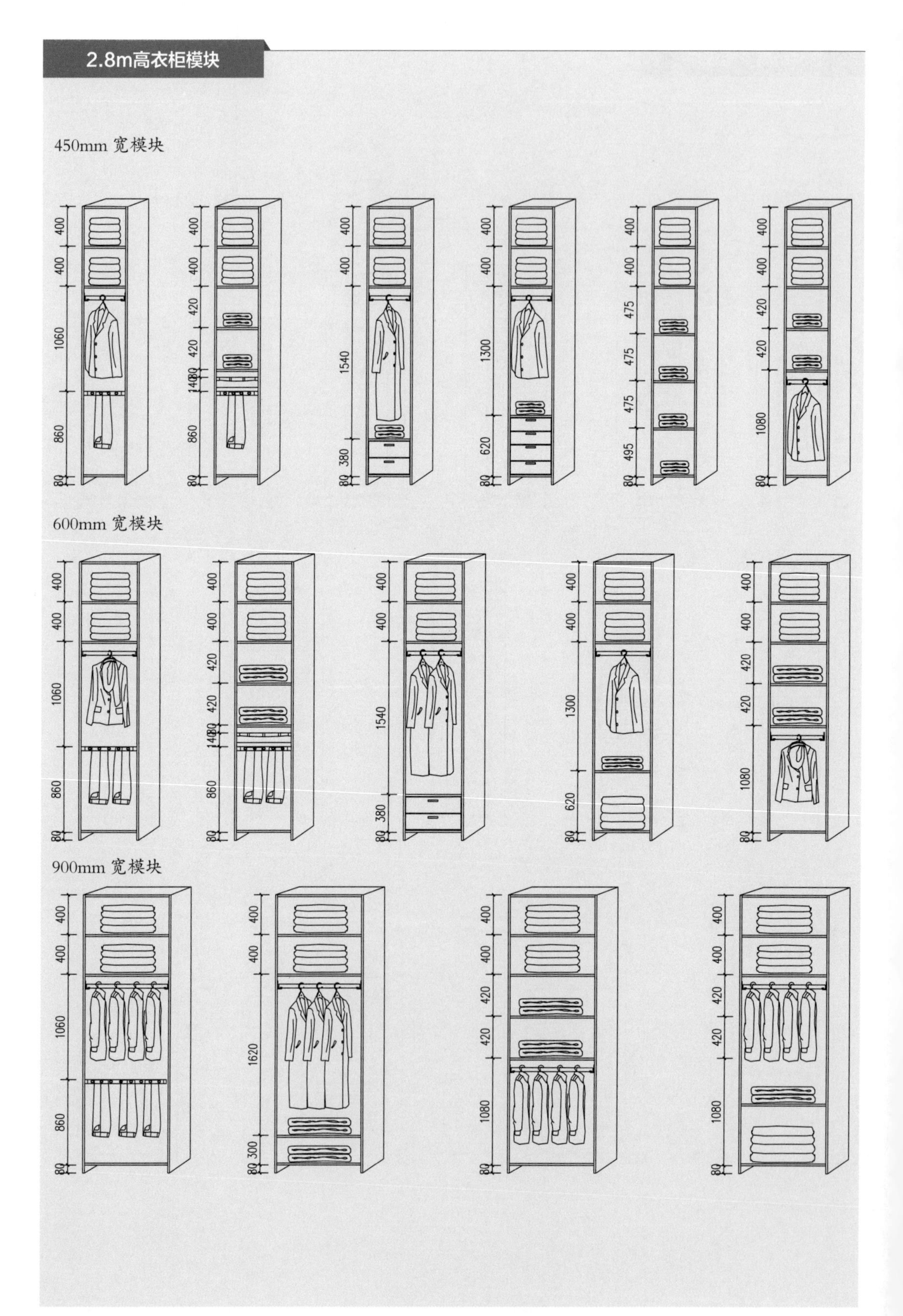

衣柜模块组合示例

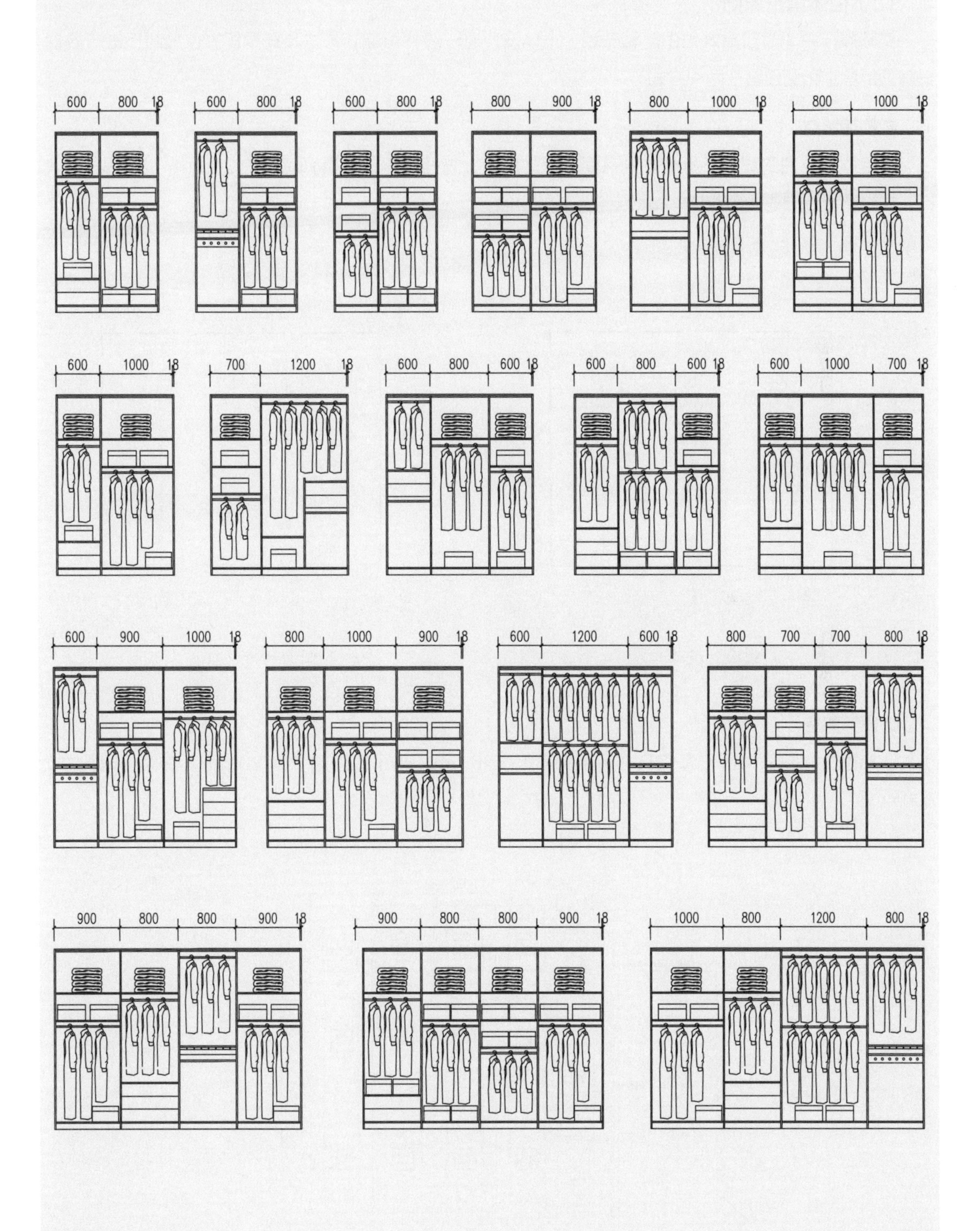
600 800 18
600 800 18
600 800 18
800 900 18
800 1000 18
800 1000 18
600 1000 18
700 1200 18
600 800 600 18
600 800 600 18
600 1000 700 18
600 900 1000 18
800 1000 900 18
600 1200 600 18
800 700 700 800 18
900 800 800 900 18
900 800 800 900 18
1000 800 1200 800 18

4. 柜体实际处理原则

（1）柜体留空原则

实际操作中，为了更好地生产和安装，柜体设计时一般会留空，方法是在预留空位加封板进行收口。其有顶部留空和侧面留空两种方式。

◎ 侧面留空

若柜体后方的踢脚线不拆除，则需要在柜体侧面、背面靠墙的位置预留出约 20mm，以用来封板收口，或者侧板踢脚线切角收口。

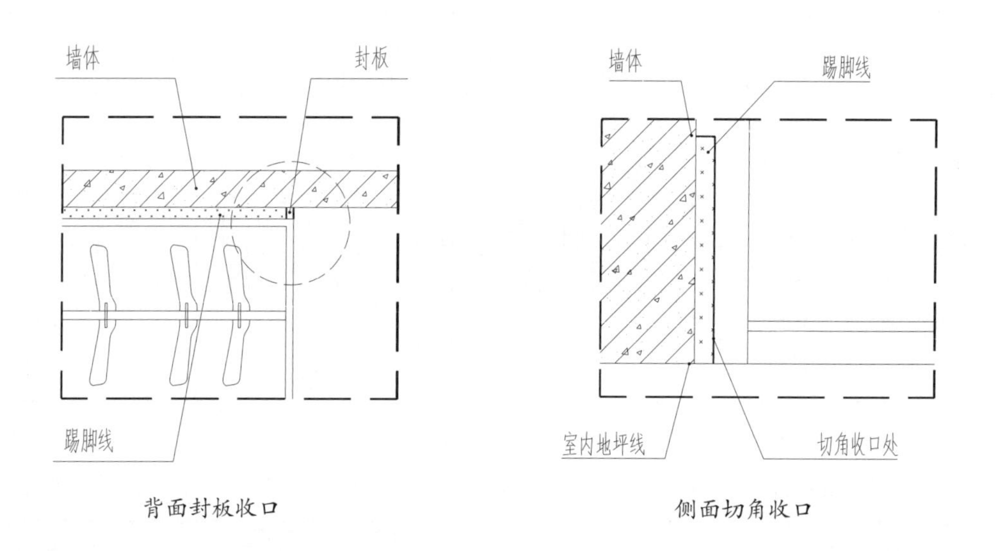

背面封板收口　　侧面切角收口

◎ 顶部留空

顶部留空做封板的高度适宜尺寸范围为 60~150mm（最小极限尺寸为 20mm，最大极限尺寸为 200mm）。

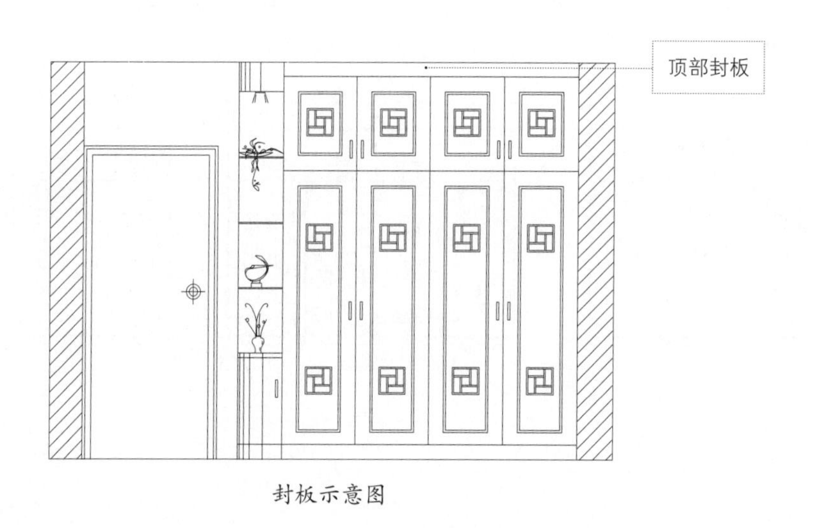

封板示意图

小贴士

根据顶柜种类确定是否需要配备封板辅助板

在顶部留空的处理中，可根据不同种类的柜门来制订封板方案。一般情况下，若顶柜为平开门，则封板要加封板辅助板；若顶柜为趟门，则不需要配备封板辅助板；但若侧面见光，则侧封板需要配合封板辅助板安装（封板辅助板的宽度通常为 60mm）。

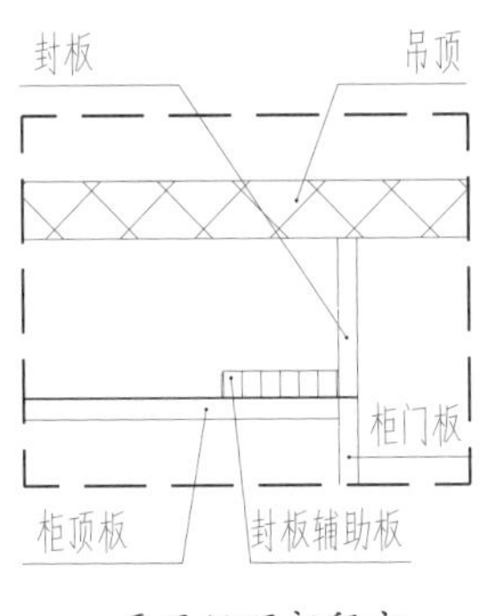

平开门顶部留空

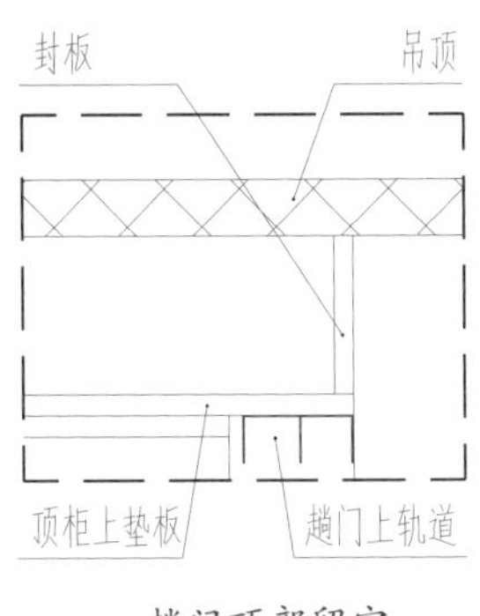

趟门顶部留空

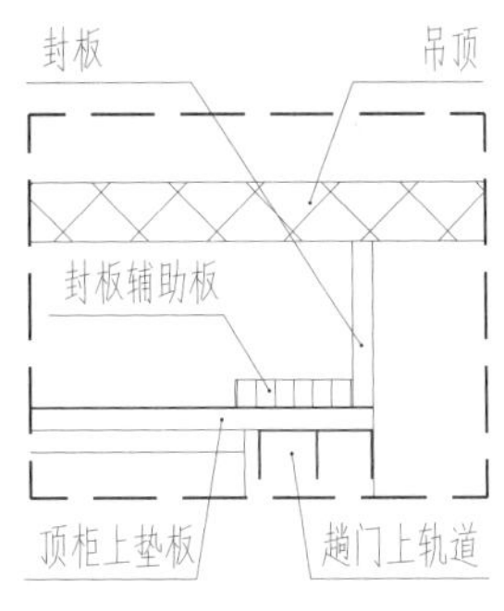

趟门见光面顶部留空

（2）避柱处理原则

柱子的尺度不同，则柜体的处理方式也不同。在设计时，需要通过实际测量，了解柱子的基本情况，从而制定良好的避让原则，使得设计方案更为合理化和人性化。

◎ 原则一

当柱宽≤ 100mm、柱深≤ 100mm 时，建议在柜子侧面做封板，以对柱子进行遮挡，封板的宽度通常封板的宽度要比柱子宽 20mm 左右。

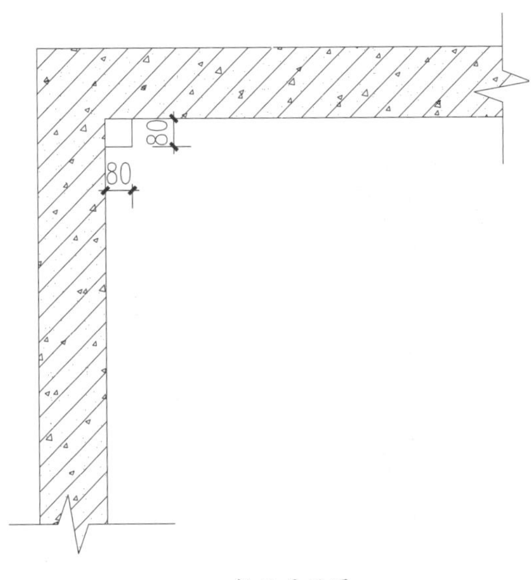

柱子平面图

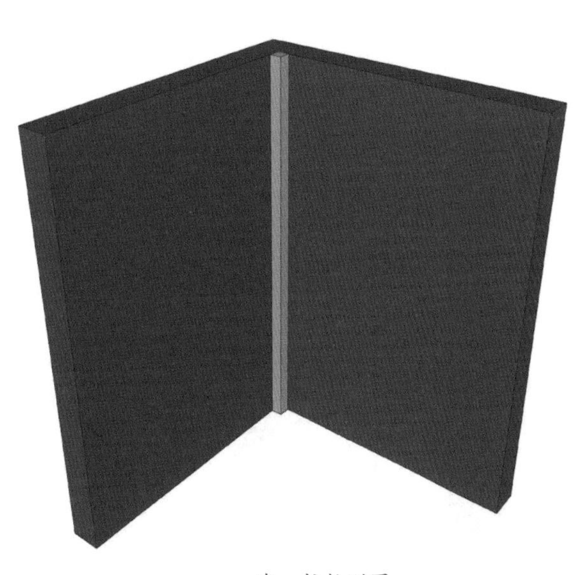
墙、柱轴测图

柜体正视轴测图

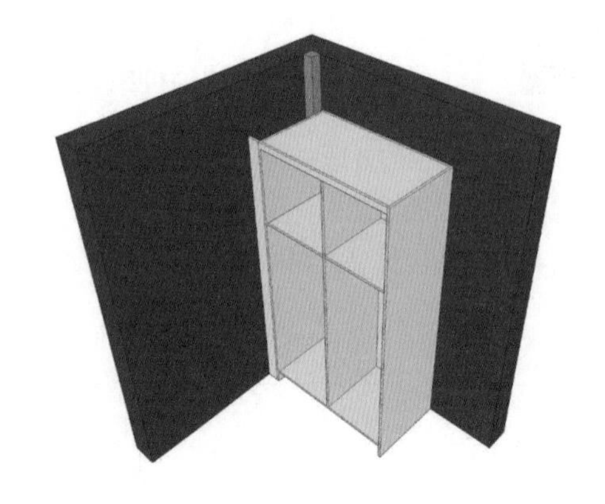

柜体轴测图

◎ 原则二

当 100mm×100mm <柱子尺寸< 250mm×250mm 时，柜体需要切柱，切口的尺寸≥柱子尺寸+20mm。通常情况下，切口的尺寸要按 50mm 为单位递增。

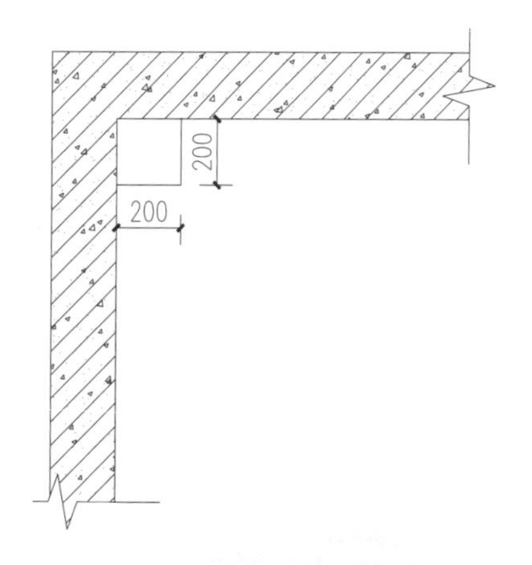

柱子平面图

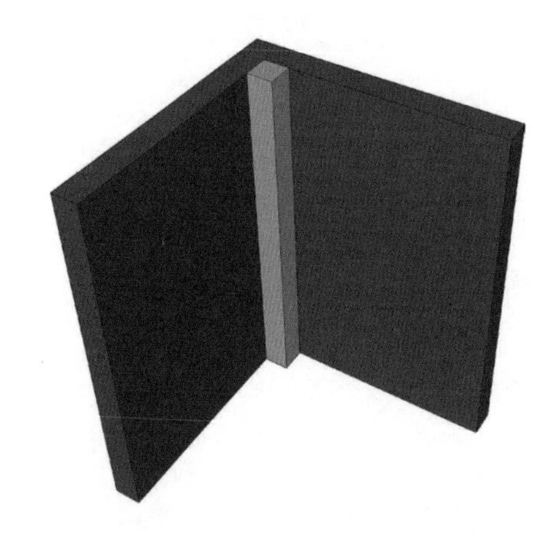

墙、柱轴测图

柜体正视轴测图

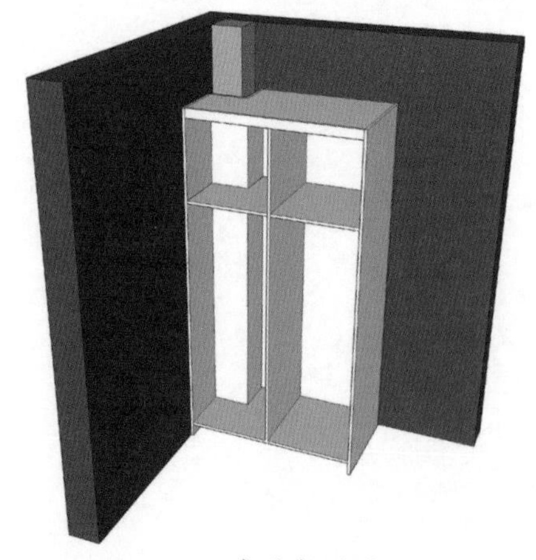

柜体轴测图

◎ 原则三

当 250mm×250mm ＜柱子尺寸＜ 450mm×450mm 时，可以通过做浅柜的方式处理。需要注意的是，浅柜的宽度＞柱子的宽度、浅柜的后空间距的尺寸＞柱子的深度，一般浅柜要比柱子的尺度大 20mm 左右。

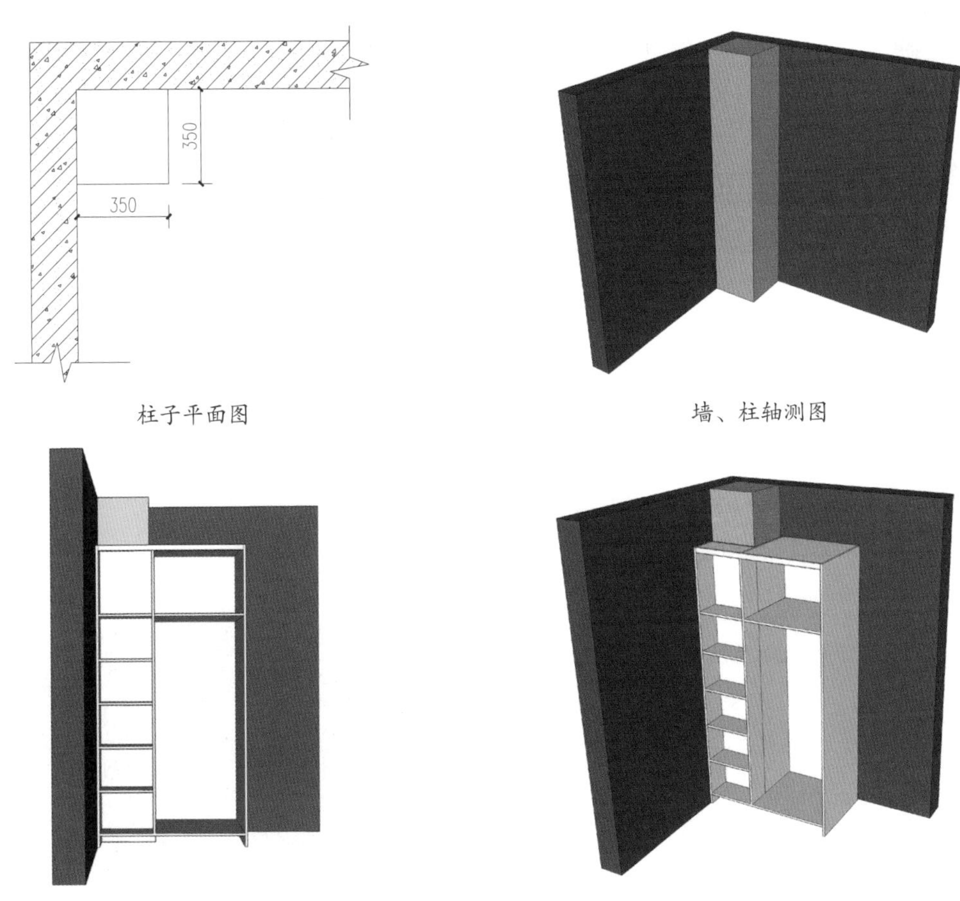

柱子平面图　　墙、柱轴测图

柜体正视轴测图　　柜体轴测图

◎ 原则四

当柱子的宽度－障碍物柱子深度≤ 1550mm，可采用在柱子外添加封板或者假门的形式对障碍柱子进行处理，使得整体更加美观一致。

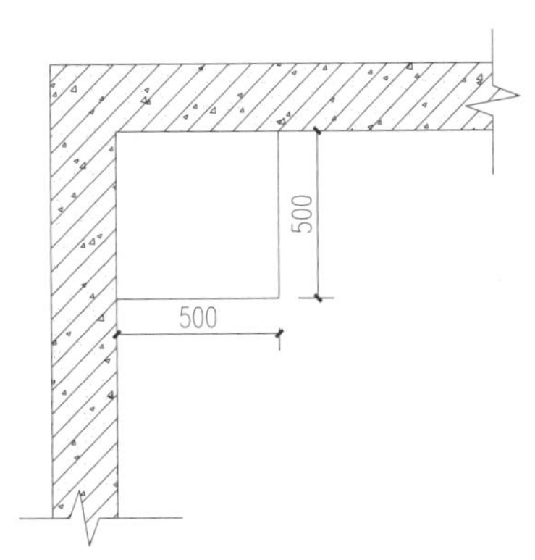

柱子平面图

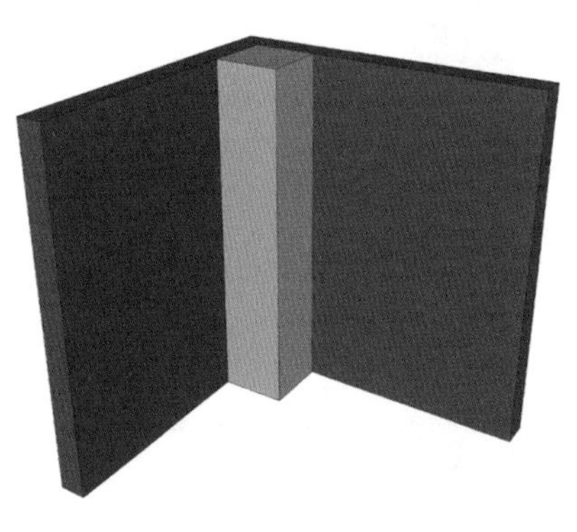

墙、柱轴测图

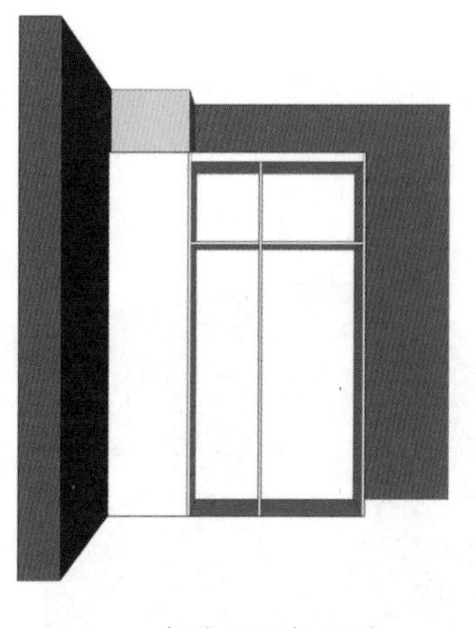

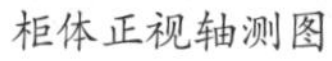
柜体正视轴测图

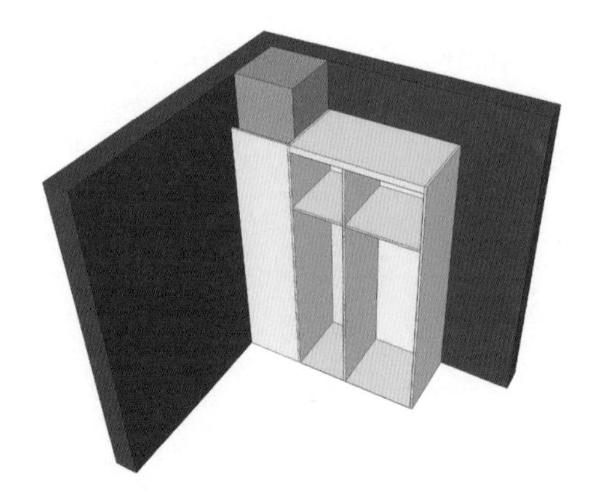

柜体轴测图

（3）避梁处理原则

◎ 原则一

当梁高、梁宽≤ 100mm 时，通常用加高顶线的方法来遮挡梁，顶线的高度需要比梁的高度大。一般来说，顶线的高度要比梁的高度大 20mm 左右。

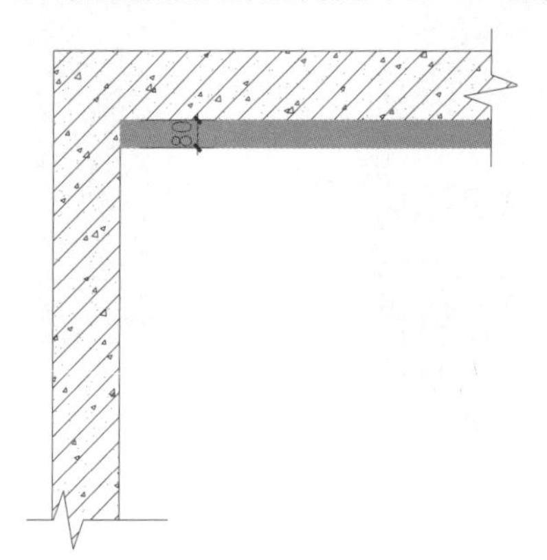

梁平面图

墙、柱轴测图

柜体正视轴测图

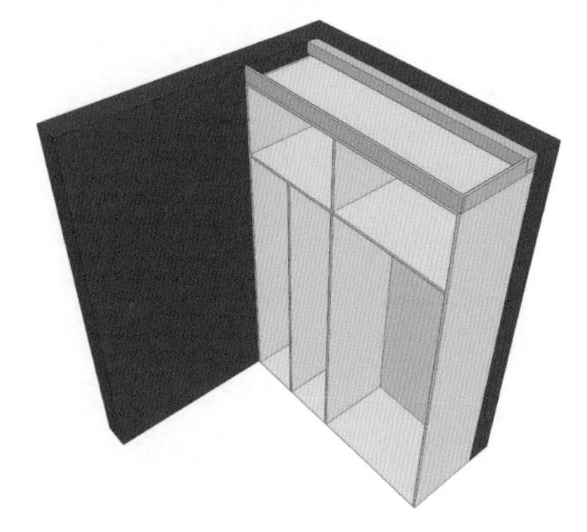

柜体轴测图

◎ 原则二

当梁高≥ 250mm、梁深＞ 200mm 时，可将上柜做浅，避让梁。当左右两侧见光时，为保证美观，应将板材整块裁切，尽量不采用拼接的方式。

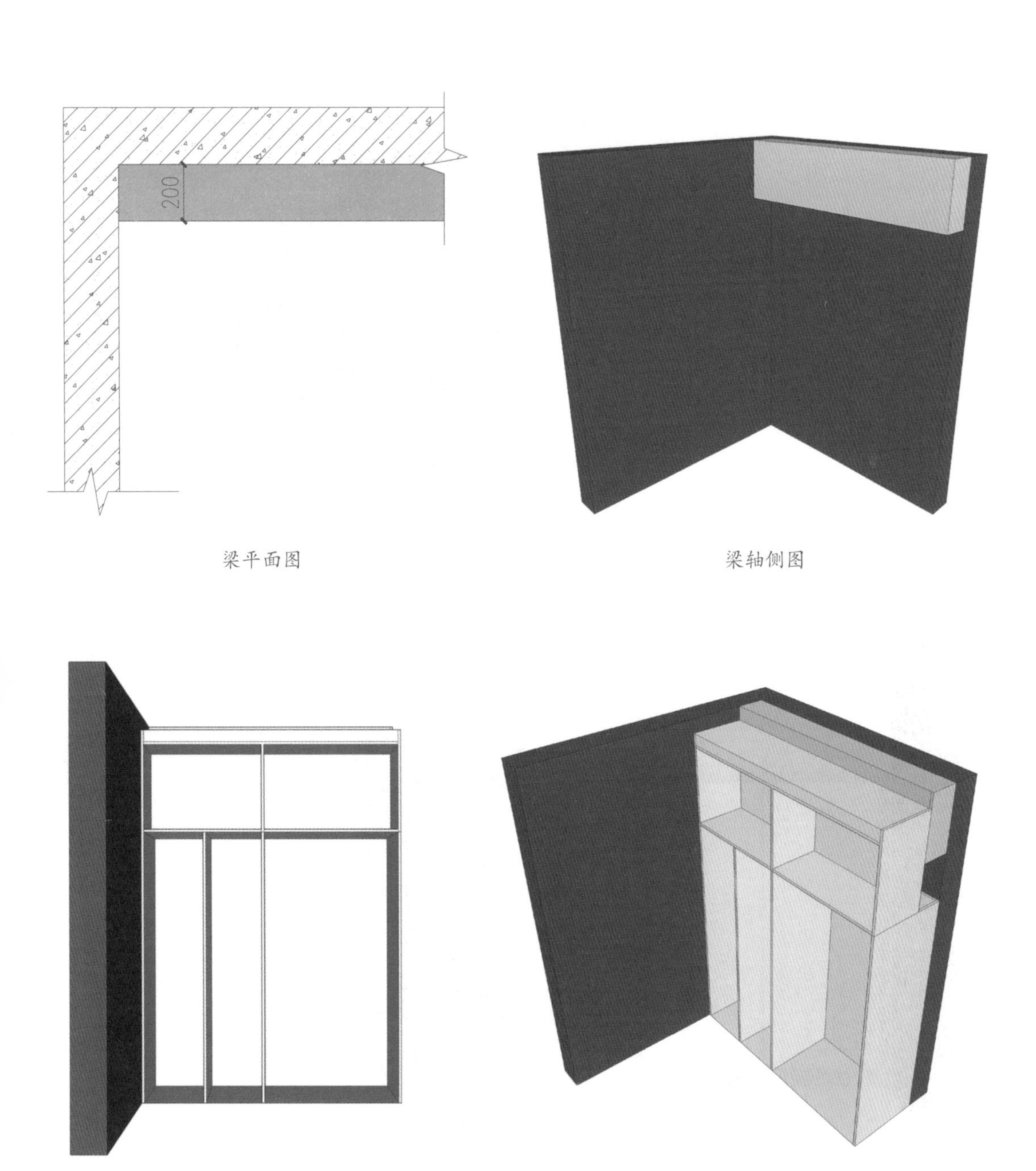

梁平面图　　梁轴侧图

柜体正视轴测图　　柜体轴测图

◎ **原则三**

当柜体深 - 梁宽≤ 155mm、柜体高 - 梁高≤ 155mm 时，可判断梁过大，可利用的空间较小。这时将上柜做高，是较好的处理方式。

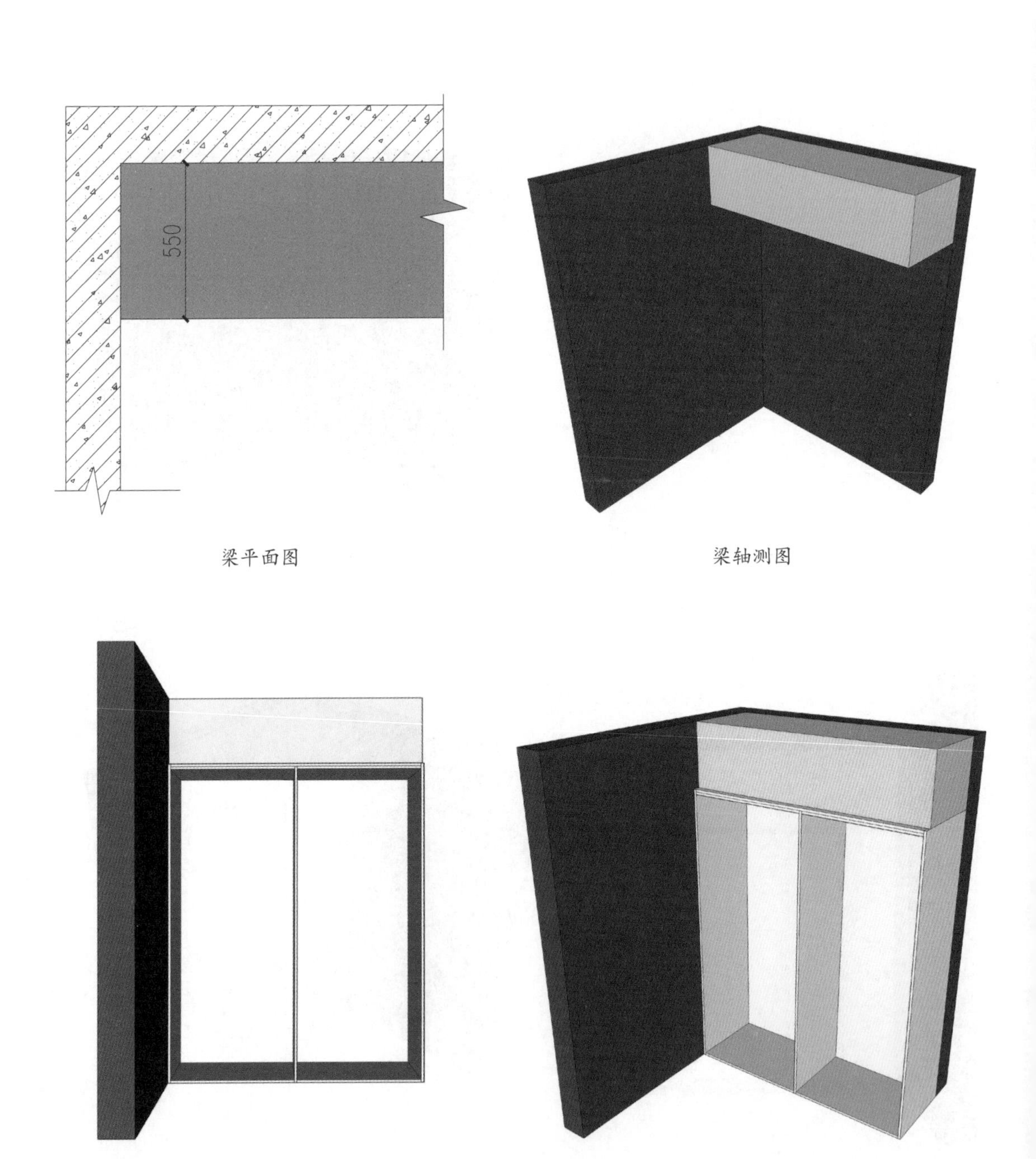

梁平面图　　梁轴测图

柜体正视轴测图　　柜体轴测图

5. 到顶衣柜设计案例

到顶衣柜是从地面一直到顶面的一种衣柜形式，可以充分地利用卧室空间。到顶衣柜可以分为两种形式，一种是内置顶柜，采用直接到顶的方法，整体看上去美观大气。另一种是外置顶柜，顶部采用吊柜设计，方便收纳。

实木到顶衣柜

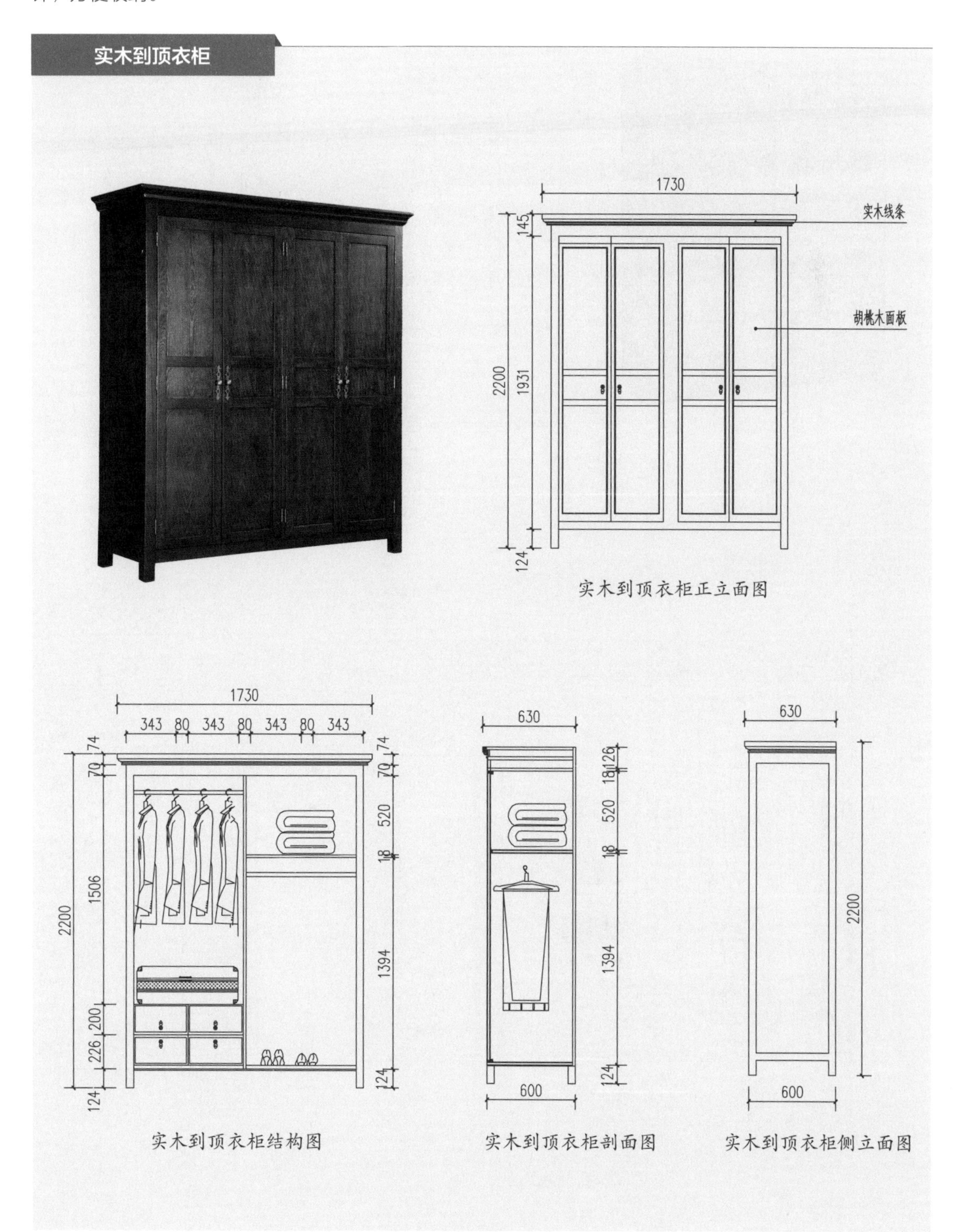

实木到顶衣柜正立面图

实木到顶衣柜结构图

实木到顶衣柜剖面图

实木到顶衣柜侧立面图

双门衣柜

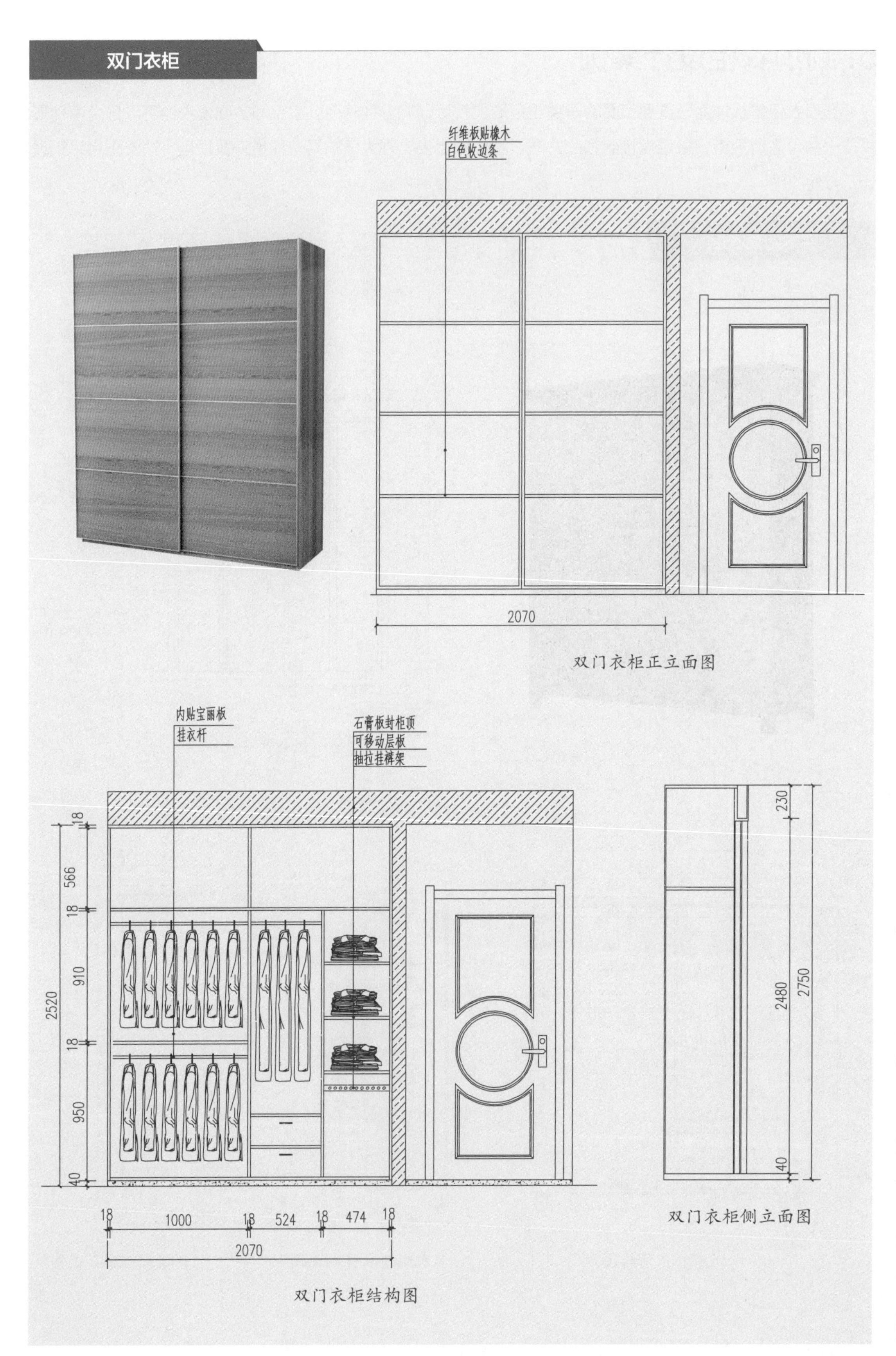

双门衣柜正立面图

双门衣柜结构图

双门衣柜侧立面图

经典欧式回纹衣柜

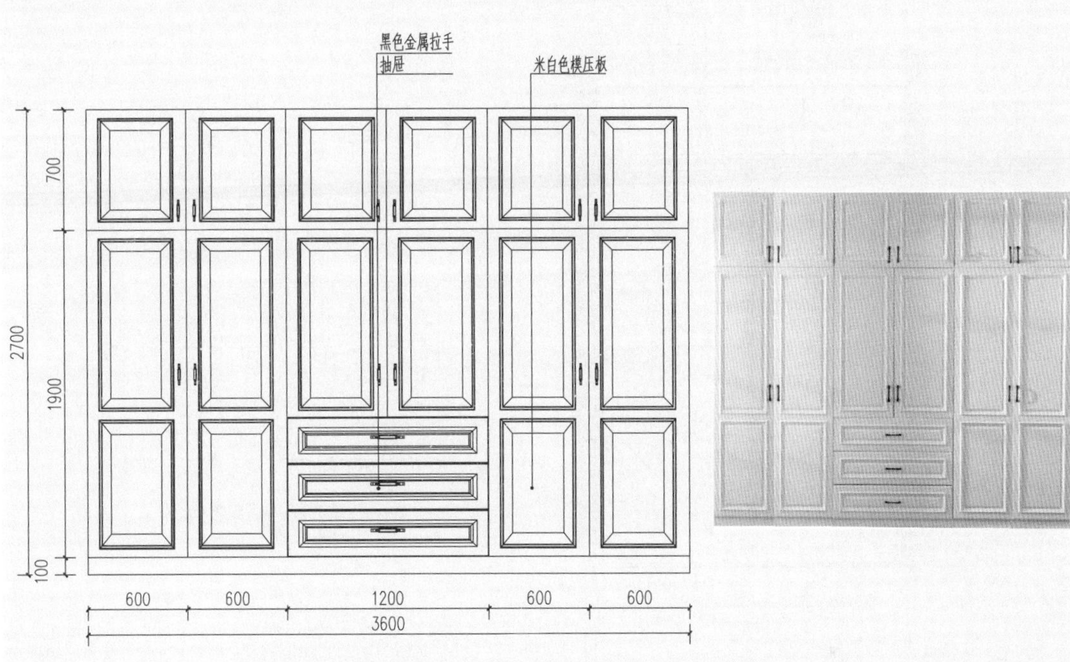

经典欧式回纹衣柜正立面图

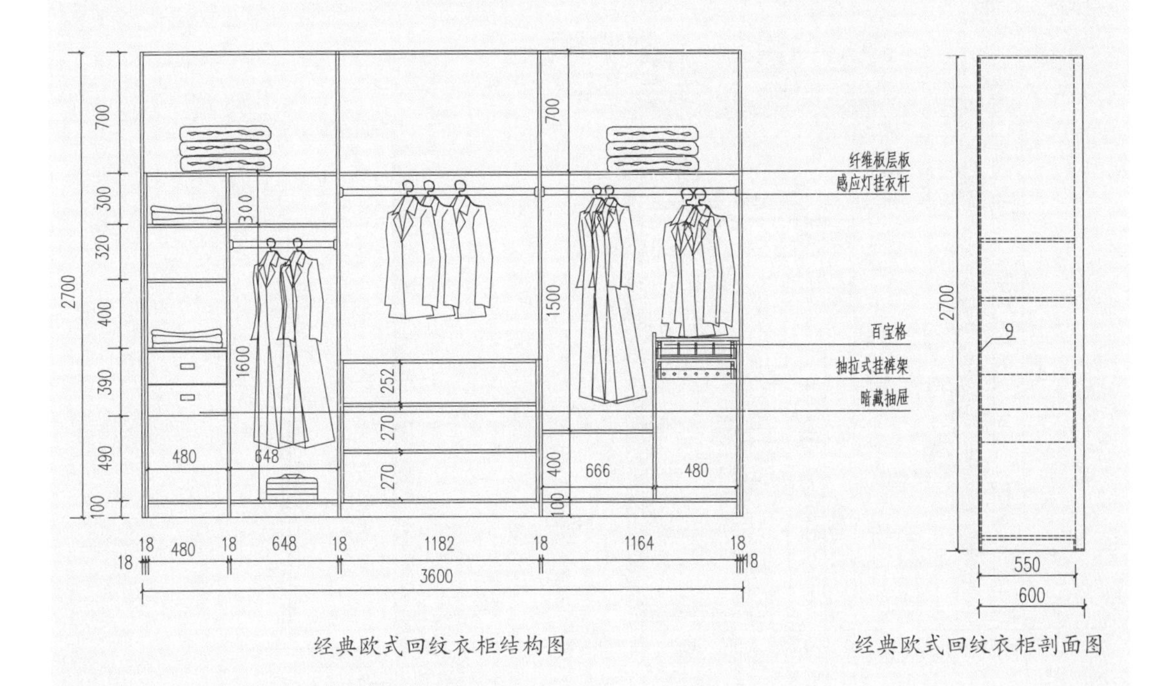

经典欧式回纹衣柜结构图

经典欧式回纹衣柜剖面图

玻璃门衣柜

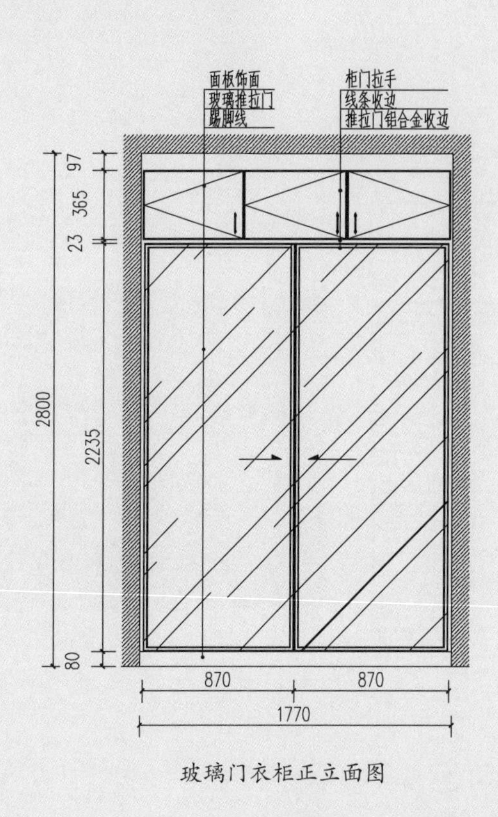

玻璃门衣柜正立面图

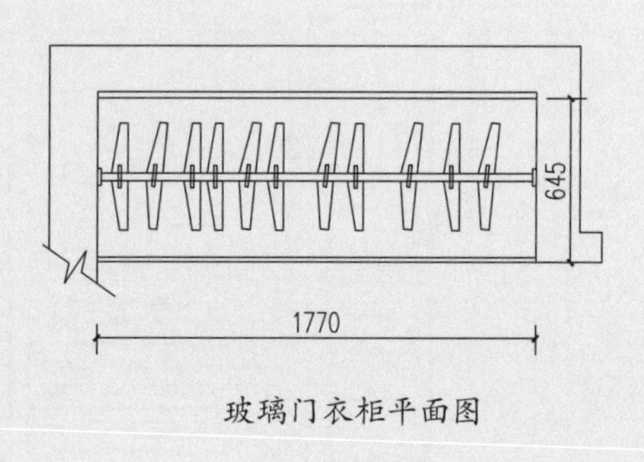

玻璃门衣柜平面图

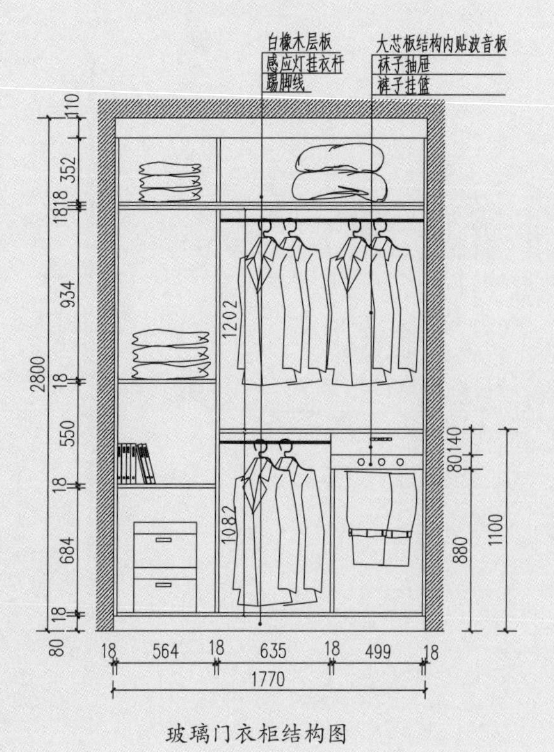

玻璃门衣柜结构图

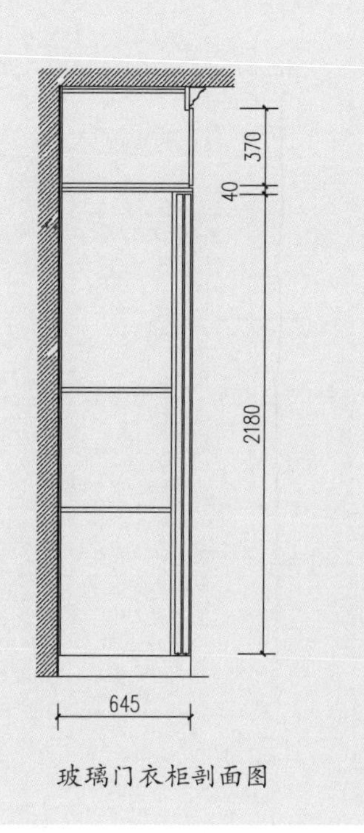

玻璃门衣柜剖面图

平开门衣柜

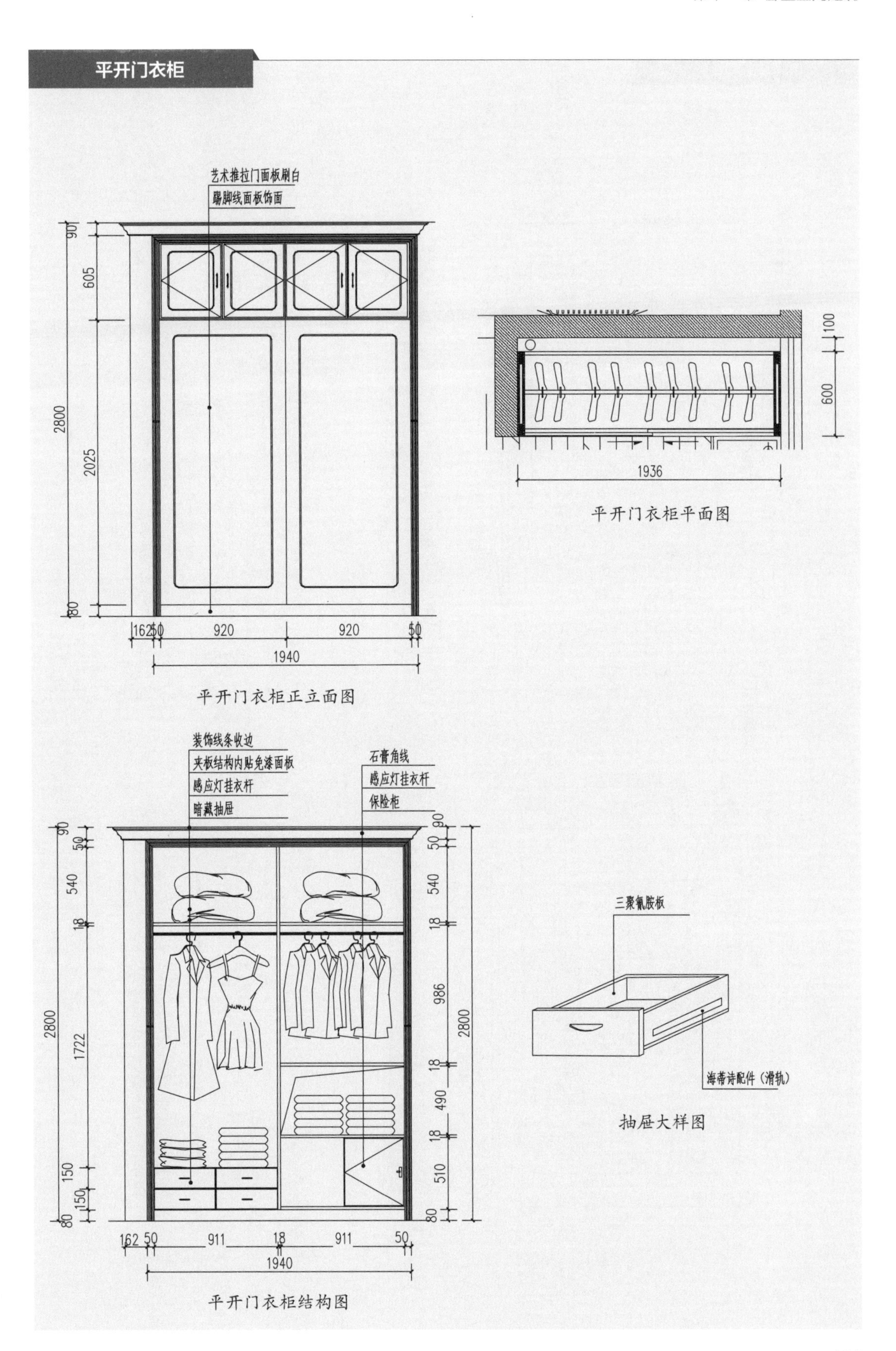

平开门衣柜正立面图

平开门衣柜平面图

平开门衣柜结构图

抽屉大样图

三门衣柜

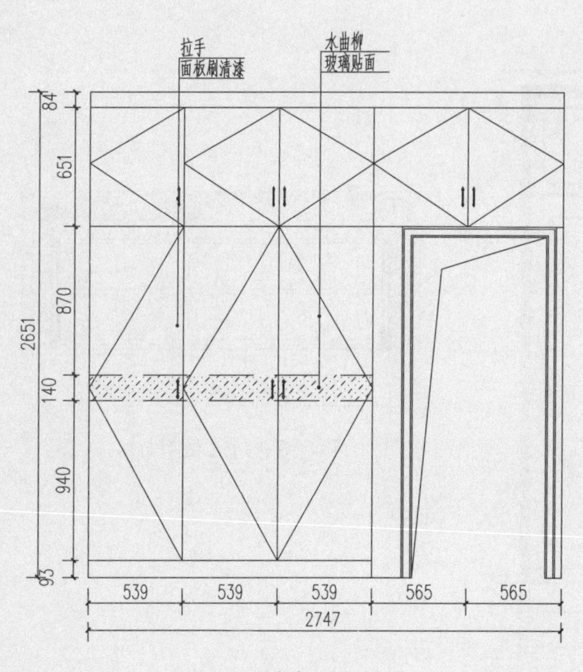

三门衣柜正立面图

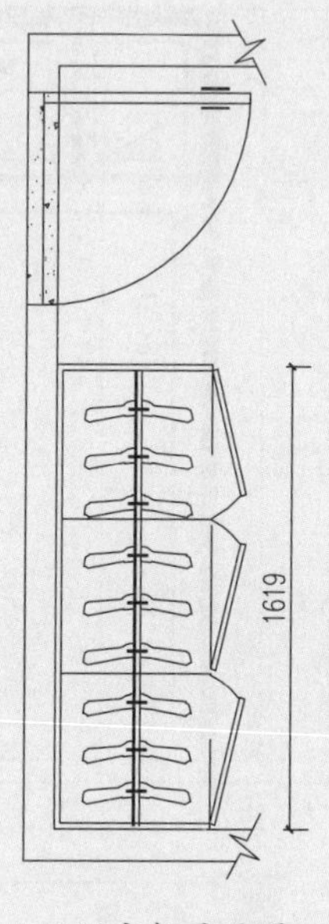

三门衣柜平面图

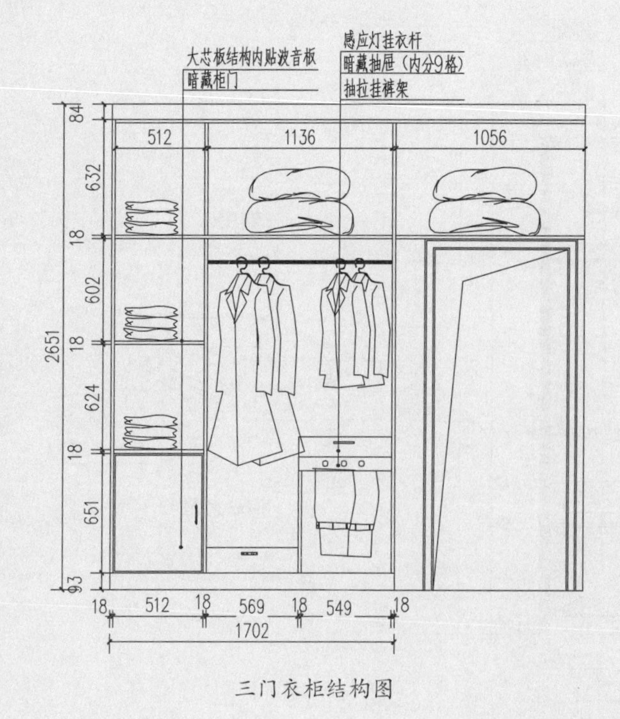

三门衣柜结构图

三门衣柜剖面图

四门衣柜

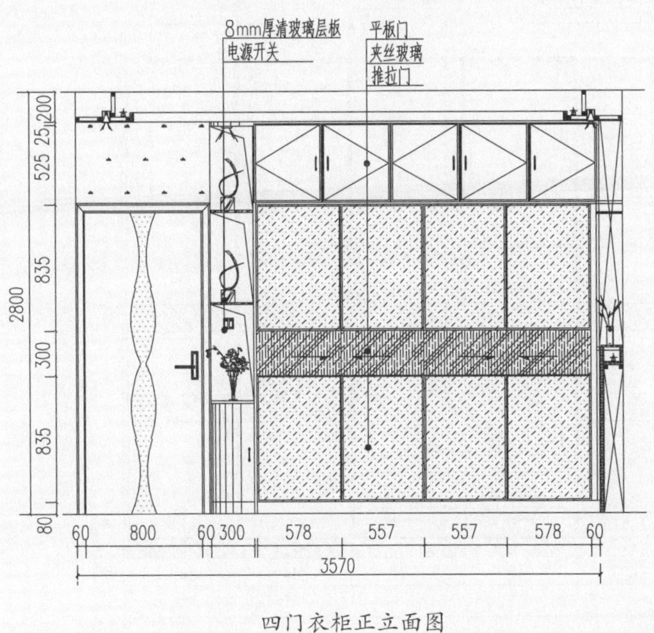

四门衣柜正立面图

2500

300

四门衣柜平面图

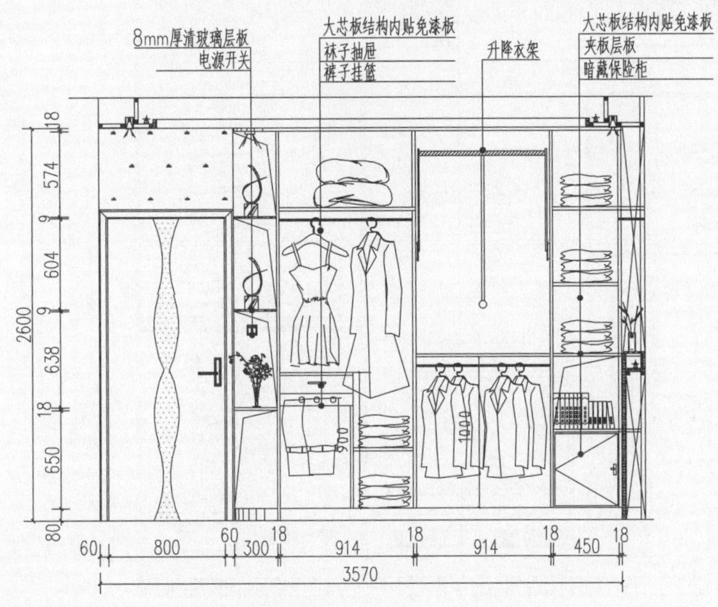

四门衣柜结构图

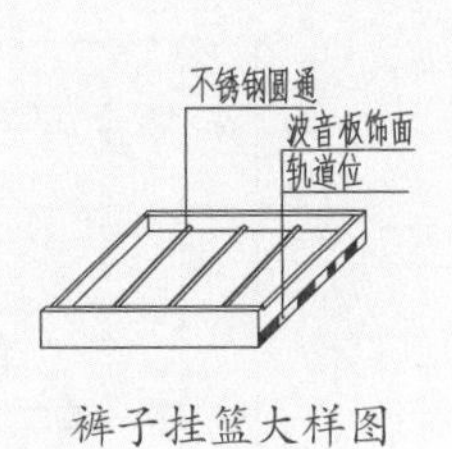

裤子挂篮大样图

波音板饰面

轨道位

袜子抽屉大样图

内嵌电视衣柜

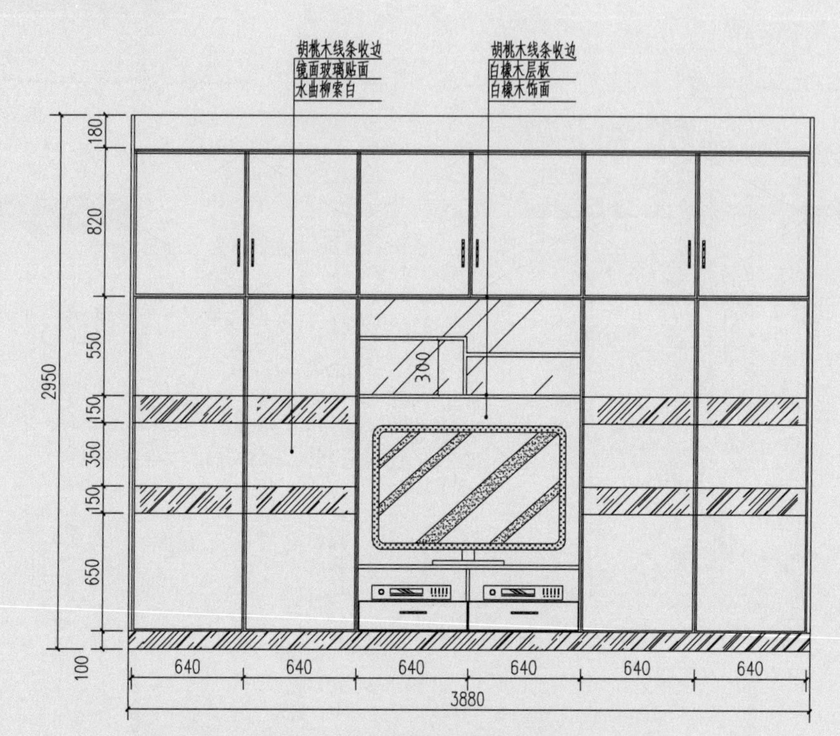

内嵌电视衣柜正立面图

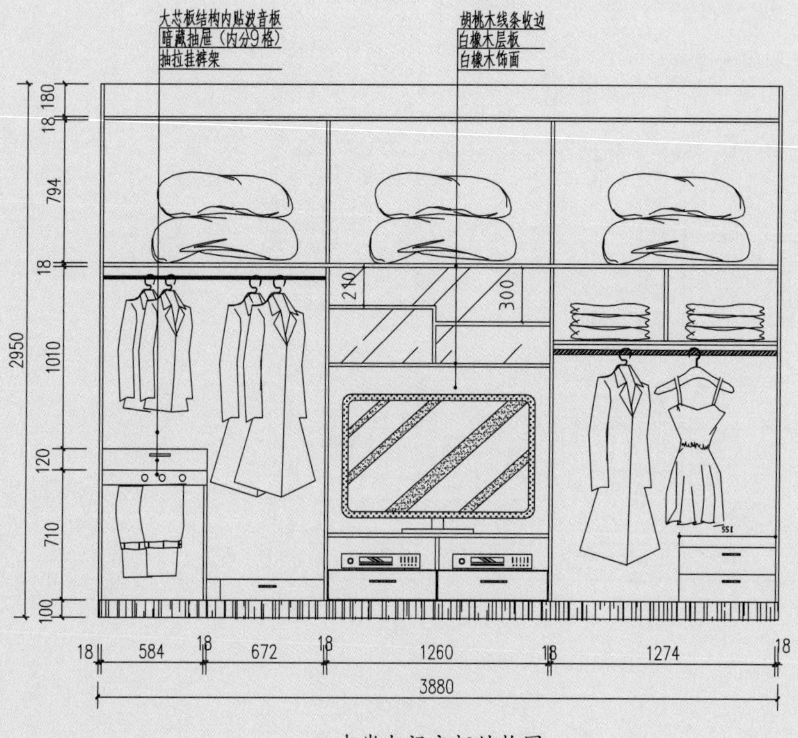

内嵌电视衣柜结构图

6. 到顶衣柜实景案例

半开放式衣柜：磨砂玻璃板、实木板材

设计赏析：该衣柜运用栅条式的半开放门板和磨砂玻璃板让衣柜整体通透干净，有着丰富的光影变化。

灰镜玻璃衣柜：实木板材、茶色玻璃、大理石

设计赏析：玻璃与木材有机结合，彰显简洁、大气的品质。

布帘衣柜：刨花板、布帘

设计赏析：这种衣柜在形式上极为简单，只需在装修时做一个凹进去的空间，后期加上搁板和挂衣杆即可使用。布帘的设计能遮挡灰尘使用上也比较方便。

几何元素衣柜：刨花板、纤维板贴灰蓝色亚光皮、柚木板

设计赏析：简单几何元素的应用，使得整体极具秩序感。右侧的开放储物格设计也丰富了衣柜的功能，增添了实用性。

北欧风组合柜：刨花板、纤维板

设计赏析：书桌和衣柜相结合设计，衣柜的侧板的书桌的台面、搁板连接在一起，具有很强的整体感，既美观又实用。

板式平开门衣柜：刨花板贴膜、细木工板、密度板

设计赏析：这种衣柜能为卧室提供了充足的储物空间，又能利用其大面积的灰绿色饰面为卧室打造统一的质感。

儿童房组合柜： 刨花板贴白色木纹皮、纤维板

设计赏析： 该衣柜由三个部分组成，其功能区可划分为衣物储藏、陈列展示、视听区域。这种功能区的有机结合能让儿童房的空间布局更优化。

东南亚风格衣柜： 实木框架、百叶门

设计赏析： 采用木作为衣柜的主材，纹理自然、质感温润，衣柜的左侧和书桌、置物板相接，营造出和谐、自然、统一的氛围。

L 形衣柜： 刨花板、纤维板贴膜

设计赏析： 该衣柜在 L 形的短边做成了朝向床的床头柜形式，能够提供较多的置物空间，如睡前阅读的书籍、水杯、充电器等。

二、不到顶衣柜

不到顶衣柜相比到顶衣柜而言更具有流通性，空间更加通透，且拿取物品更为方便。

1. 不到顶衣柜设计案例

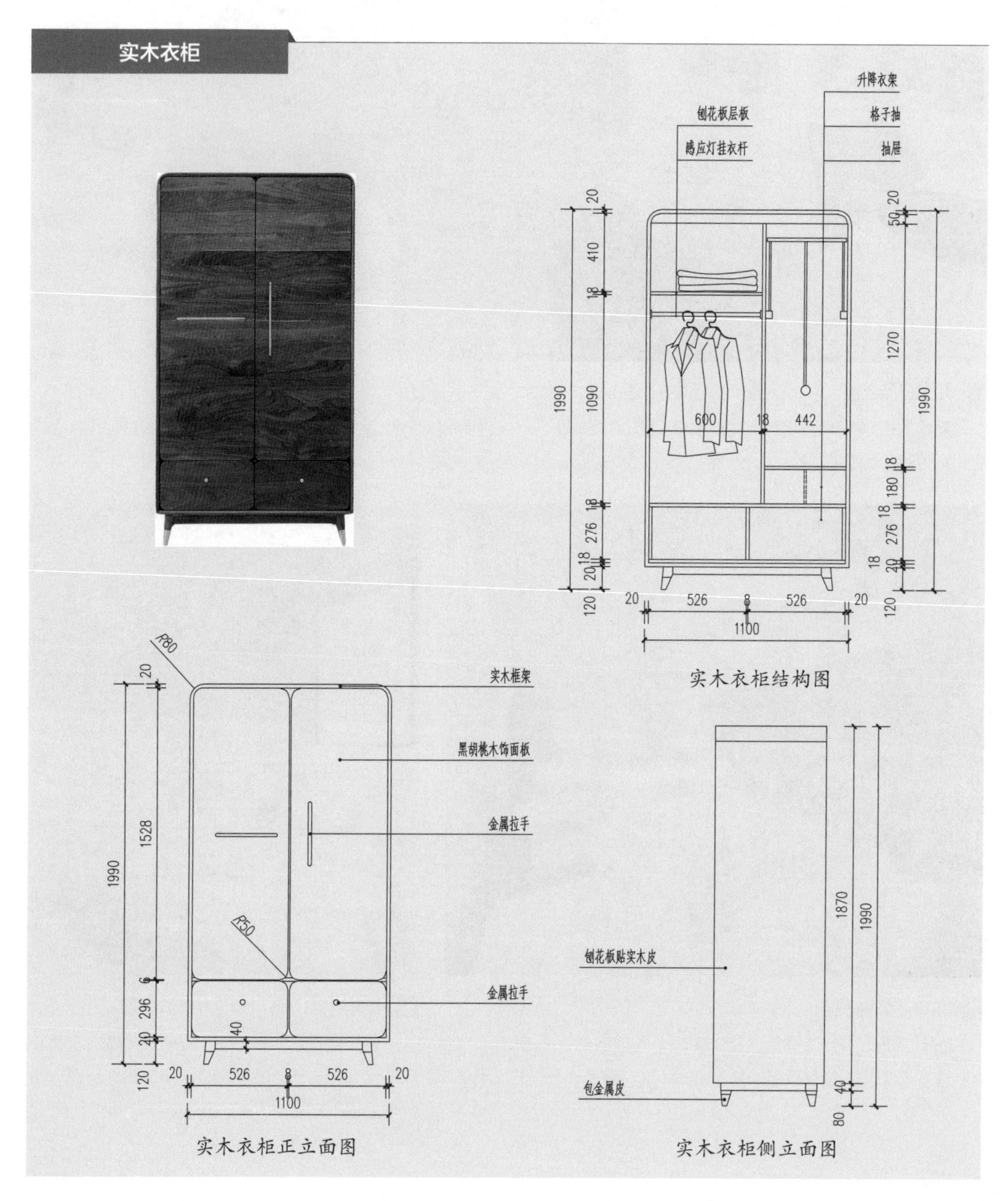

三门木衣柜

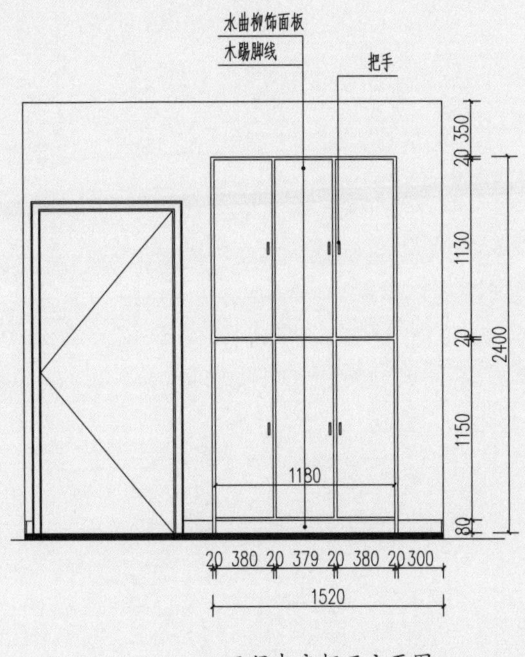

三门木衣柜正立面图

三门木衣柜平面图

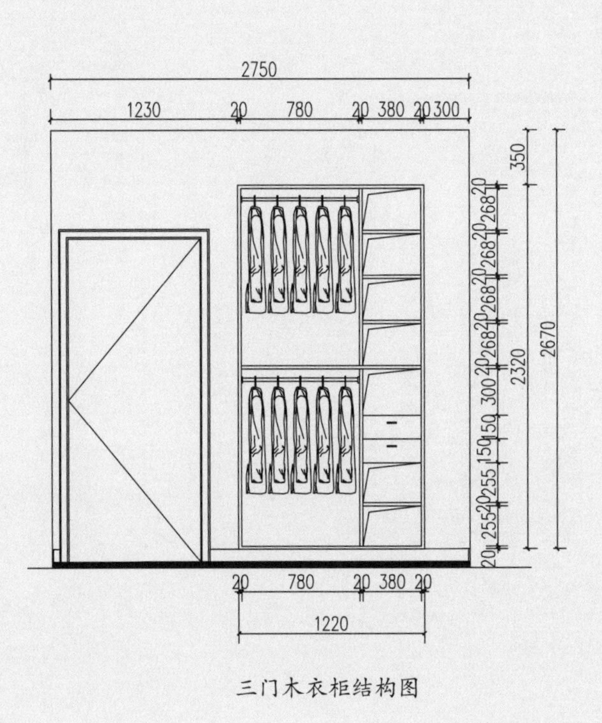

三门木衣柜结构图

皮质衣柜

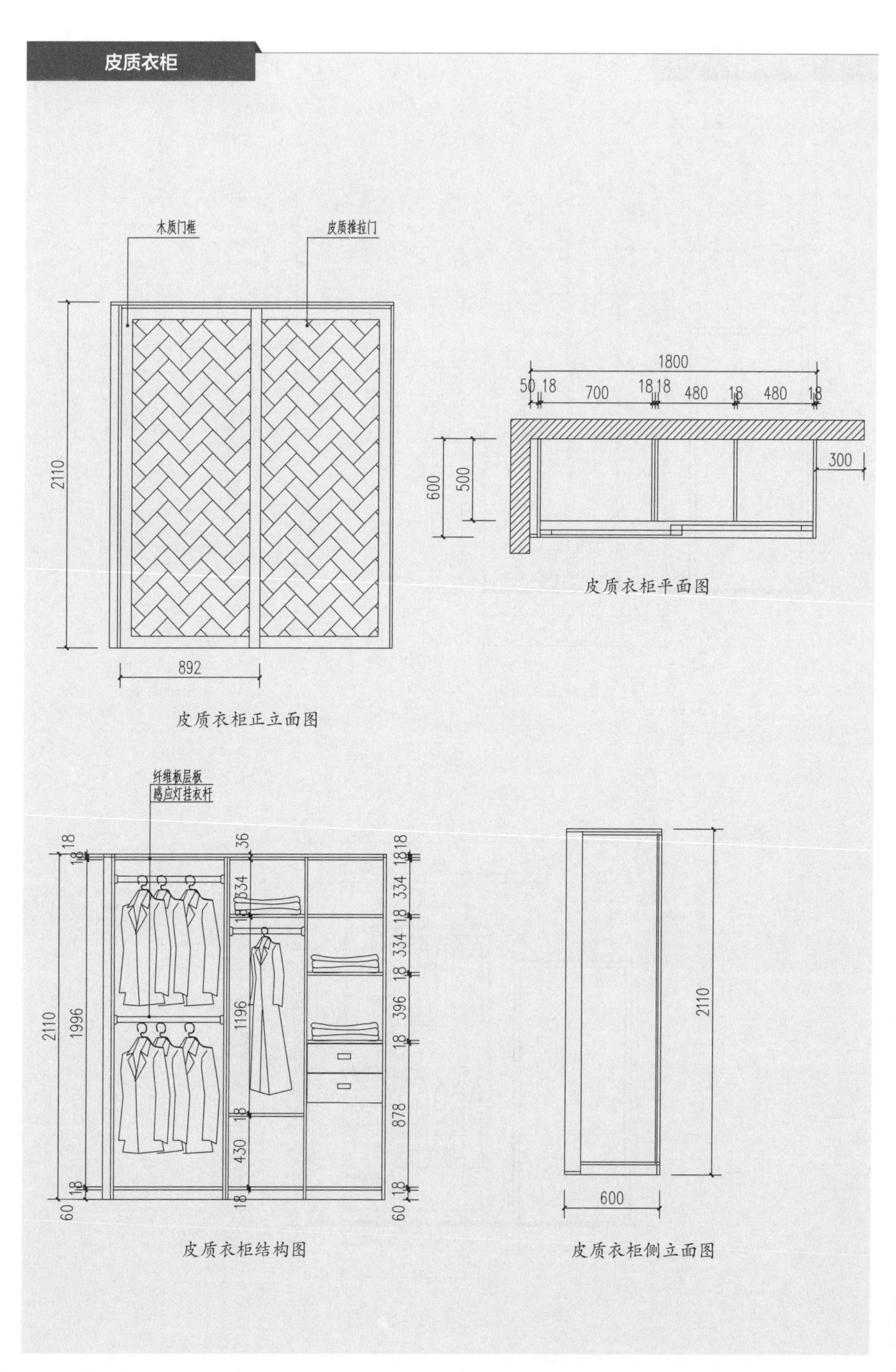

皮质衣柜正立面图

皮质衣柜平面图

皮质衣柜结构图

皮质衣柜侧立面图

四门衣柜

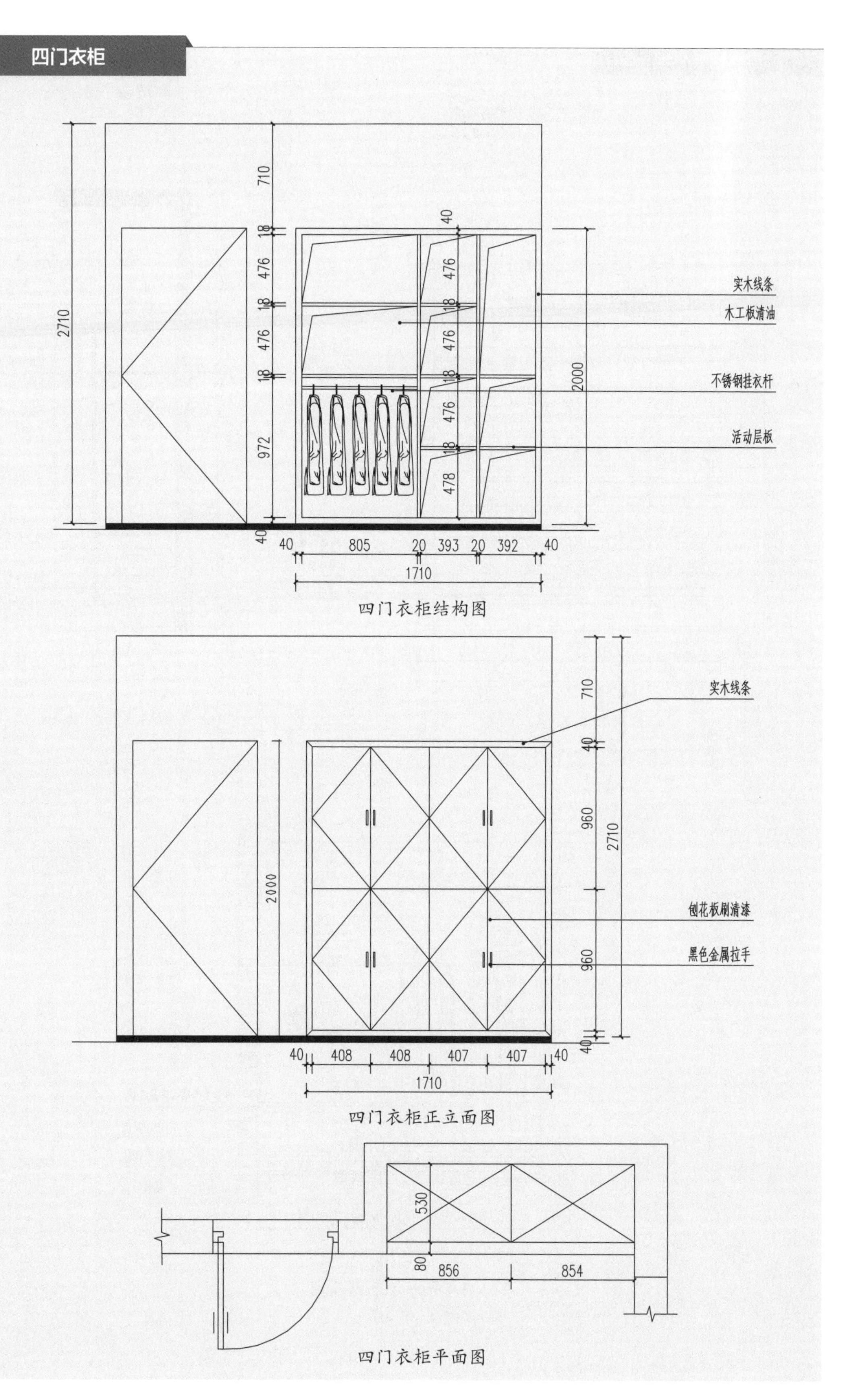

四门衣柜结构图

四门衣柜正立面图

四门衣柜平面图

含置物格衣柜

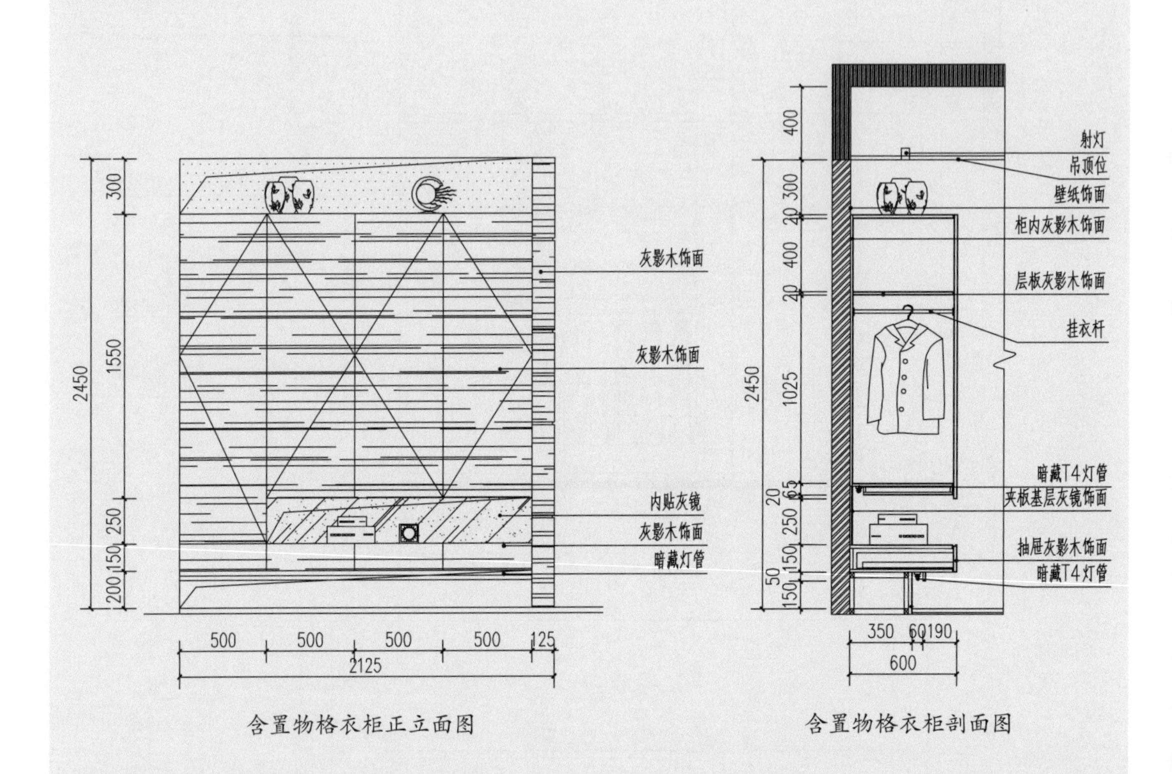

含置物格衣柜正立面图　　　　含置物格衣柜剖面图

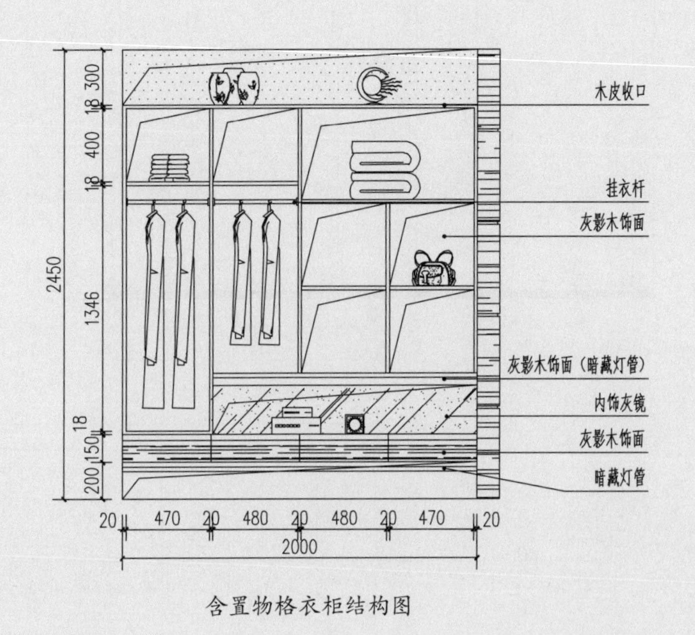

含置物格衣柜结构图

2. 不到顶衣柜实景案例

欧式衣柜：纤维板、木线条描金漆

设计赏析：该衣柜是典型的欧式风格，柜脚具有曲线美和稳定感，衣柜的高度适中，因而拿取方便，白色和金色的应用也减少了大面积花色使用而造成的繁乱感。

含储物格衣柜：实木框架、纤维板

设计赏析：该衣柜及储物和陈列于一体，木色和绿色的撞色设计使得衣柜更有高级感。

堆叠式衣柜：蓝色烤漆板、实木板材、刨花板

设计赏析：该衣柜采用错落式、叠放的方式让衣柜极显趣味性，白色的塑料拉手和木质材料形成对比，也形成了很好的对比。

现代风格衣柜：刨花板、纤维板贴实木皮、细木工板

设计赏析：采用多抽屉，方便收纳和拿取，红色拉手的使用让衣柜材质更为丰富，形式美更突出。

推拉门衣柜：纤维板贴木饰面、百叶门板

设计赏析：暖黄色材质的使用增添了房间的温暖感，且因为该卧室空间整体较小，使用较矮的不到顶衣柜能减少笨重感，让整体空间看起来不拥挤。

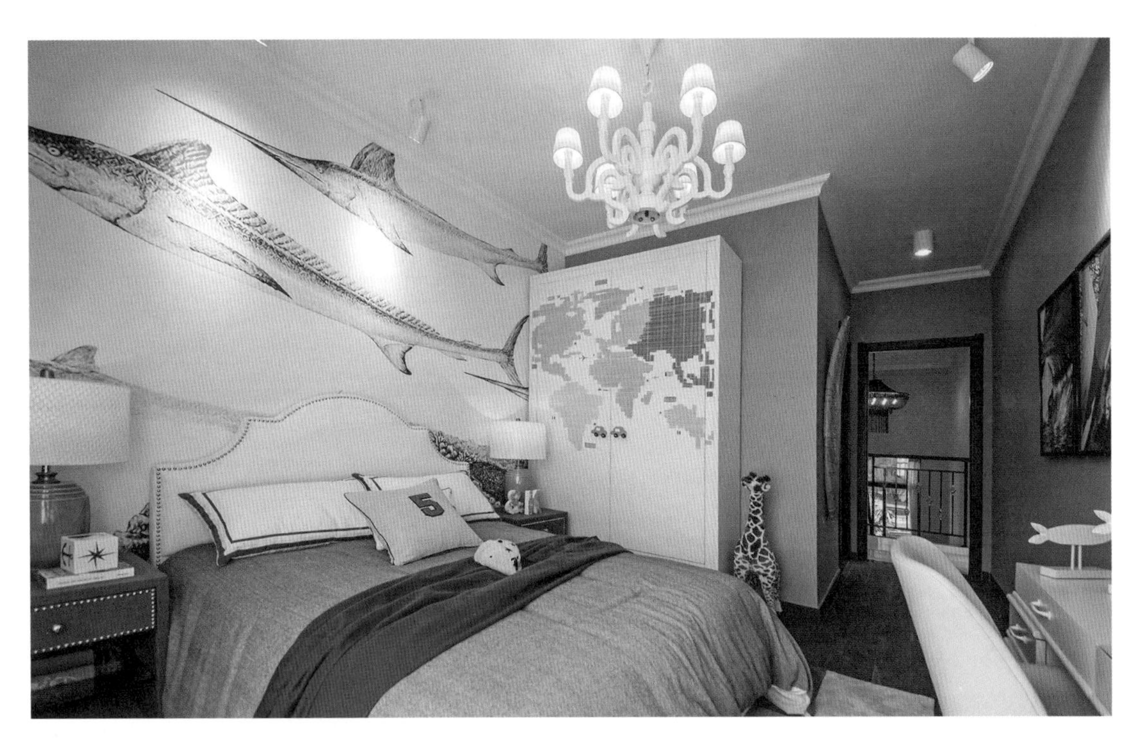

两门衣柜：密度板、刨花板贴膜

设计赏析：由于是全屋定制，因而衣柜要和其他家具有呼应关系，形成整体统一。衣柜门板通过蓝绿色系的图案与整体空间达成一致，而且地图的装饰方式也颇具趣味性。

儿童房衣柜：刨花板贴膜、纤维板

设计赏析：为了避免白色的衣柜看上去中规中矩，便采用装饰门板和拉手这种较小的点来增加美感，配色风格也和其他家具一致。

三、衣帽间

衣帽间指的是在住宅居所当中，供家庭成员存储、收放、更衣和梳妆的专用空间，主要有开放式、独立式、嵌入式三种，根据不同空间需求来选择空间的方式。

1. 衣帽间分类

（1）独立衣帽间

独立式衣帽间对住宅面积要求较高，只适合宽敞的大空间。独立式衣帽间的特点是防尘好、储存空间完整、具备完整更衣空间。

（2）开放衣帽间

开放式衣帽间比较好的形式为利用一面空墙存放，不完全封闭。其特点是空气流通好、宽敞，但是防尘性能差。

（3）嵌入式衣帽间

顾名思义，嵌入式衣帽间就是将衣帽间镶嵌在空间合适的地方，这就使得嵌入式衣帽间设计非常适合在小面积的房屋中使用，其特点是面积较小，很容易清洁。嵌入式衣帽间一般是利用房屋中一些难以充分利用的角落，比如夹层、走廊等，这样不仅能满足对衣帽间的需求，而且也能很好地利用空间。

2. 衣帽间与人体工程学

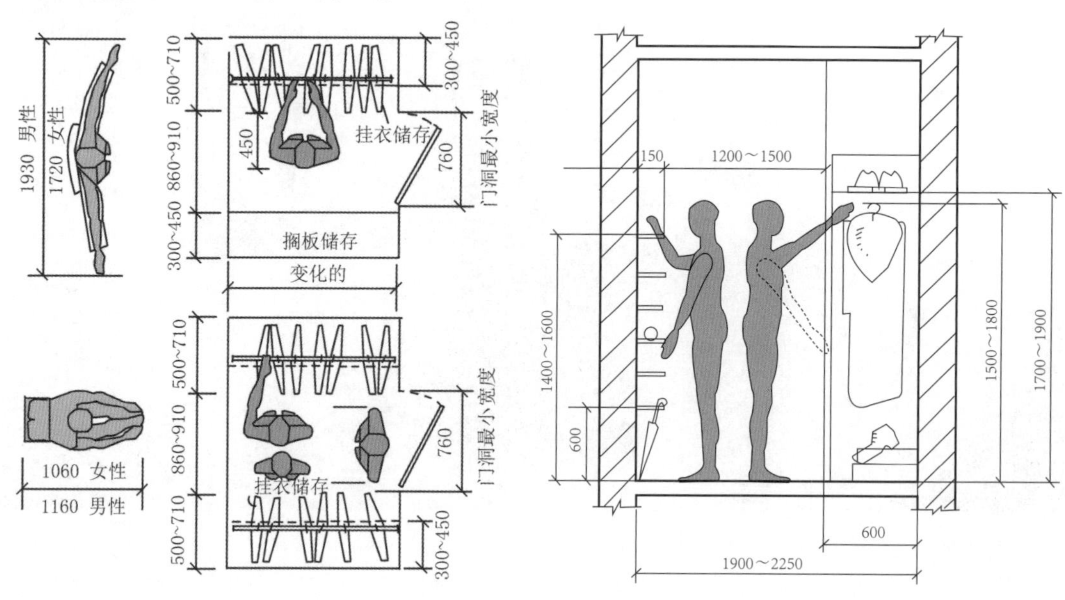

能进入的壁橱和贮存设施

3. 衣帽间设计注意事项

1）主管下达的安装任务，充分做好货品的清点以及安装工具的准备工作，避免出现到达现场后因遗漏而影响了工作的开展。每日正常订单安装，必须在当天内安装完工，除因设计问题或客户问题外，不得以任何借口或理由拖延安装完工的时间。

2）衣帽间的平面布置方式尽量选取简单的几何图形。为了保证人体活动的便捷，活动空间的形状应当规整（比如矩形、圆形和椭圆形）。

3）在光线较强的空间环境下，选用灰度较深的饰面材料，可以彰显家具的沉稳和空间背景的轻盈、包容度。在光照较差的环境里，选用灰度较浅、反光较强的饰面材料，杜绝空间的沉闷。

4）衣帽间的内部形式根据现有的空间格局，正方形空间多采用 U 形排布；狭长形空间平行排布较好；宽长形空间适合 L 形排布。

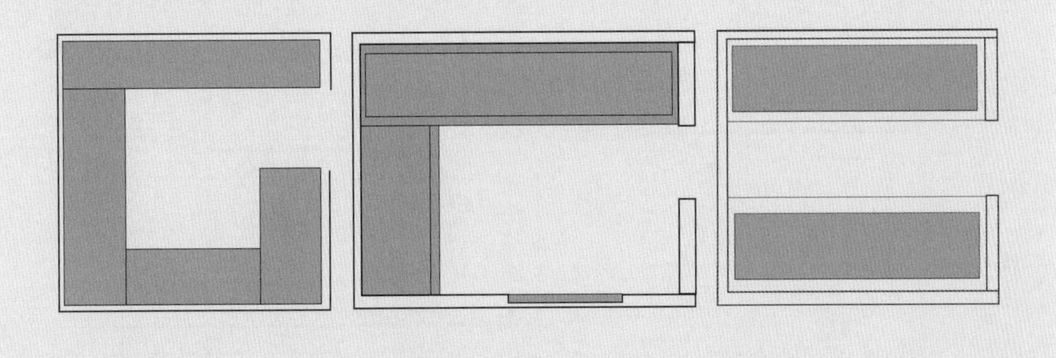

4. 衣帽间设计案例

L形衣帽间一

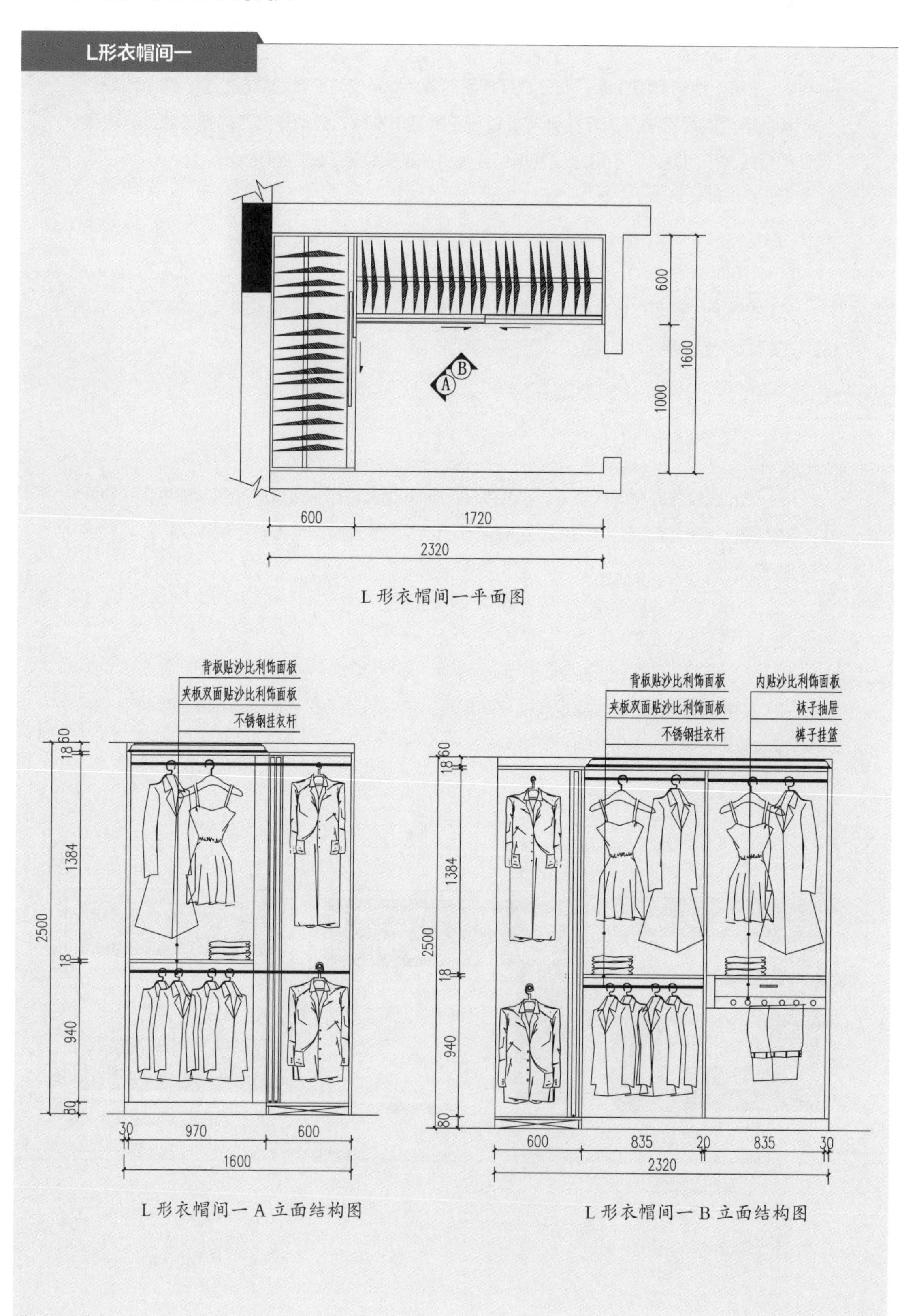

L 形衣帽间一 A 立面结构图

L 形衣帽间一 B 立面结构图

L形衣帽间二

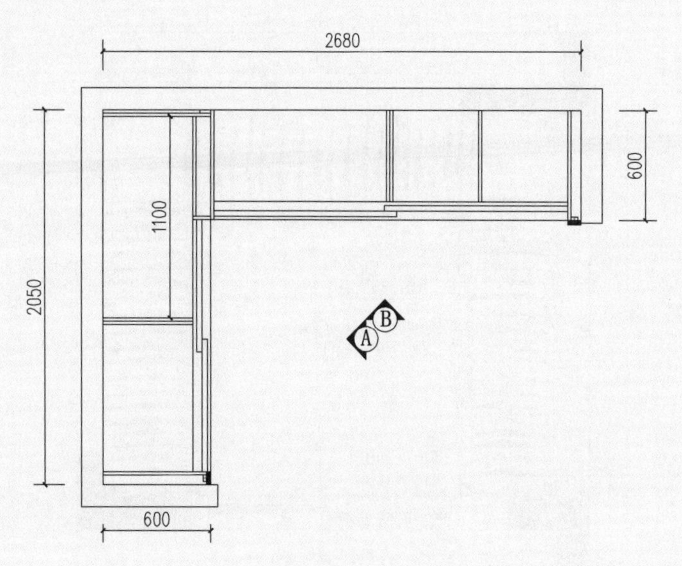

L 形衣帽间二平面图

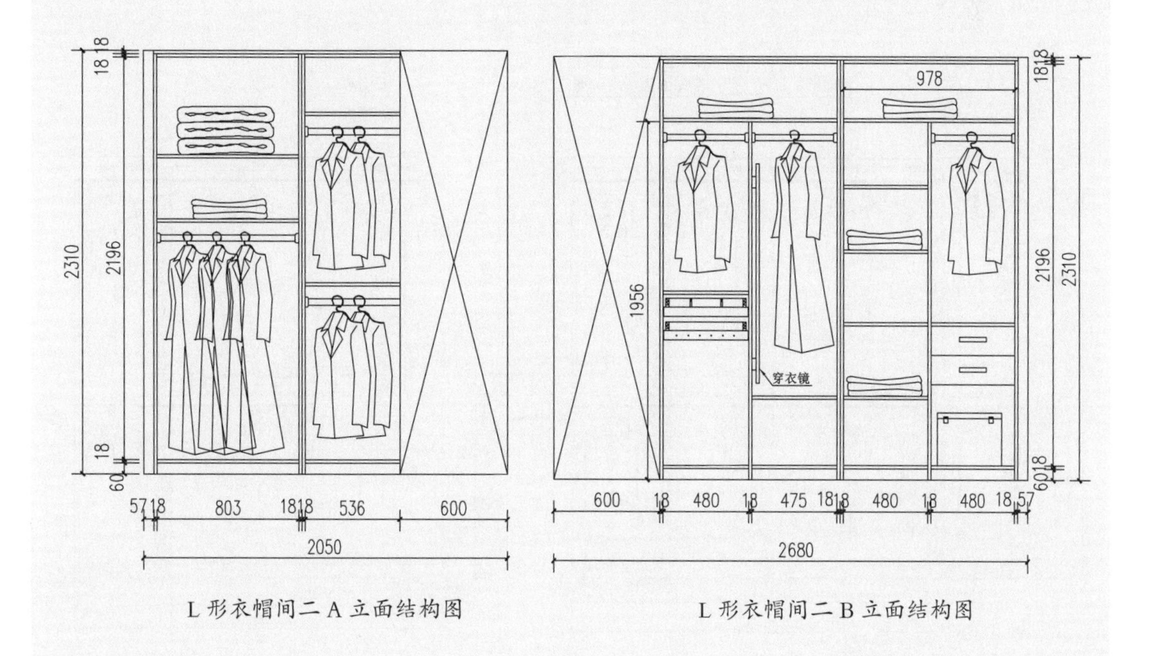

L 形衣帽间二 A 立面结构图

L 形衣帽间二 B 立面结构图

U形衣帽间

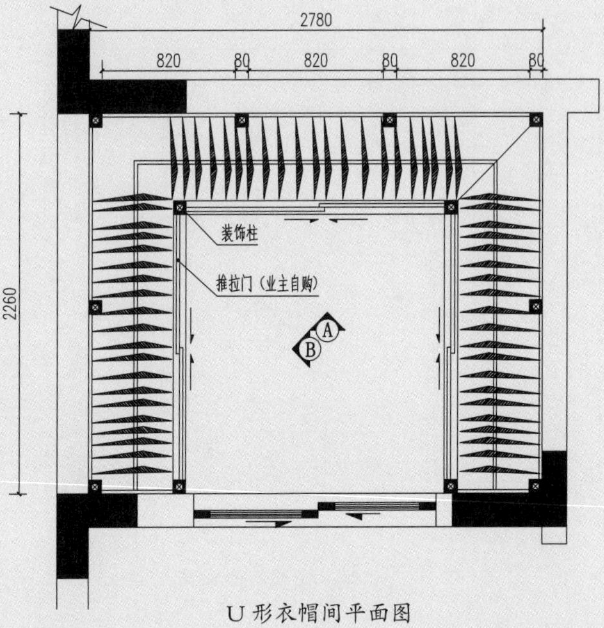

装饰柱

推拉门（业主自购）

U形衣帽间平面图

沙比利饰面

壁纸贴面

夹板双面贴沙比利饰面板

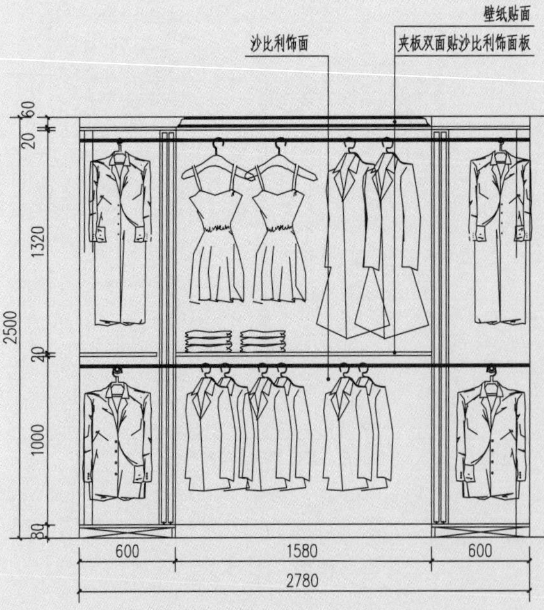

U形衣帽间A立面结构图

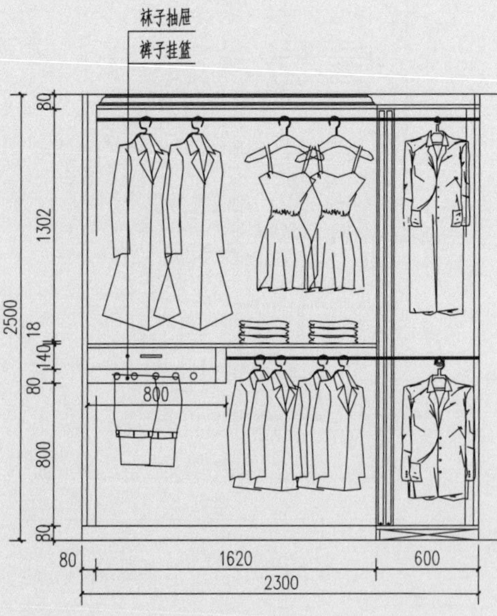

袜子抽屉

裤子挂篮

U形衣帽间B立面结构图

含鞋柜衣帽间

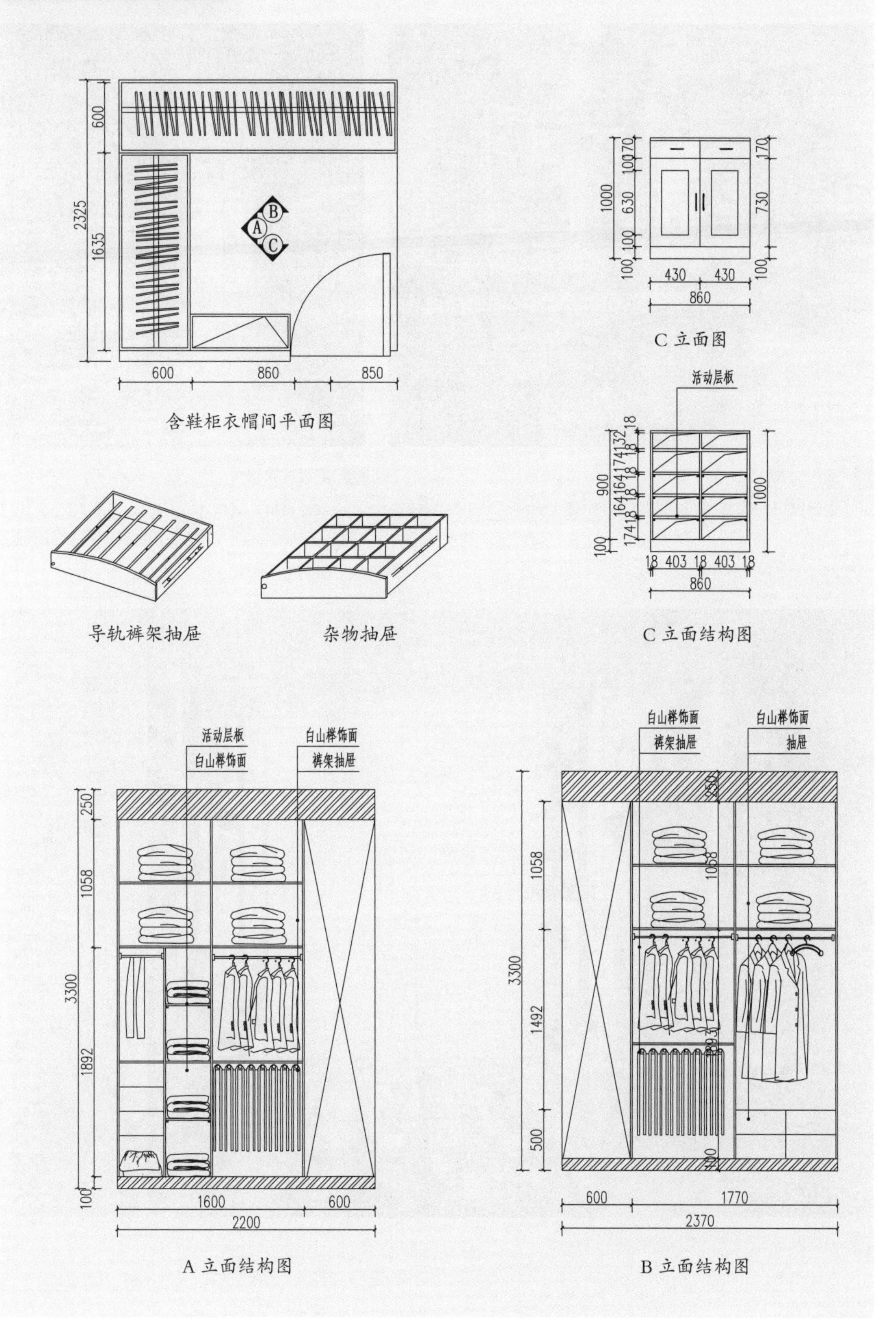

含鞋柜衣帽间平面图

C 立面图

导轨裤架抽屉

杂物抽屉

C 立面结构图

A 立面结构图

B 立面结构图

5. 衣帽间实景案例

简约式衣帽间：白色混油、刨花板、纤维板

设计赏析：衣帽间的定制化设计需要结合多种功能，如挂衣架、储物柜、抽屉等。储物柜放置在上部或者下部，挂衣架设计在中部，抽屉设计在中部及下部。

层板式衣帽间：刨花板、榉木饰面、铁艺支架

设计赏析：具有几何形态美的铁艺支架和挂衣杆是设计中的亮点，形成了曲直、线面的对比关系，具有形式美。

极简衣帽间：刨花板、橡木饰面、纤维板

设计赏析：该衣帽间两边都为玻璃，从而为衣帽间内部提供了些许自然光。储物方式主要为层板，且无明显遮挡，因而较好清洁。

北欧风衣帽间：刨花板贴灰蓝皮、纤维板

设计赏析：采用 L 形布局，色调清新自然，内部空间宽敞自在。

大型衣帽间：白色模压板、刨花板

设计赏析：该衣帽间属于封闭式衣帽间，四面墙布满了衣柜，适用于别墅衣帽间的设计。

双排式衣帽间：纤维板、刨花板、木线条

设计赏析：若卧室空间不够大时，可以采用这种狭长式的家具组织方式，从而形成过道式的衣帽间。

双排式衣帽间：松木饰面、刨花板

设计赏析：封闭式的衣帽间，可以不设置封闭性强的衣柜，采用布帘或者不设柜门均可。

四、床+床头柜

床和床头柜占据着卧室的核心区域，是能体现客户喜好、个性的区域。营造良好的睡眠环境，让人感觉温馨舒适可以通过全屋定制的方式来打造个性化家具，提高生活品质。

1. 床与人体工程学

（1）床的长度及宽度

定制的床通常情况下长度和宽度是以业主的人体尺寸为标准，可根据公式核算适宜尺寸

$L=(1+0.05)H+C1+C2$

H——使用者身高，$0.05H$ 即较高身材的增长量；

$C1$——头部放枕尺寸；

$C2$——脚端折被余量。

一般床的合理宽度应为人仰卧时肩宽的 2.5~3 倍。通常单人床的宽度有 900mm、1000mm、1200mm，双人床有 1350mm、1500mm、1800mm

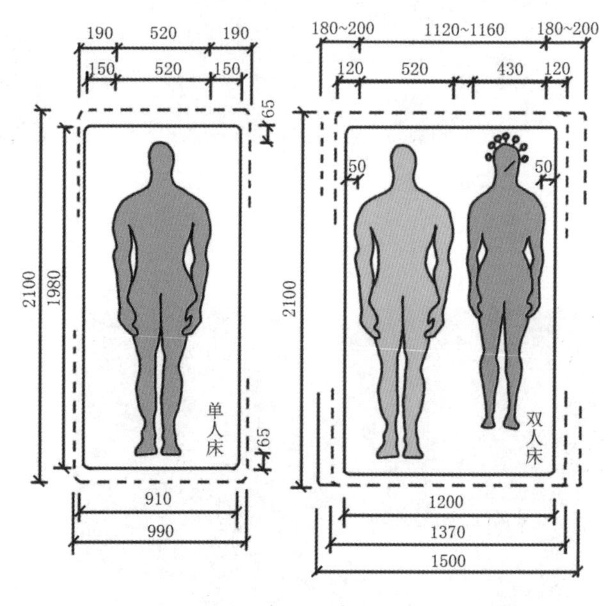

床的尺寸

（2）床的高度

床的高度一般与椅高一致，一般来说床沿高度以 450mm 为宜，或以使用者膝部做衡量标准，等高或略高 10~20mm 都会有益于健康。床如果过高会让人难适应，太矮则易受潮，容易在睡眠时吸入地面灰尘，增加肺部的工作压力。因而加上床褥以 460~500mm 为最佳。

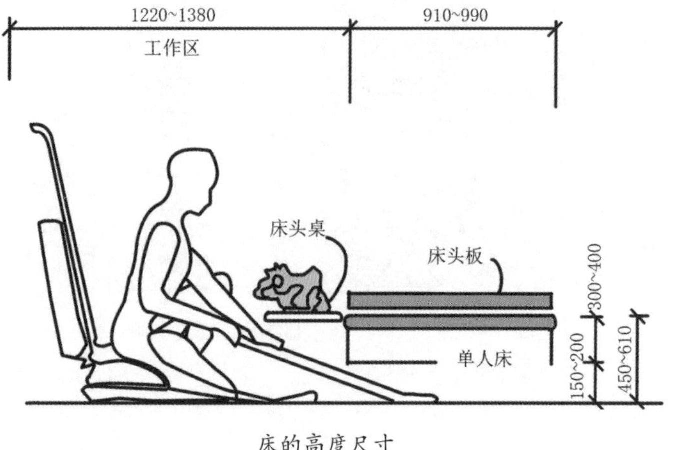

床的高度尺寸

双层床的高度要尽量考虑到下层使用者在床上能够完成睡眠前床上的动作。

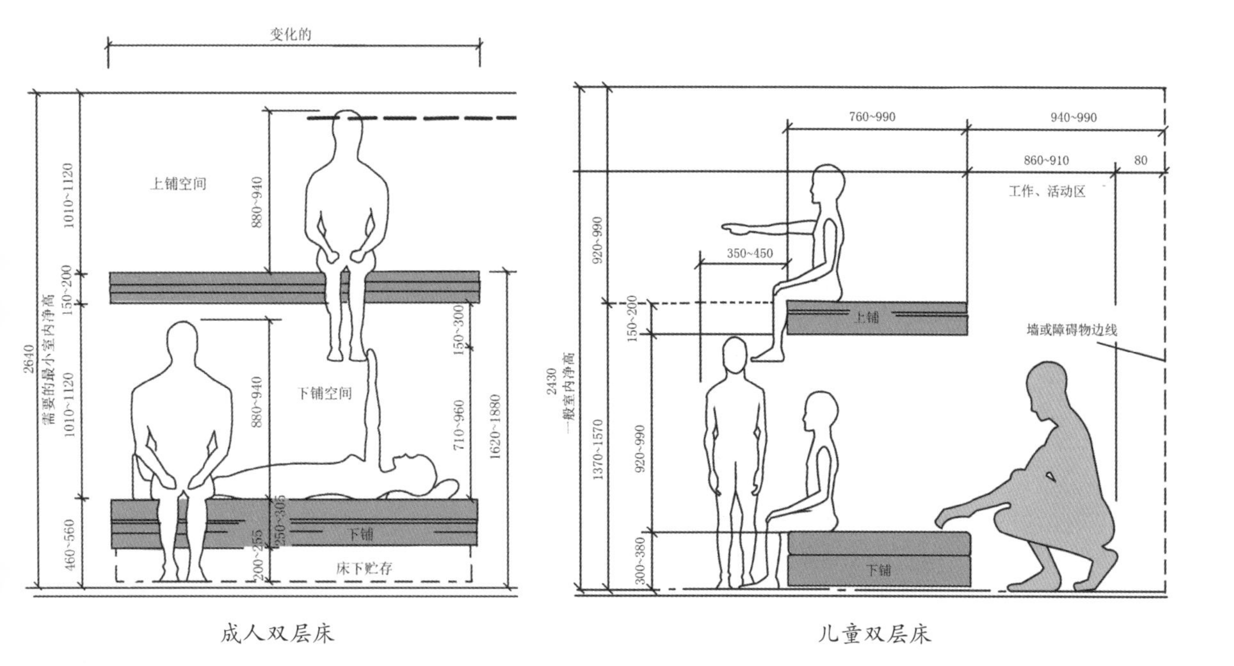

成人双层床　　　　儿童双层床

2. 床头柜与人体工程学

床头柜设置在床头的两边，其主要功能是方便存取物品。储藏于床头柜中的物品多是使用者需要的物品（如药品等），摆放在床头柜上的则多是为卧室增添温馨气氛的一些照片、小画、插花等。但是，随着床的变化和个性化壁灯设计的发展，床头柜的款式随之更加丰富，装饰作用也更明显了。

（1）床头柜的长度及宽度

根据力学原理及人体工程学，国家标准规定的床头柜的宽度为 400~600mm，深度为 350~450mm。这个范围较为宽泛，因而具体的床头柜尺寸还需根据床的尺寸与床头柜的风格进行设计。

（2）床头柜的高度

在设计上床头柜应该要与床协调一致，这样，床和柜可以组合成一个美观实用的整体。在设计床头柜的高度时，要参考床的高度，设计师们通常是以人的膝部为衡量的标准。人上下床时，在床沿上自然下垂的膝与床等高或是略高出 10~20mm 较为合适。

3. 床+床头柜设计案例

欧式双人床

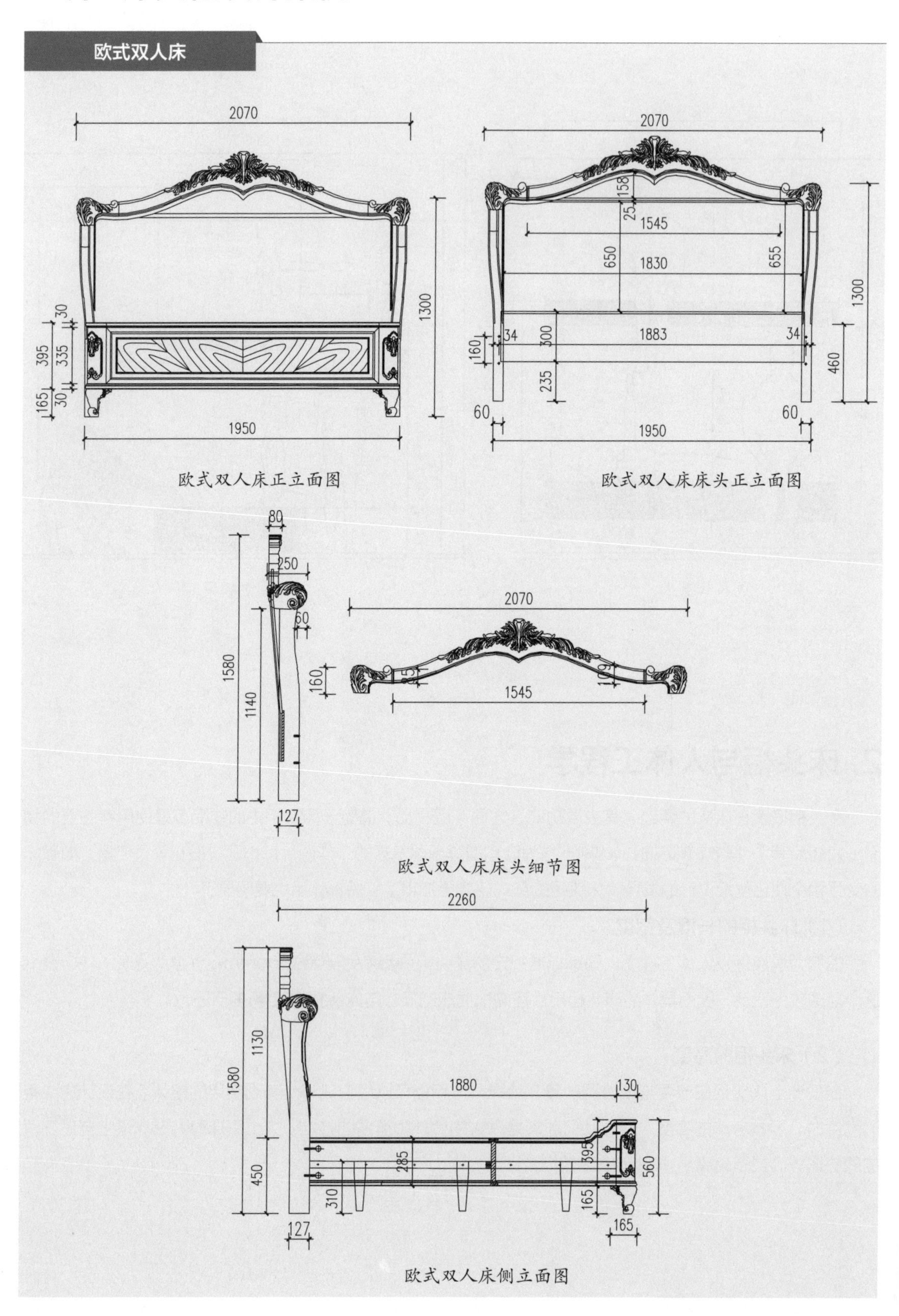

木质单人床、婴儿床

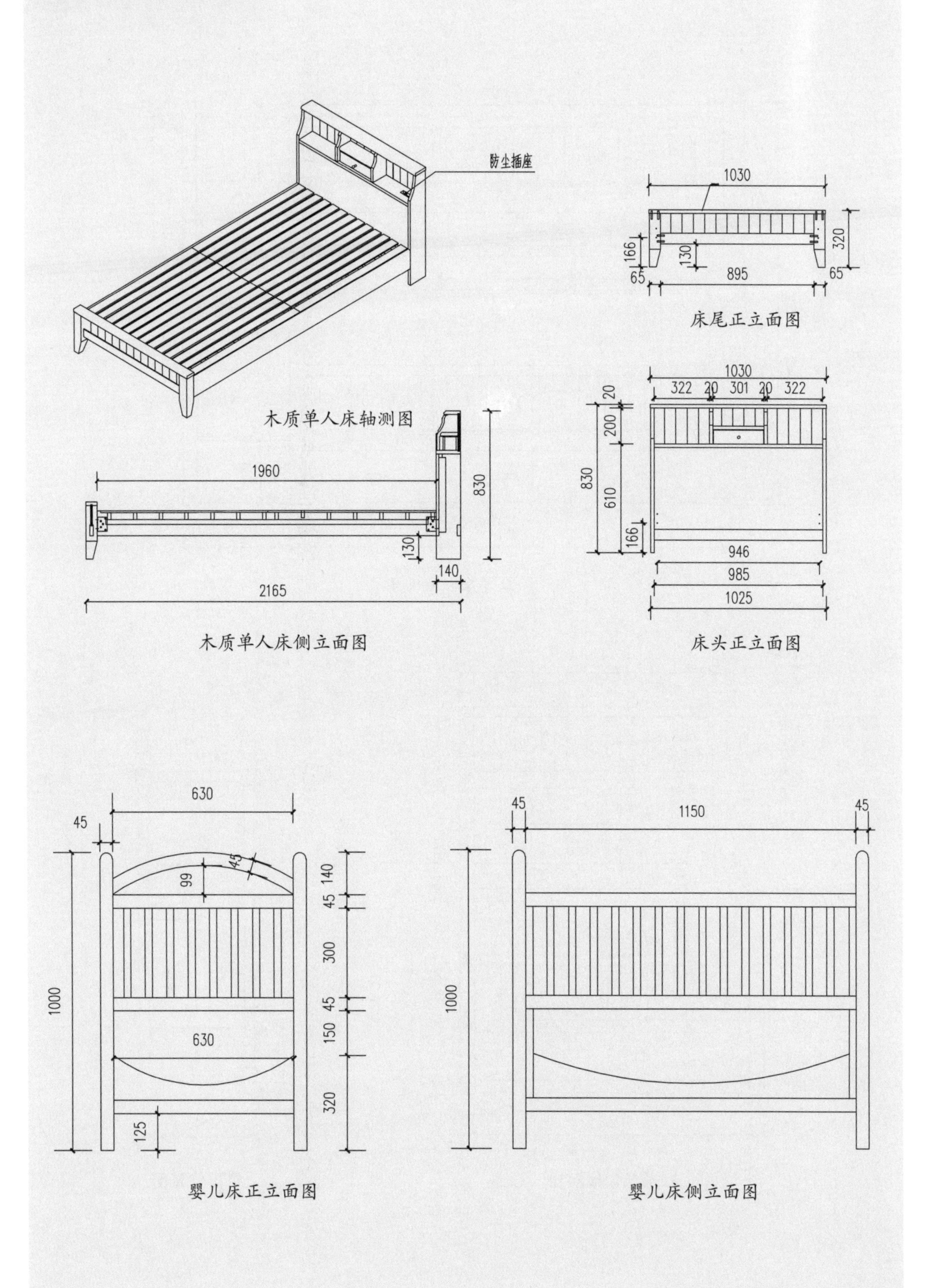

木质单人床轴测图

床尾正立面图

木质单人床侧立面图

床头正立面图

婴儿床正立面图

婴儿床侧立面图

双层床

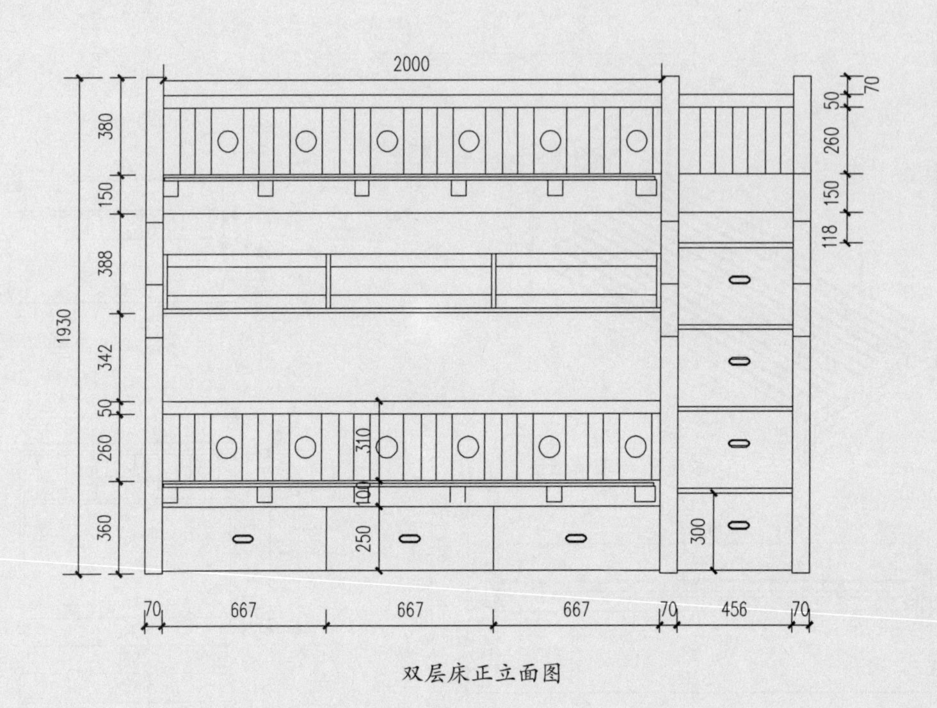

双层床正立面图

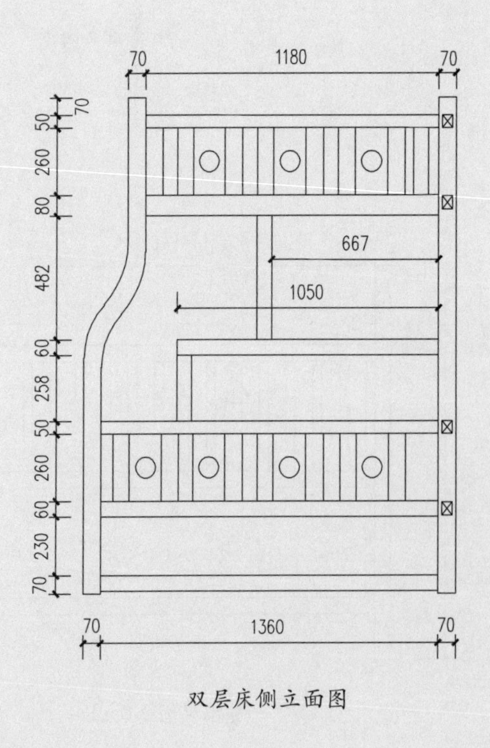

双层床侧立面图

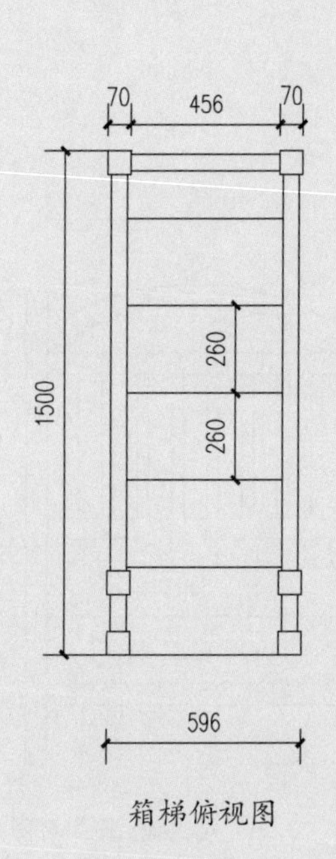

箱梯俯视图

4. 床+床头柜实景案例

立体床头柜： 刨花板、密度板

设计赏析： 床头柜采用立体式的抽屉，可提升其装饰性和活跃性，避免定制家具呆板枯燥的特点。

双层床： 纤维板贴膜、密度板、实木板材

设计赏析： 双层床和娱乐柜相结合，很好地利用了空间，并为儿童提供了丰富的玩耍区域。上下部分通过较为宽敞的楼梯连接，使用起来也比较安全。

拱形立柱床： 实木地脚、木线条

设计赏析： 拱形造型富有浪漫的气息，平时也可搭配帷帐使用创造氛围。

组合式床柜： 刨花板、纤维板

设计赏析： 将床头柜与搁板进行了一体化设计然后直接融合了多种功能，能增加储物面积。

五、梳妆台

梳妆台指用来化妆的家具产品。在设计时需要保证充足的储物空间以及整洁的台面，通常分为单体式和组合式两种形式。

1. 梳妆台与人体工程学

（1）台面长度与宽度

由于梳妆台的功能简单，因而台面不必做得过大，深度达到 400~600mm 就完全可以满足日常需要，宽度则可以按照家居空间及业主需要进行调整。

（2）台面高度

一般来讲，梳妆台台面到地面的高度是 700mm 左右。但是梳妆台也分为两种：

一种梳妆台采用大面积镜面，使梳妆者可大部分显现于镜中，并能增添室内的宽敞感。这类梳妆台高 450~600mm。另一种梳妆台，梳妆者可将腿放入台面下，平时还可将梳妆凳放入台下，不占空间。这类梳妆台高度为 700~740mm。

梳妆台坐凳高度则要根据梳妆台高度进行设计，一般来讲坐着梳妆的话，坐凳要比梳妆台台面低 30mm 左右。

（3）镜子高度

梳妆台的镜子高度一般是挨着台面垂直摆放的，但是也要根据具体情况进行调整，高度原则是坐着化妆的时候能清晰地照出人像。如果要达到较为专业的效果，则需要专业的化妆灯。专业化妆灯的照度要求为 500lx，色温约为 4000k~4500k，暖白光最佳，保证光源要均匀不留阴影。

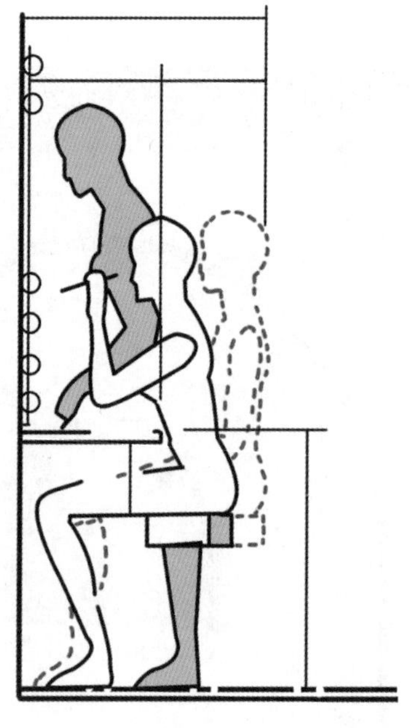
梳妆台尺寸

2. 梳妆台的摆放

梳妆台高度有讲究，就一般而言，卧室中摆放梳妆台，最理想的位置就是与床的坐向保持平行的位置。这样可以有效地避免被镜中的映像影响。而且如果与床平行，摆放在窗台前，能够照射到阳光，让人产生舒适清爽的感觉。

3. 梳妆台设计案例

欧式梳妆台

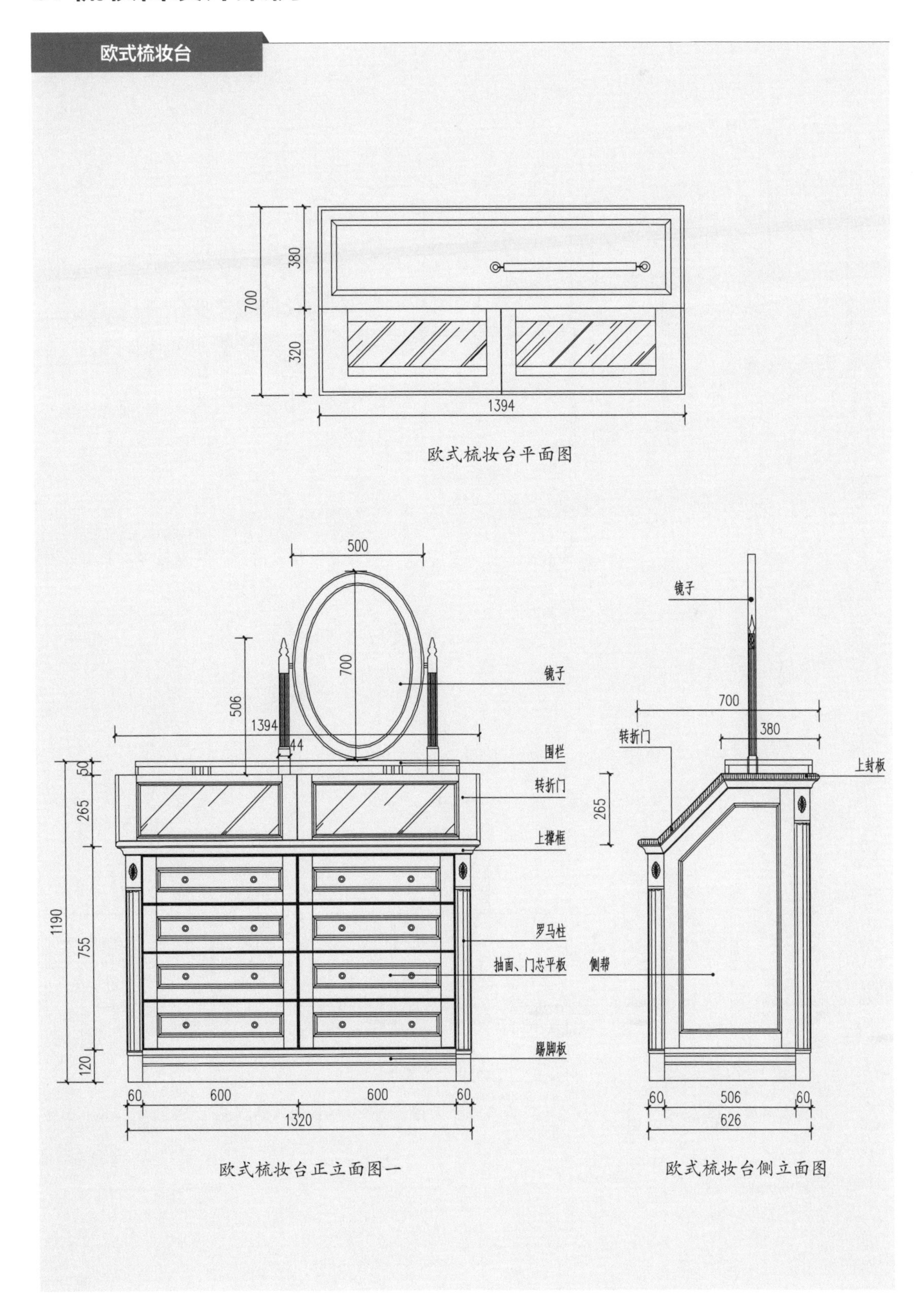

欧式梳妆台平面图

欧式梳妆台正立面图一

欧式梳妆台侧立面图

梳妆台和梳妆凳

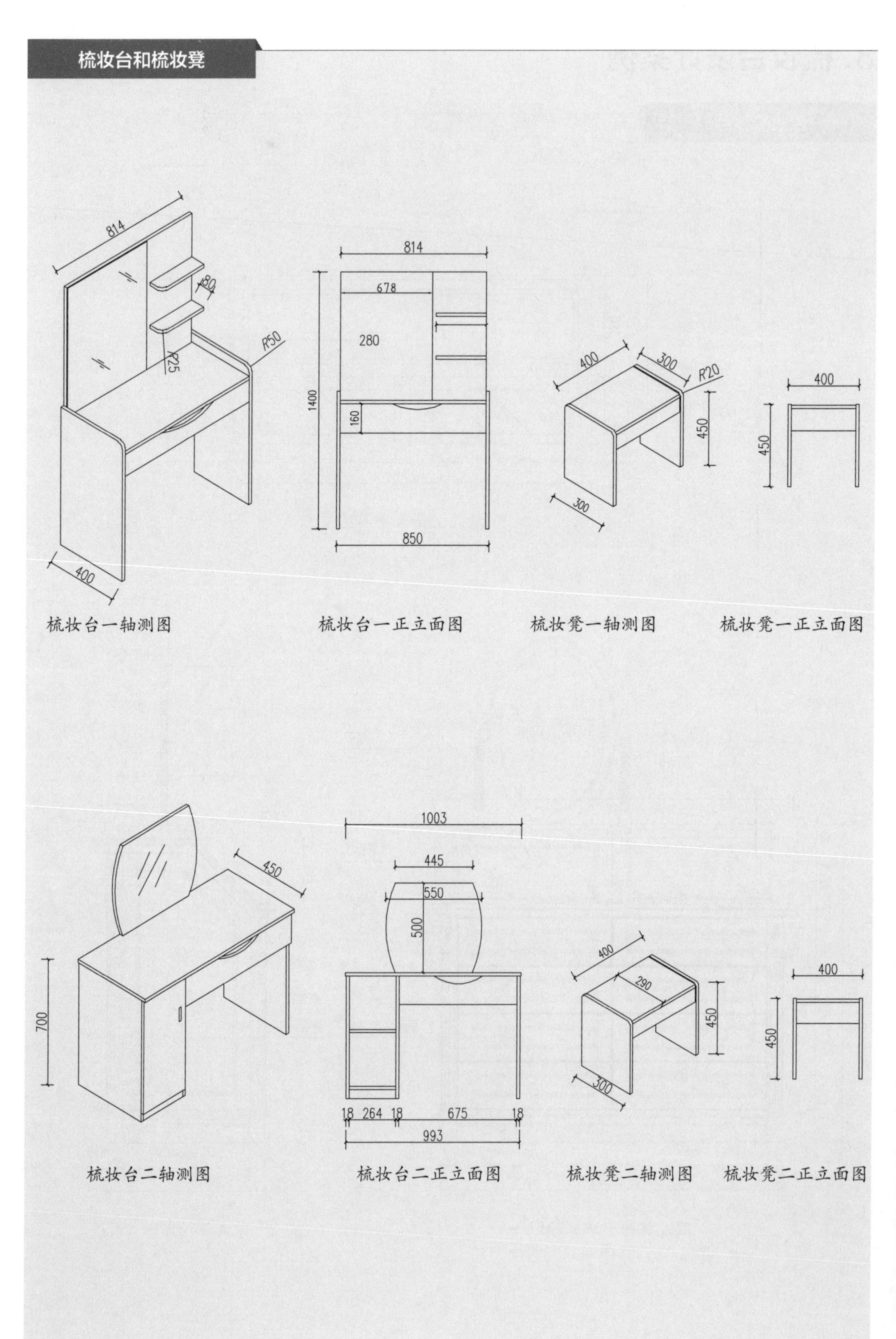

梳妆台一轴测图　梳妆台一正立面图　梳妆凳一轴测图　梳妆凳一正立面图

梳妆台二轴测图　梳妆台二正立面图　梳妆凳二轴测图　梳妆凳二正立面图

4. 梳妆台实景案例

简约梳妆台： 刨花板贴实木皮

设计赏析： 此类上翻式的桌面应保持桌面整洁，柜内可以放置物品，且梳妆时也便于拿取。

红木梳妆台： 红木饰面、纤维板、实木线条

设计赏析： 欧式古典风格的家居中，往往会选择兽腿家具和其繁复流畅的雕花。梳妆台和梳妆凳的设计增强了流动感，令家居环境更具质感。

欧式梳妆台： 刨花板、纤维板

设计赏析： 该梳妆台造型装饰细节丰富，追求功能合理。镜面悬挂在墙上因而不占用桌面空间，从而桌面上能够放置常用的梳妆物品以方便使用。

小型梳妆台： 白色模压板、纤维板

设计赏析： 台面上方和下方都有抽屉，可放置小件化妆品，且比较容易拿取。台面上的储物和下方的抽屉能够满足简单的梳妆需求，因而此类梳妆台可作为辅助梳妆台使用，卫浴间中梳妆台也需要承担一部分的梳妆功能需求。

第十二章

书房空间定制

一、书柜+书桌

书柜和书桌椅都是家居生活中的重要家具，在全屋定制中通常以整体式书柜较为常见。一般书柜和书桌组合搭配，外观简洁大方，风格统一。

1. 书桌与人体工程学

（1）桌面尺寸

书桌的桌面宽度较为灵活，通常没有最大限制。书桌的深度通常为 500~750mm，这个尺寸既能容纳人丰富的阅读活动，也方便拿取最里侧的物品。

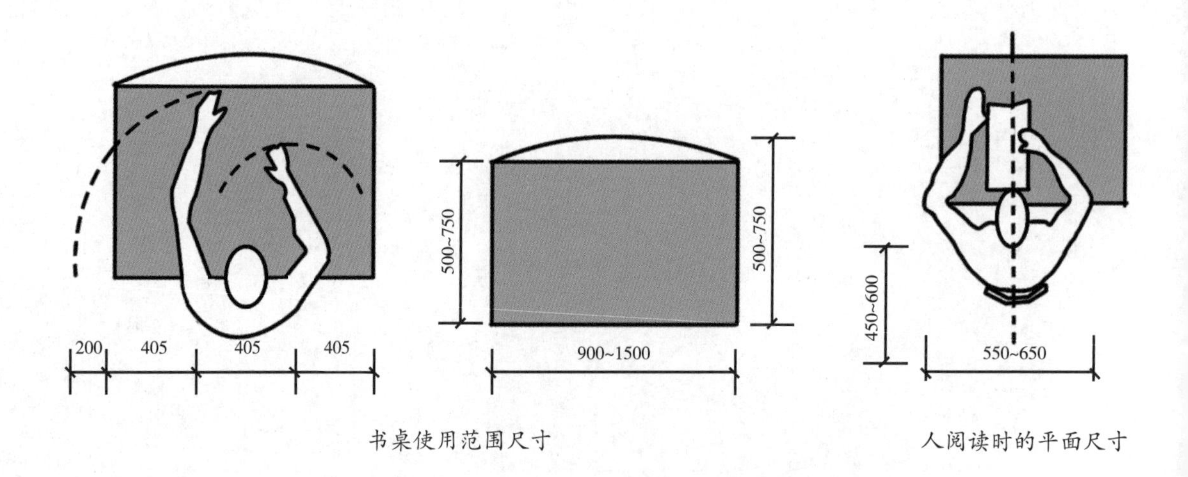

书桌使用范围尺寸

人阅读时的平面尺寸

（2）桌面高度

按照一般标准，写字台高度应为 750~800mm。考虑到腿在桌子下面的活动区域，要求桌下净高不小于 580mm。台面至柜屉底不可超过 125mm，否则起身时会撞脚。靠墙书桌在离台面 450mm 处可设置 100mm 灯槽，上面用书柜或搁板。这样书写时看不见光管，但台面却有充足光照。座椅应与写字台配套，高低适中，柔软舒适，有条件的最好能购买转椅，座椅高度宜为 380~450mm，以方便人的活动需求。

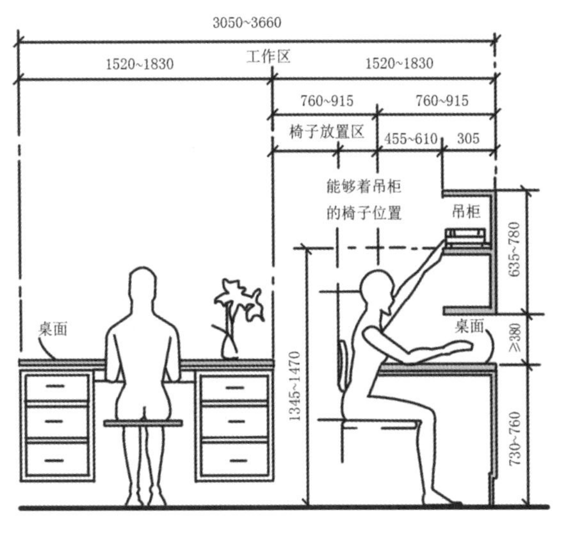

书桌、书柜尺寸

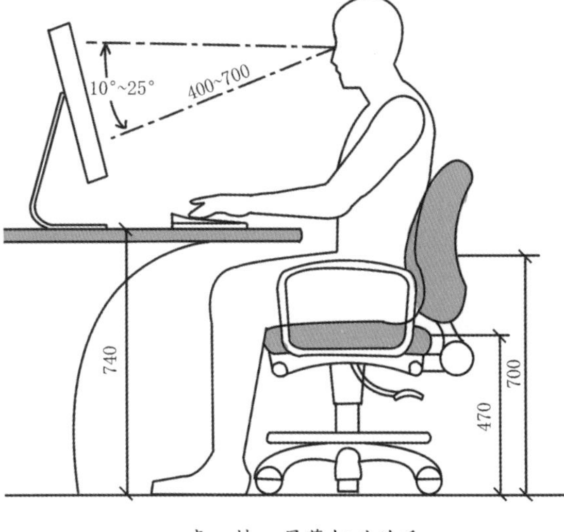

桌、椅、屏幕相对关系

2. 书柜与人体工程学

（1）书柜尺寸

为了满足基本功能，书柜深度尺寸以 300mm 为宜，通常不超过 400mm，高度不大于 2200mm，通常超过此高度则需要梯子帮助。书架搁板跨度不宜过大，最好在 1000mm 以内，否则放置书籍后很容易产生变形。

（2）格位尺寸

格位的高度需要根据放置的物品进行分格。32 开书的层板高度可设置为 240~ 260mm，放置 16 开书的层板高度可为 280~300mm，大尺寸的书籍的高度尺寸一般在 300mm 以上，可设置层板在 320~350mm，音像光盘只需 150mm。抽屉高度为 150~200mm。

格位的极限宽度通常不超过 800mm（25mm 厚度的板极限宽度为 900mm），采用实木搁板，极限宽度为 1200mm。

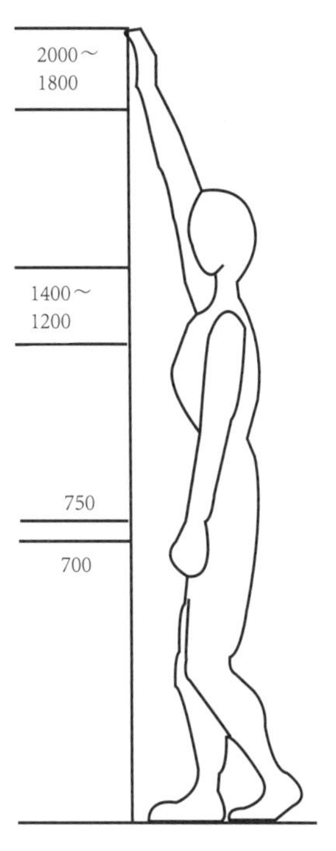

书柜取物高度分区

3. 书柜+书桌设计案例

书柜书桌组合一

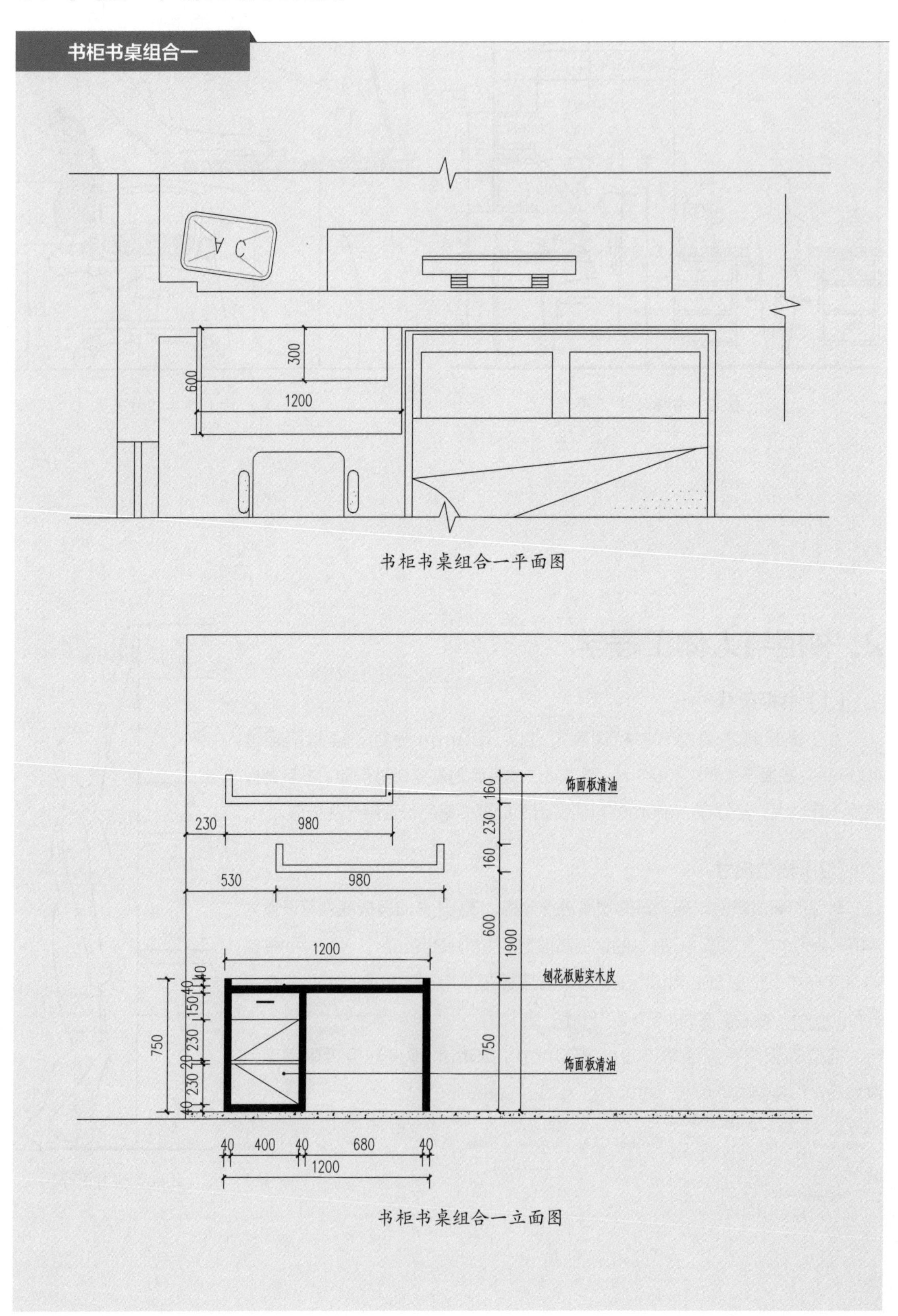

书柜书桌组合一平面图

书柜书桌组合一立面图

书柜书桌组合二

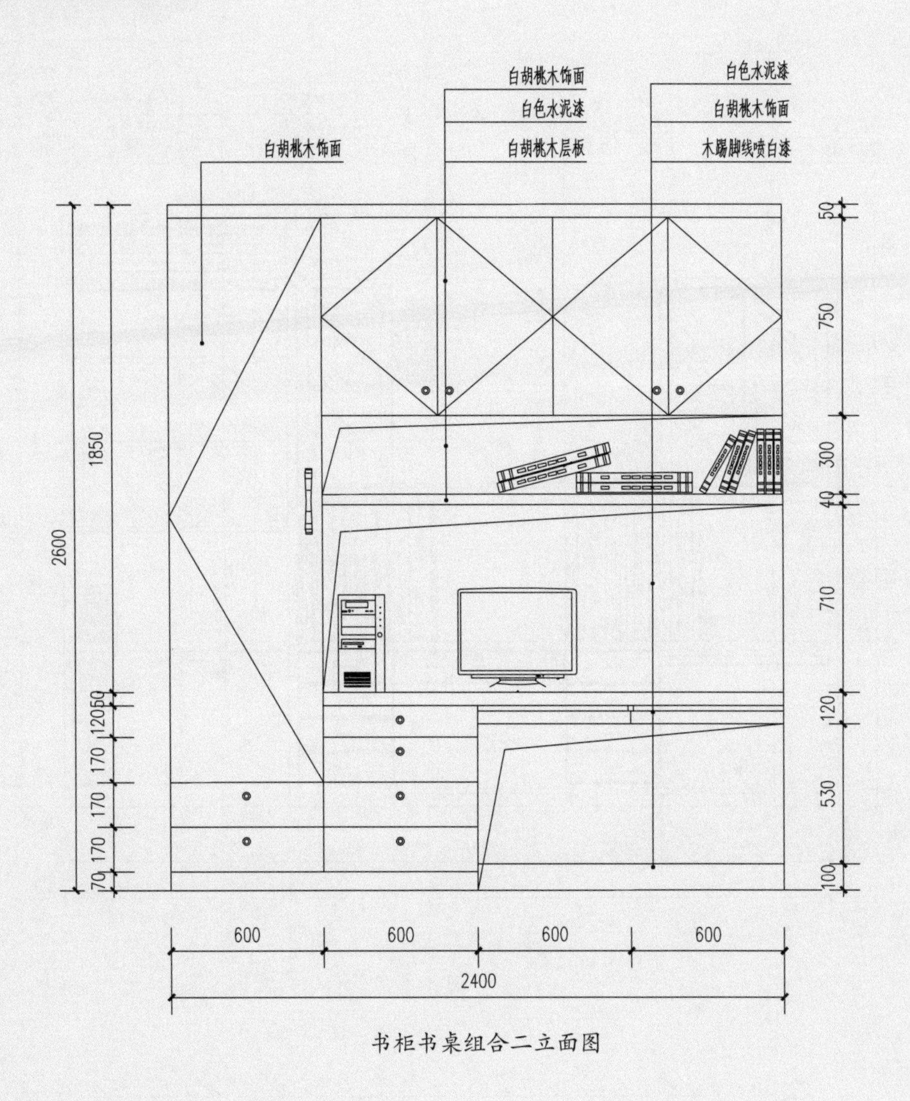

书柜书桌组合二立面图

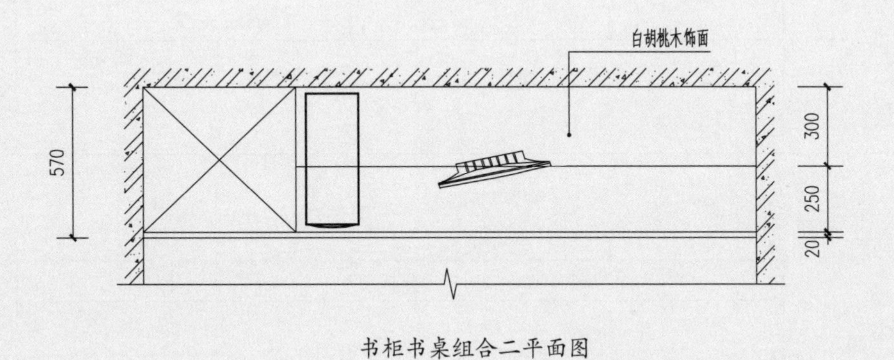

书柜书桌组合二平面图

书柜书桌组合三

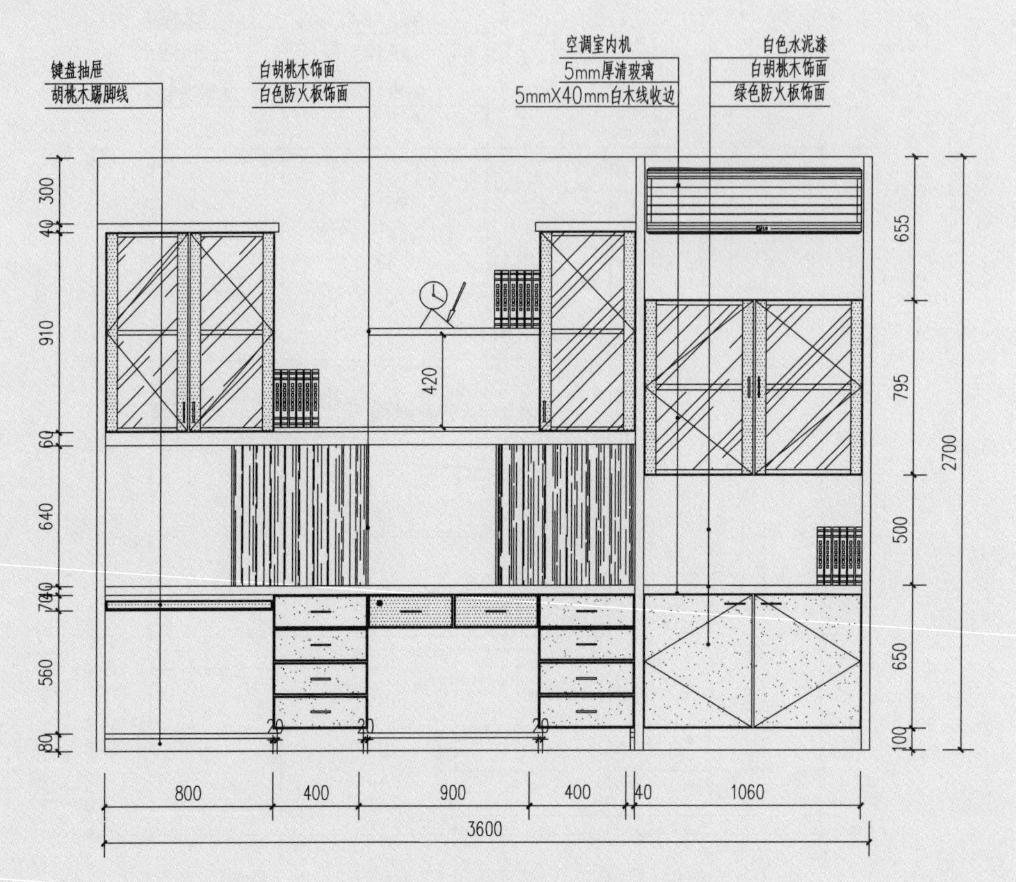

书柜书桌组合三立面图

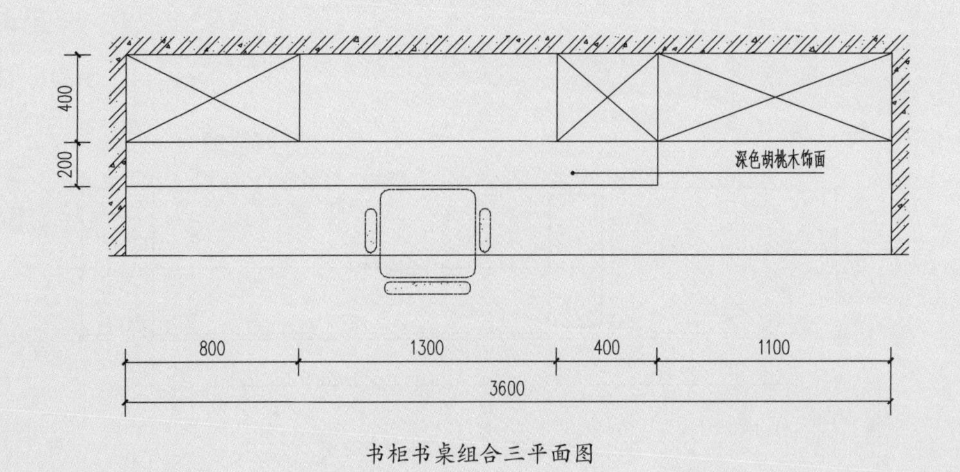

书柜书桌组合三平面图

现代简洁书柜

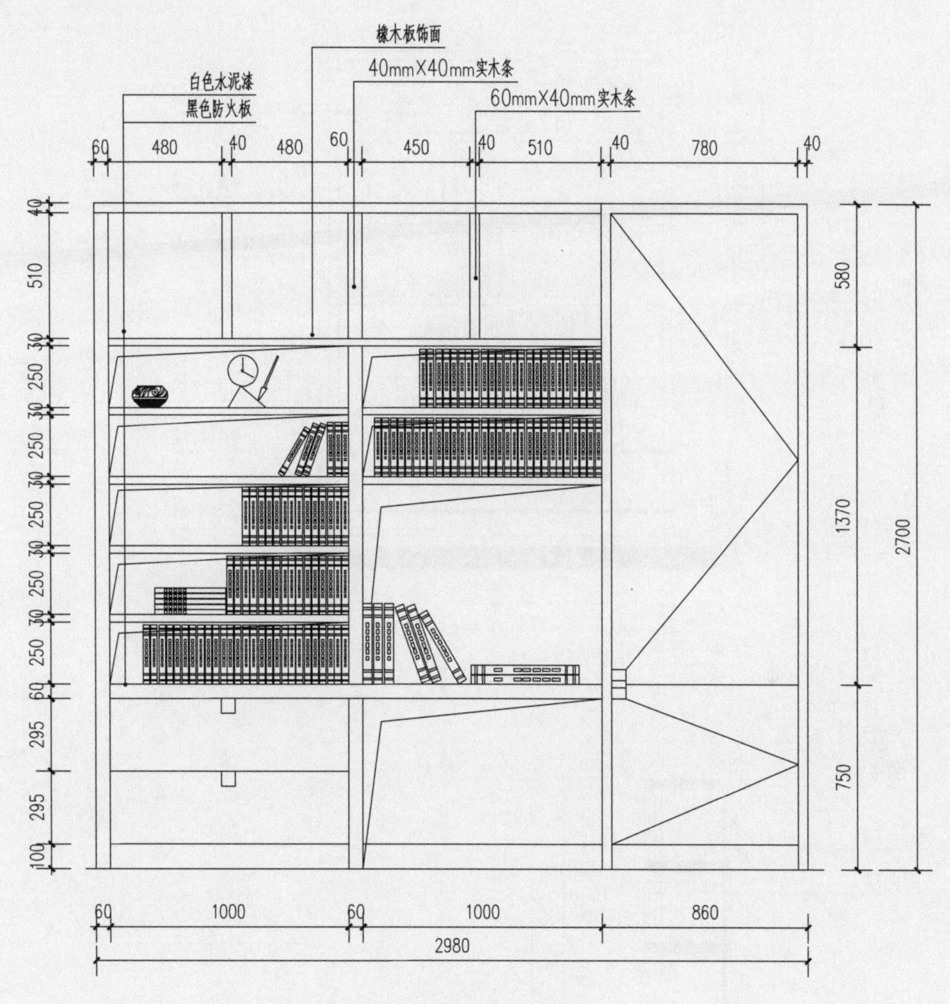

现代简洁书柜立面图

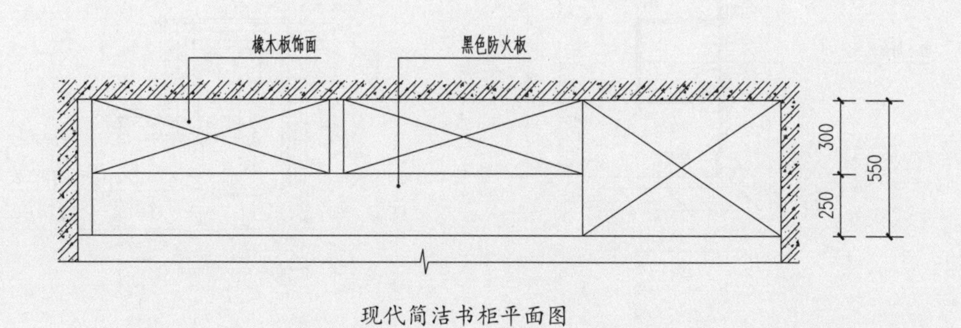

现代简洁书柜平面图

下部半悬空书柜

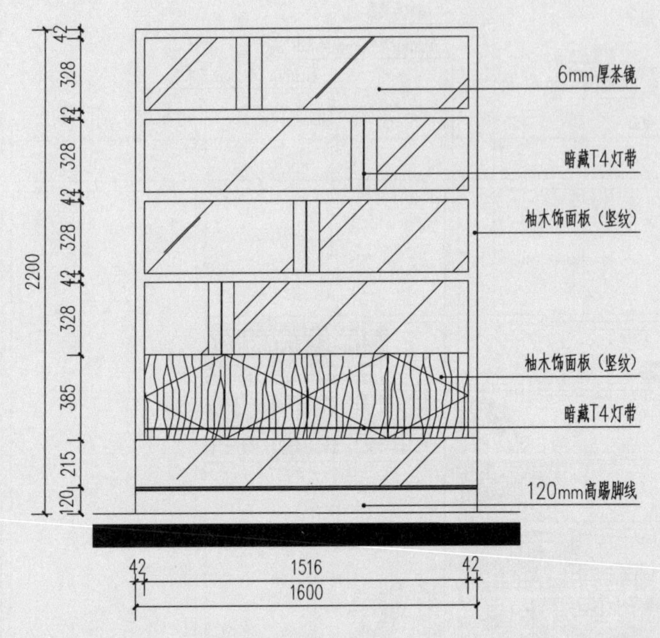

下部半悬空书柜立面图

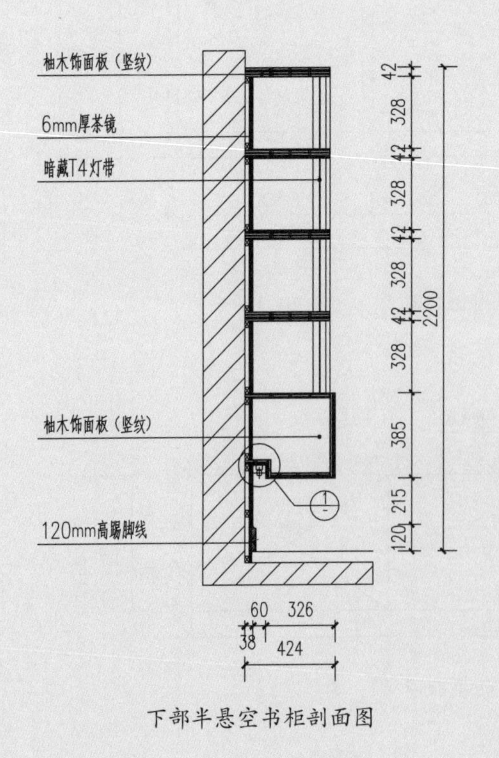

下部半悬空书柜剖面图

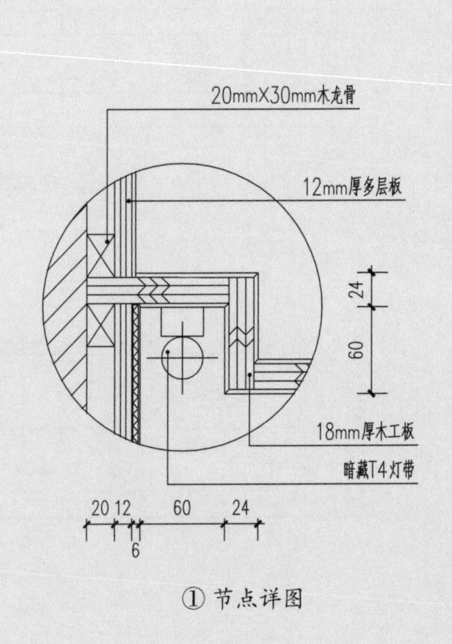

① 节点详图

工业风书柜

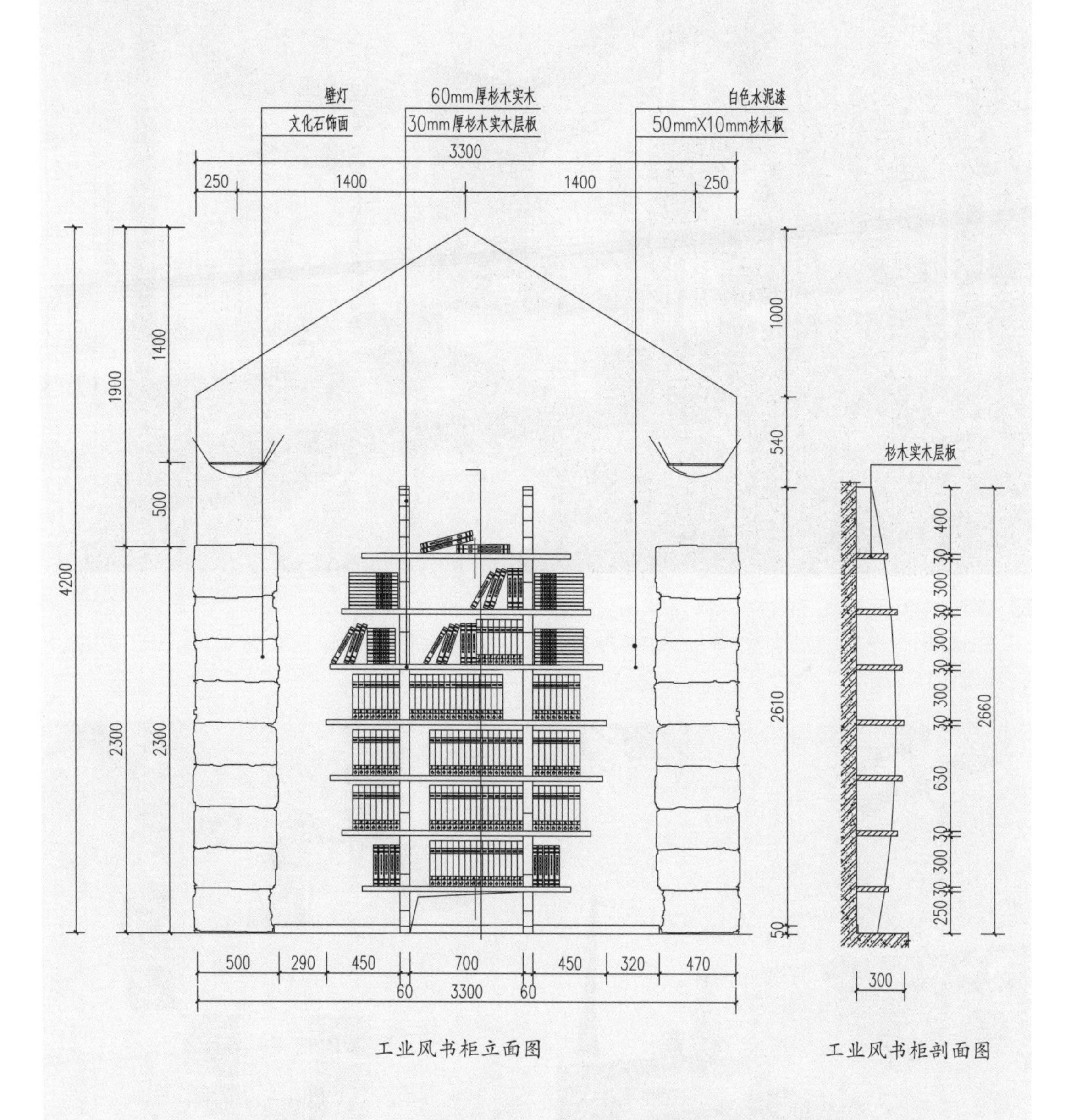

工业风书柜立面图

工业风书柜剖面图

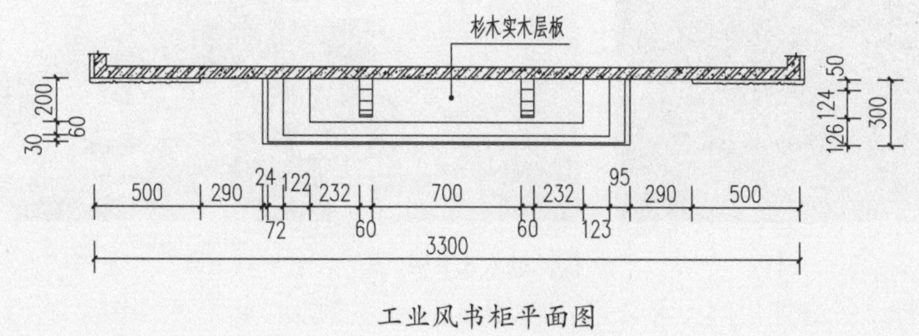

工业风书柜平面图

4. 书柜+书桌实景案例

悬浮式书桌： 刨花板、白枫木模压板

设计赏析： 白色基调的选取同空间中的深色调形成对比，称为空间中的视觉重点。采用木质的孔架进行小件物品的悬挂整理也比较便捷。

简约书柜： 科定板、人造石台面、纤维板

设计赏析： 这种书柜和书桌形式简洁，工艺也不复杂。挂墙式的书柜为防止层板发生弯折的情况，柜板之间间距尽量小一些。

嵌入式书柜： 白色混油、刨花板

设计赏析： 书柜呈现错落的形态，极具装饰性，且生产安装工艺不复杂。

镜面书柜：科定板、镜子、纤维板

设计赏析：书柜格位数量多，有足够的书籍放置空间，镜面的推拉门板有规律地穿插，形成了很好的韵律，同时有扩大空间的效果。

百宝格式书柜：纤维板、橡木

设计赏析：满墙书柜的设计充分地利用了书房空间，书桌和椅子采用同色系木材，彼此呼应，让书房的风格感、整体性更突出。

奢华型书柜：金属面材、刨花板、密度板

设计赏析：当书房面积够大时，可以将书柜做高做大，书桌选择质感较好的，从而彰显恢弘、大气的品位。

二、榻榻米

榻榻米具有多功能性且能够有效地利用空间，多用于书房、阳台、大厅等空间。

1. 榻榻米与人体工程学

（1）桌面尺寸

榻榻米的升降桌一般为成品，有电动和手动之分，用户可以根据自己的喜好调节相对位置，以达到舒适的状态。若不设升降桌，设置活动小桌，则桌面高度以 350~400mm 为宜，想将双腿置于桌下，则桌面的宽度通常要达到 750mm 以上，具体尺寸需根据业主身高决定。

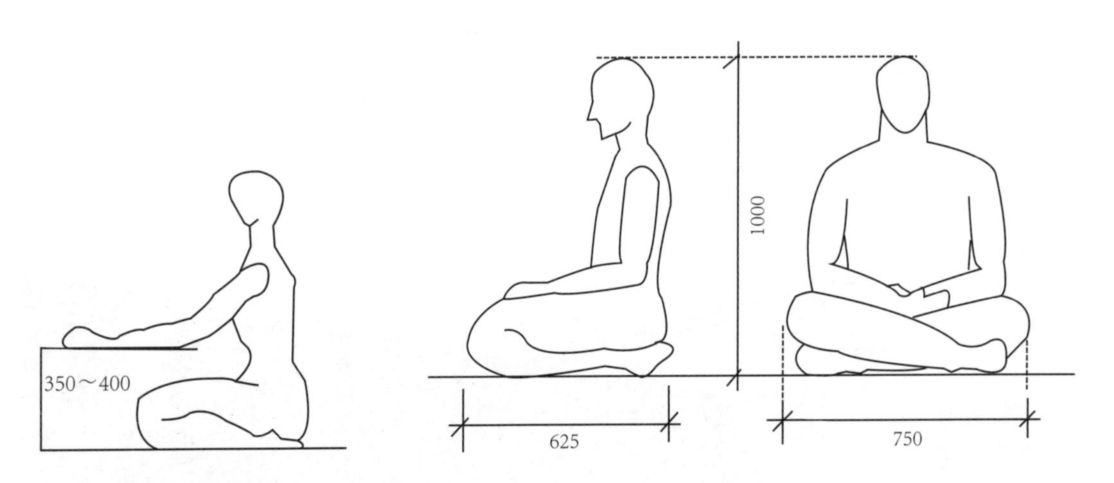

（2）柜体、搁板尺寸

若榻榻米上方设置搁板，则搁板距离台面的最小高度为 750mm，以有效避免撞击头部。

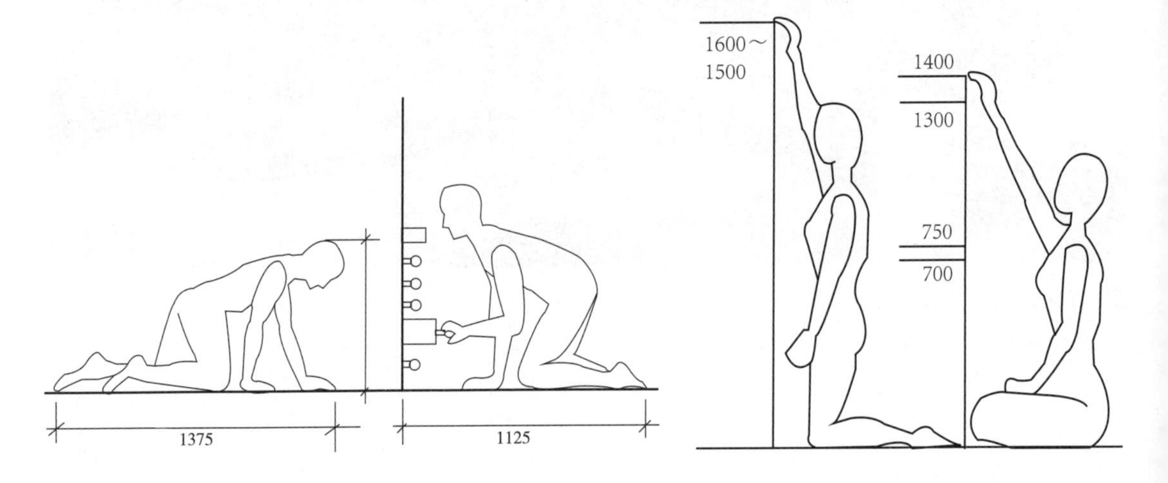

2. 榻榻米设计案例

榻榻米一

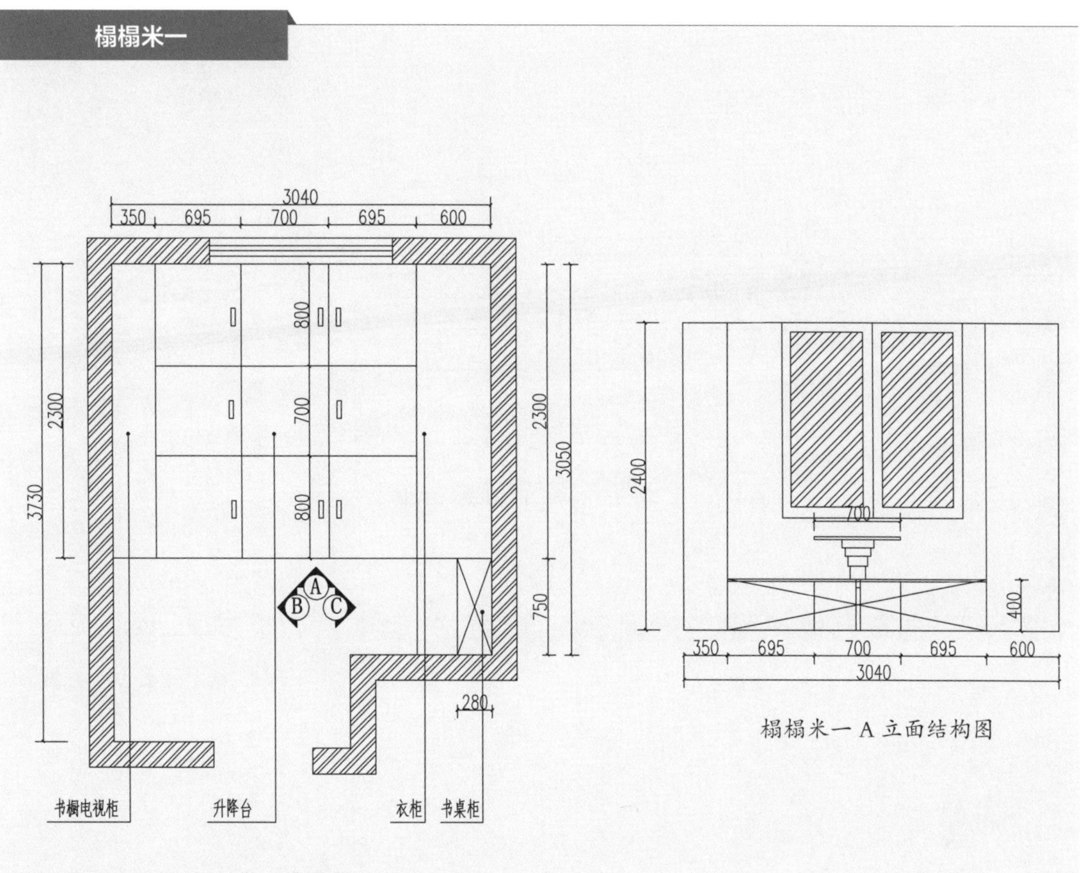

榻榻米一平面图

榻榻米一 A 立面结构图

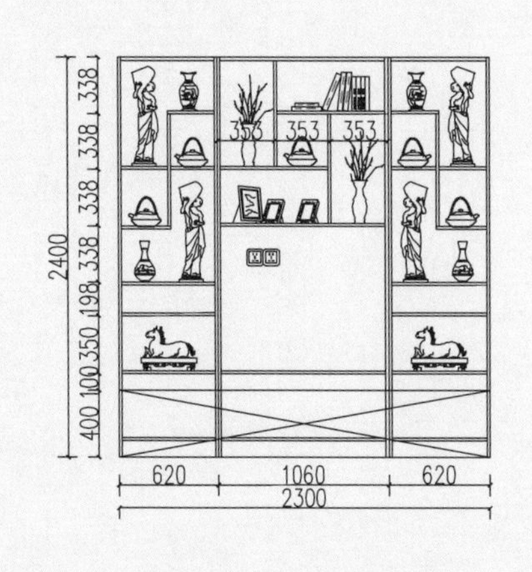

榻榻米一 B 立面结构图

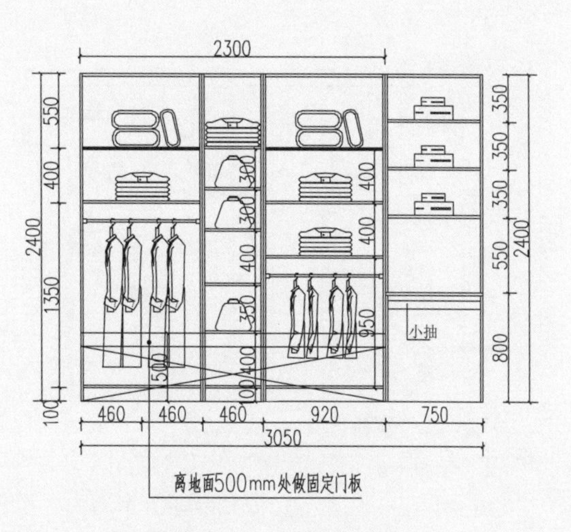

榻榻米一 C 立面结构图

榻榻米二

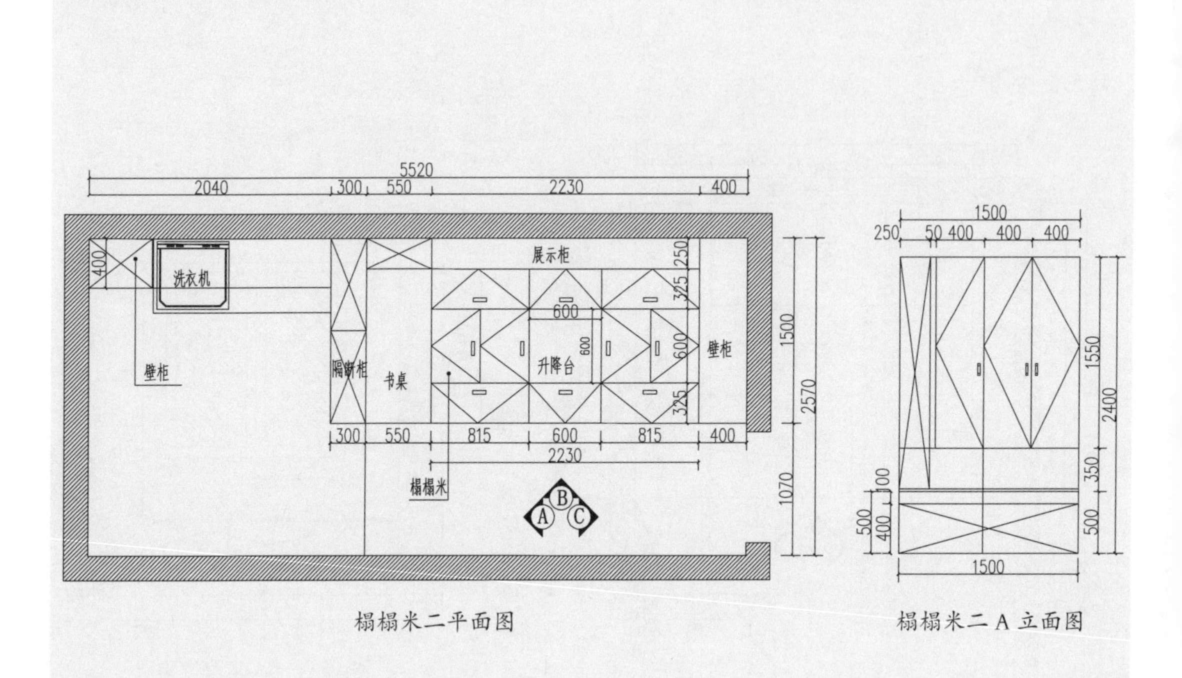

榻榻米二平面图

榻榻米二 A 立面图

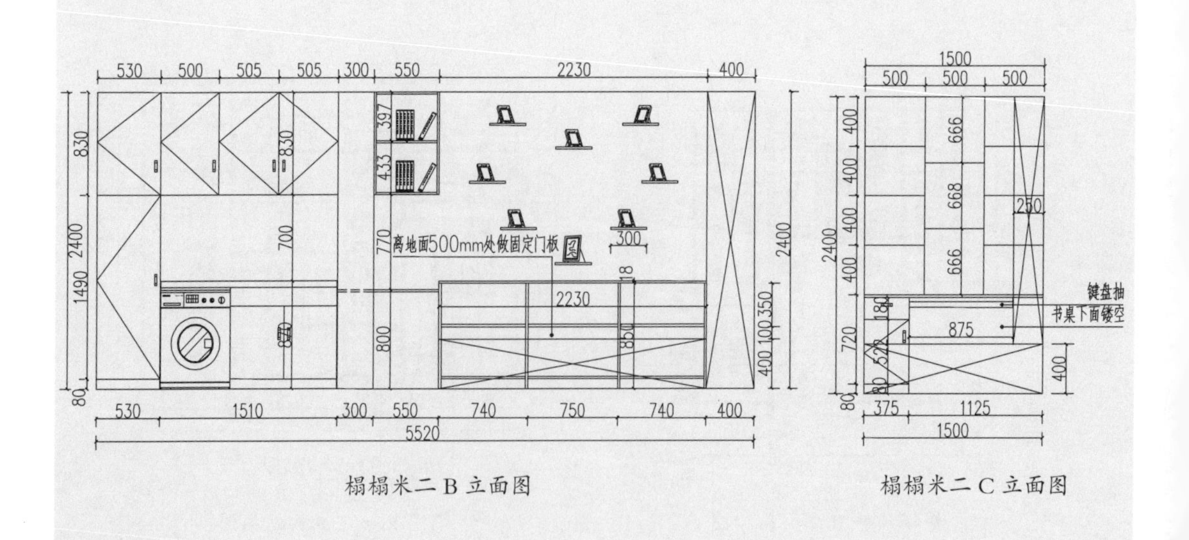

榻榻米二 B 立面图

榻榻米二 C 立面图

榻榻米三

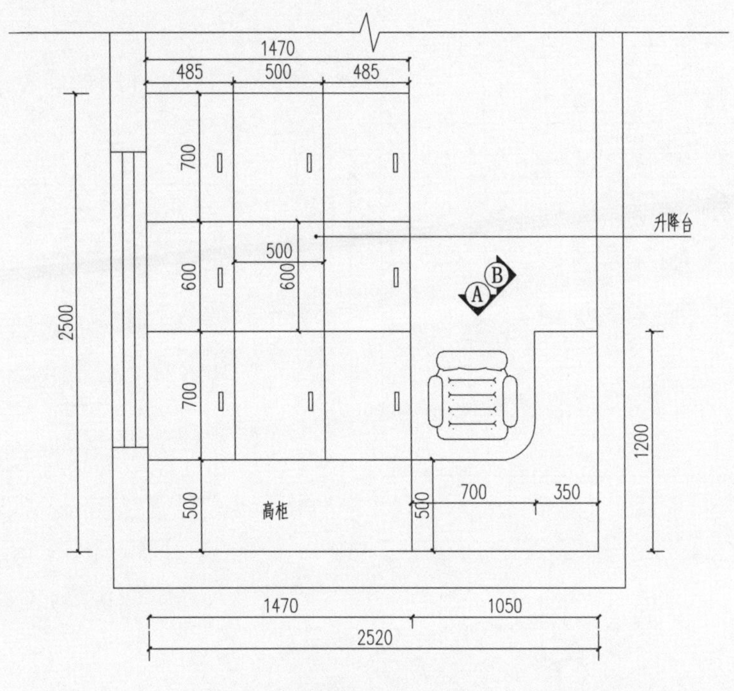

榻榻米三平面图

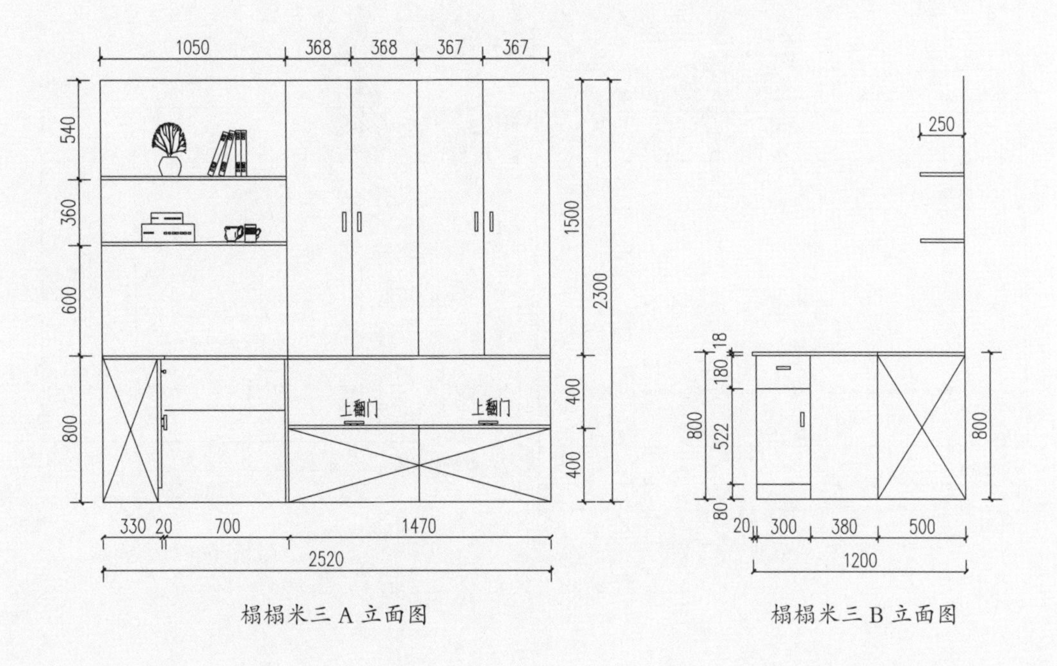

榻榻米三 A 立面图

榻榻米三 B 立面图

榻榻米四

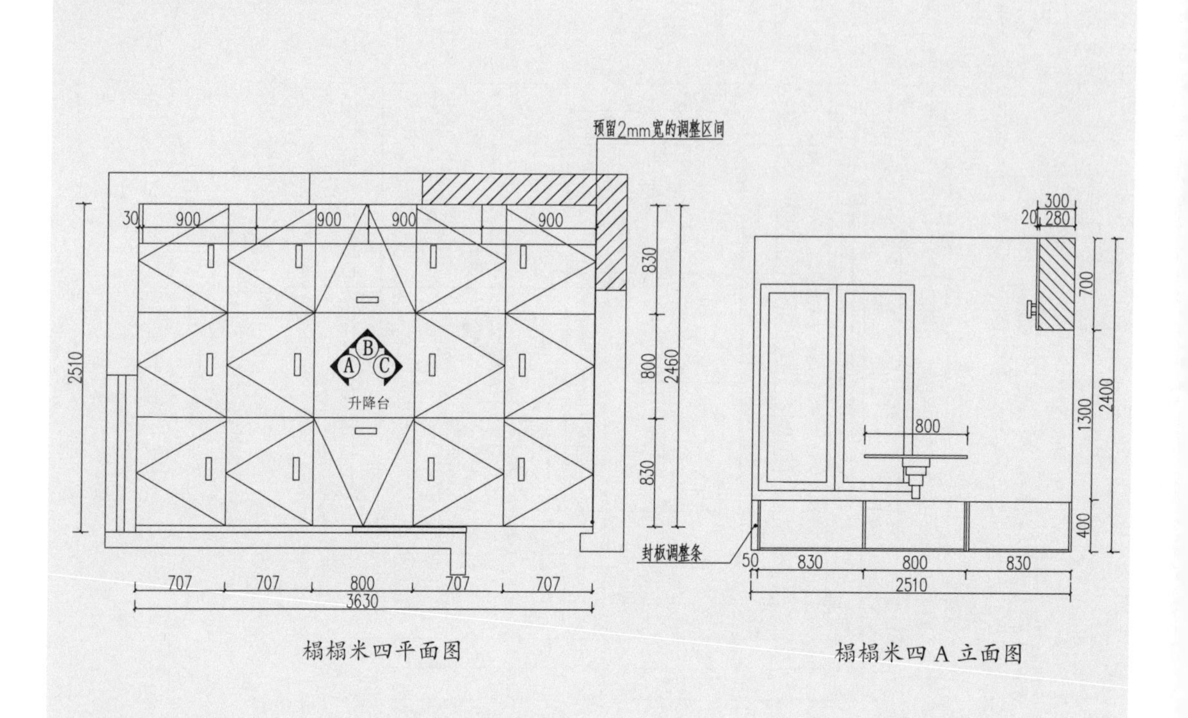

榻榻米四平面图

榻榻米四 A 立面图

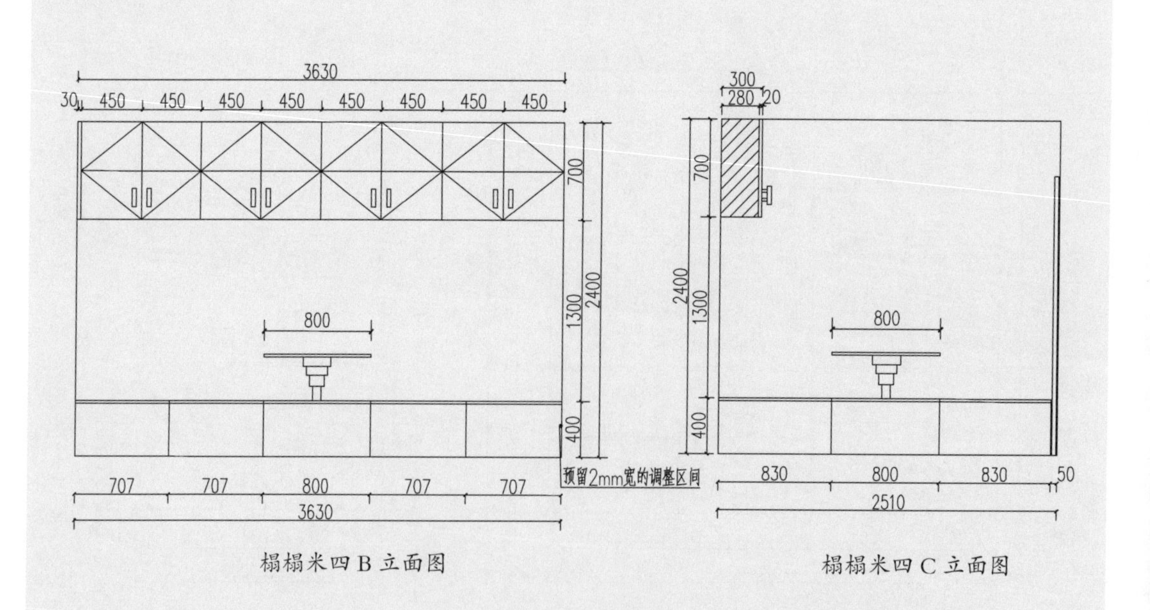

榻榻米四 B 立面图

榻榻米四 C 立面图

榻榻米五

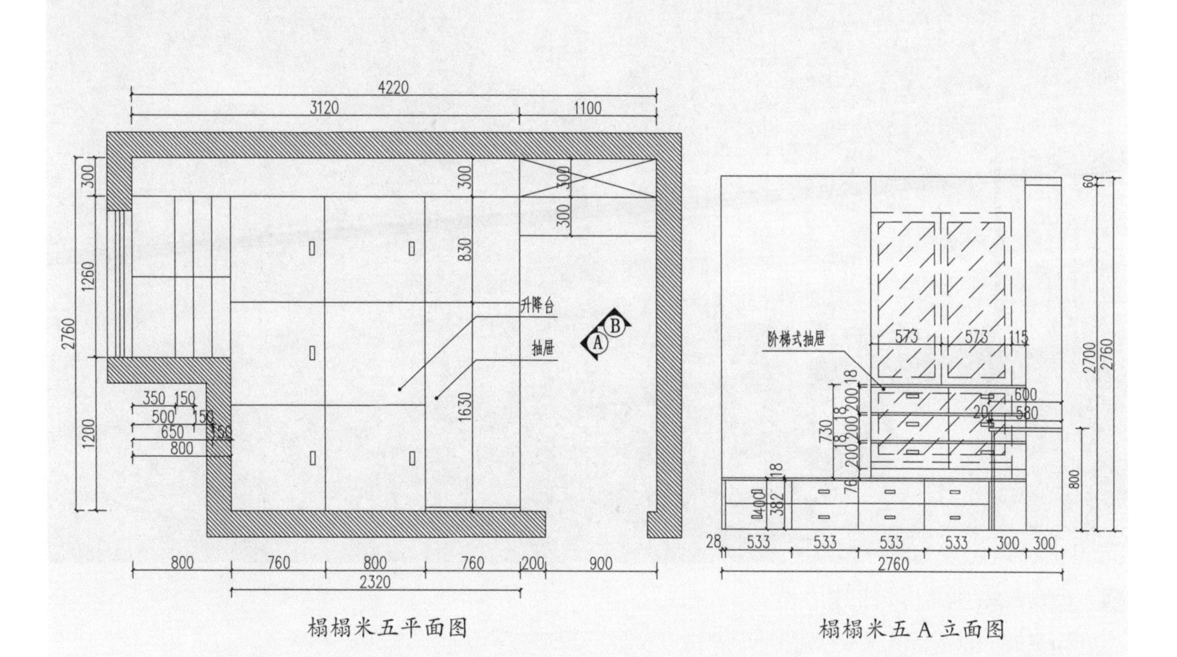

榻榻米五平面图

榻榻米五 A 立面图

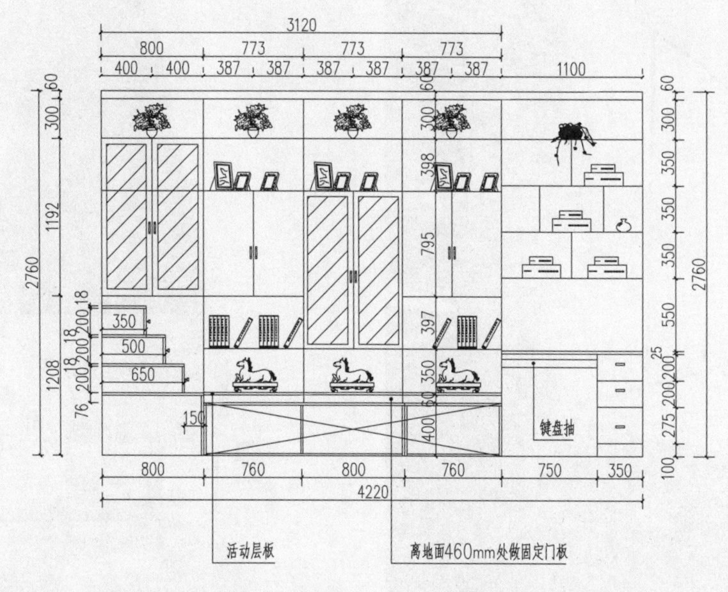

榻榻米五 B 立面图

3. 榻榻米实景案例

日式榻榻米：樟子松板材、刨花板

设计赏析：榻榻米搭配使用木质隔断不仅分割了空间，而且有着浓郁的自然气息。

樟子松榻榻米：樟子松版、枫木板、刨花板

设计赏析：使用樟子松板材做榻榻米的箱体会有淡淡的香气，具有日式气息的抽屉和推拉柜门与榻榻米相得益彰。

低地台榻榻米：白色混油、刨花板

设计赏析：将书房结合娱乐功能设置在了阳台处，地台较低，无储物功能，但有较多的置物空间。较深的地板和白色的榻榻米形成了深浅对比，用颜色区分了空间。

含地台榻榻米：刨花板、纤维板

设计赏析：该榻榻米形式简单，一侧设计有柜体，便于储物。榻榻米中部设计有升降台，可供平日阅读和休闲使用。

阶梯式榻榻米：刨花板、白色混油

设计赏析：榻榻米做成阶梯的形式，可以储物，榻榻米床的侧边则设计了较浅的书柜，灵活地利用了墙壁空间。

北欧风榻榻米：刨花板贴实木皮、纤维板

设计赏析：书房较小时，榻榻米是提高空间利用率的良好选择。

第十三章

厨房空间定制

一、橱柜

整体橱柜是指由橱柜、电器、燃气具、厨房功能用具四位一体组成的橱柜组合。相比一般橱柜，整体橱柜的个性化程度更高，可以根据不同需求实现厨房工作每一道操作程序的协调，并营造出良好的家庭氛围。

1. 橱柜设计原则

厨房是住房中使用最频繁、家务劳动最集中的地方。定制厨房橱柜的具体空间布局应根据人在厨房内的需求，也就是厨房需要具备的功能来规划，具体原则有三项。

（1）丰富的储存空间

一般家庭厨房都尽量采用组合式吊柜、吊架，合理利用一切可贮存物品的空间。组合橱柜常用下面部分贮存较重较大的瓶、罐、米、菜等物品，操作台前可延伸设置存放油、酱、糖等调味品及餐具的柜、架、煤气灶、水槽的下面都是可利用的存物场所。

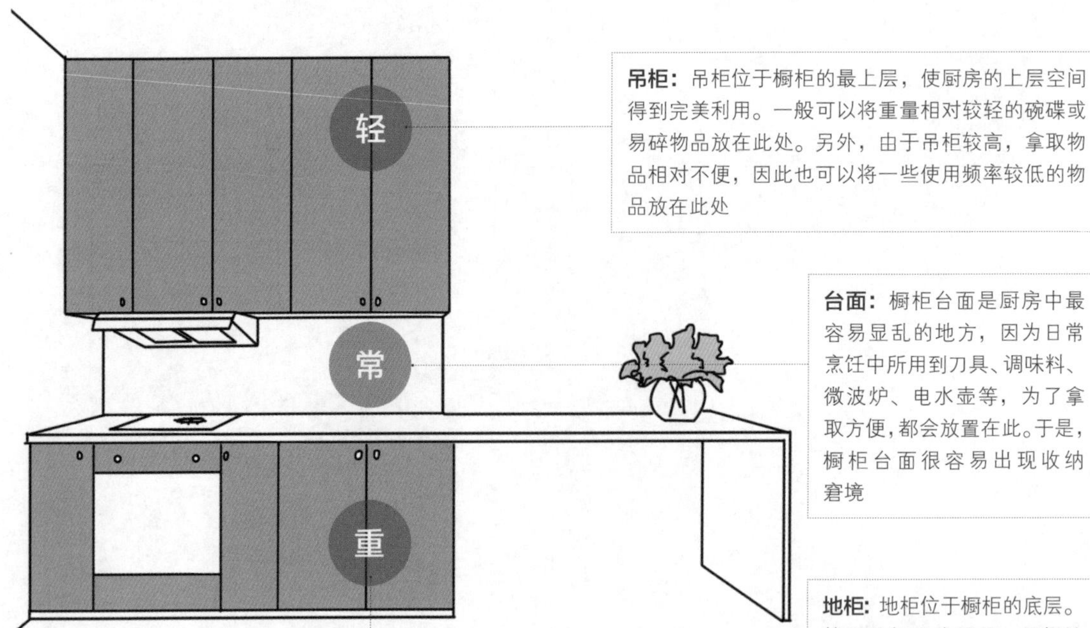

（2）足够的操作空间

在厨房里，要洗涤和配切食品，要有搁置餐具、熟食的周转场所，要有存放烹饪器具和佐料的地方，以保证基本的操作空间。现代厨具生产已走向组合化，应尽可能合理配备，以保证现代家庭厨房拥有齐全的功能。

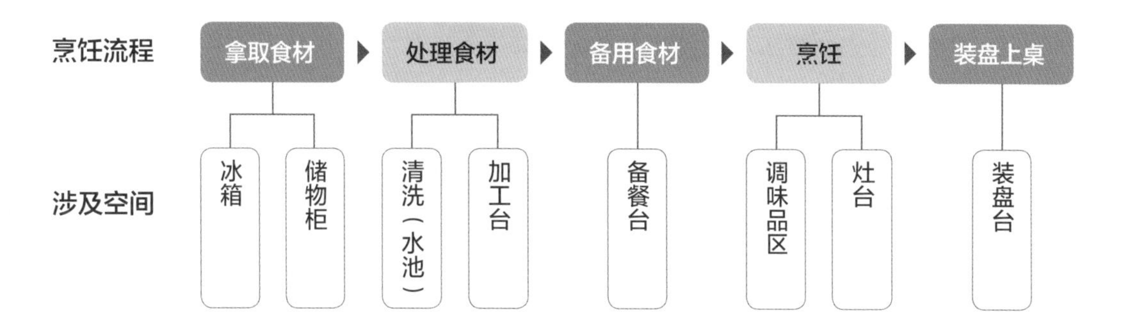

（3）充分的活动空间

厨房里的布局是顺着食品的贮存和准备、清洗和烹调这一操作过程安排的，应沿着三项主要设备即炉灶、冰箱和洗涤池组成一个三角形。因为这三个功能通常要互相配合，所以要安置在最适宜的距离以节省时间和人力。这三边之和以 3.6~6m 为宜，过长和过小都会影响操作。

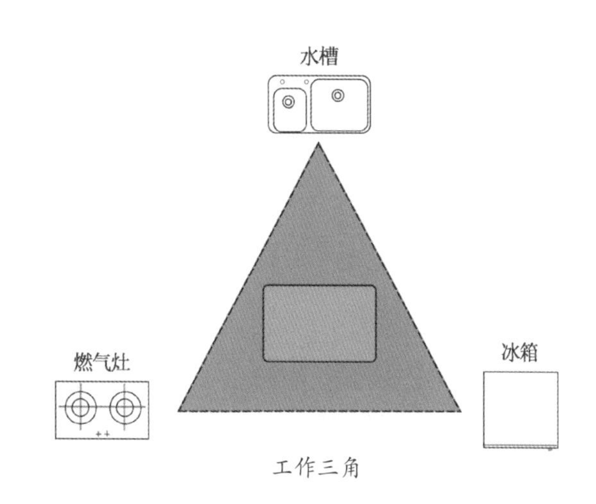

工作三角

2. 橱柜与人体工程学

（1）台面

设计高度时需要与家里经常做饭的成员的身高结合起来，通常来说操作台的高度在主要操作人员的手肘之下 100~150mm 的高度较为合适。水槽的离地高度以手指可以接触到水槽底部为主，要是太高的话容易让人感觉到疲劳，太低时腰部会感到疼痛。

（2）地柜

存放小件物品的地柜尽量采用抽屉或者拉篮的形式，使操作者无需下蹲就可以方便拿取物品，减少人在厨房空间劳作时的疲劳感。

（3）吊柜

吊柜的深度不宜过深，否则会给人造成太靠近脸部的感觉。根据人体工程学，可以把吊柜的使用根据人的取物方式划分为三种形式，即站姿、踮脚、借助工具。因为越高的位置越不好拿取，因而可以在其中设置几个搁板，将物品置放在吊柜下方。

3. 橱柜功能分区

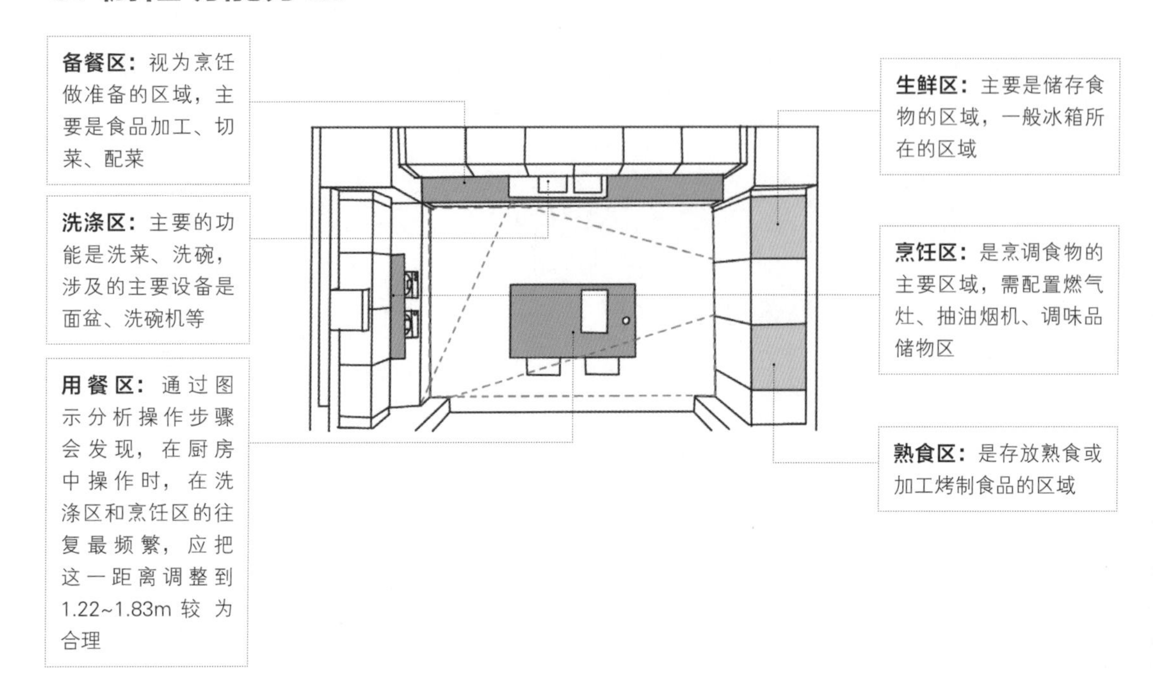

4. 厨房的常见布局及动线

（1）一字形厨房

一字形厨房即厨房和橱柜呈一字形长条布置，适用于小户型的厨房中，也适用于餐厨结合的开放式厨房，比较节省空间。使用者的动作呈直线进行，动线距离较长。

（2）二字形厨房

顾名思义，二字形厨房布局就是操作平台位于过厅两侧，要求厨房有足够的宽度，以容纳双操作台和走道。直线行动较少，需要操作者转 180° ，也由于设备的增多，储藏量明显增加。

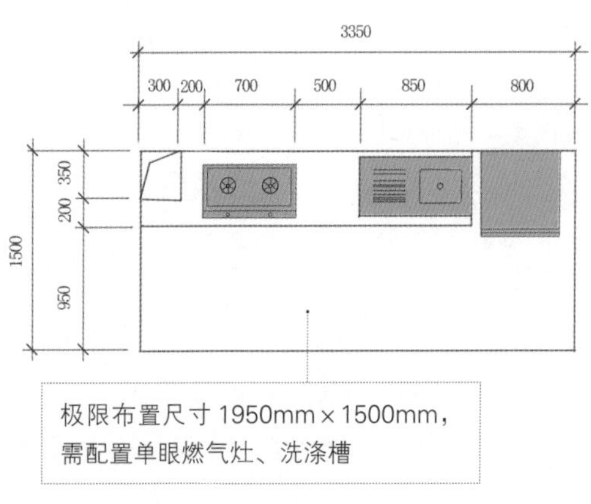

一字形橱柜适宜的布置方式

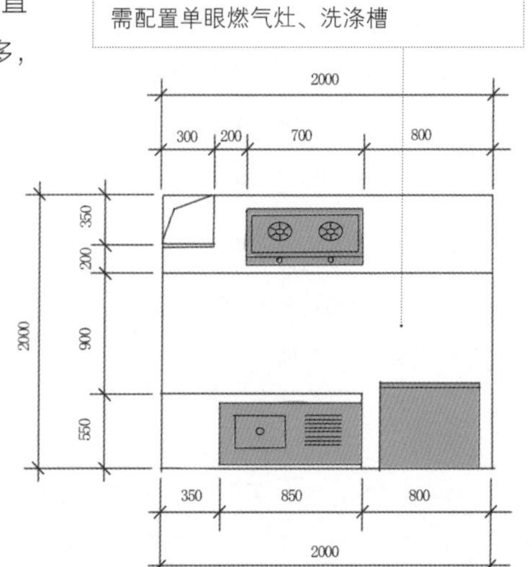

二字形橱柜适宜的布置方式

（3）L 形厨房

L 形厨房使整个厨房的设计比例呈现 L 形布局，在两个完整的墙面上布置连续的操作台，是一种比较常见的布置形式。适用于狭长形、长宽比例大的厨房。对操作者来说动线较短，从冰箱到洗手槽、调理台、灶台的操作顺序不重复，但转角部分需要合理布置，以提高利用率。

（4）U 形厨房

U 形厨房是双向走动双操作台的形式，是实用而高效的布置形式。利用三面墙来布置台面和橱柜，适用于宽度较大的厨房，若宽度不够，建议做成 L 形。在厨房面积不大时，将水槽放置在 U 形底部，准备区和烹饪区放置在两侧，形成工作三角。在厨房的转角部分尽量不要布置主要的操作功能区。U 形厨房是动线最短的一种设计方式，提高了效率，实用性高。

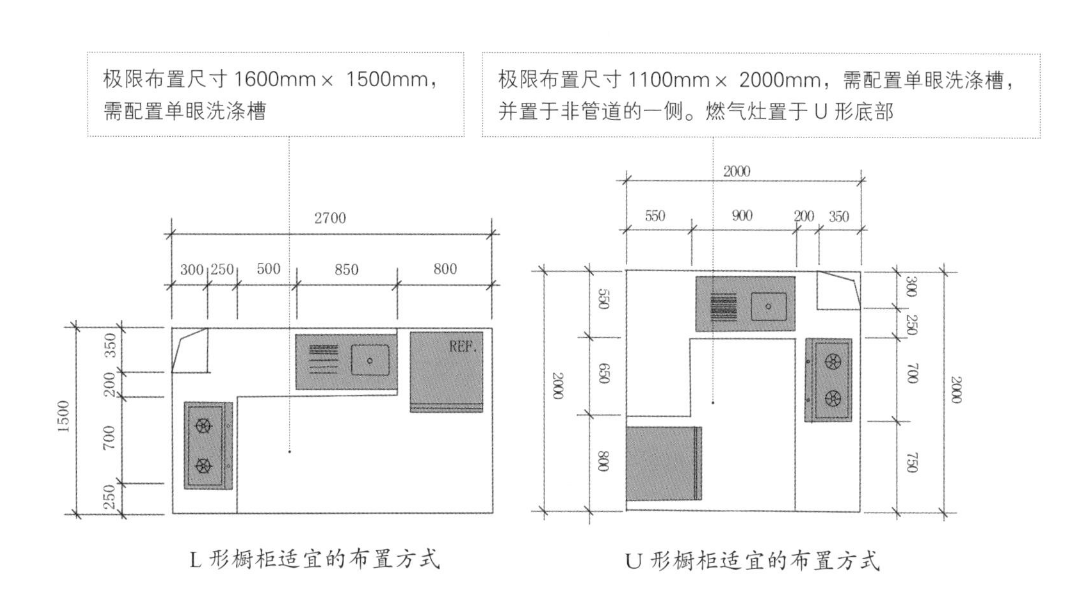

L 形橱柜适宜的布置方式　　U 形橱柜适宜的布置方式

（5）岛形厨房

岛形厨房一般是在一字形、L 形或者 U 形厨房的基础上加以扩展，中部或者外部设有独立的工作台，呈现岛状。中间的岛台上设置水槽、炉灶、储物或者为就餐用餐桌和吧台等设备。经常是西方开放式厨房采用的布局，要求厨房的深度和宽度要够，对面积的要求较高。

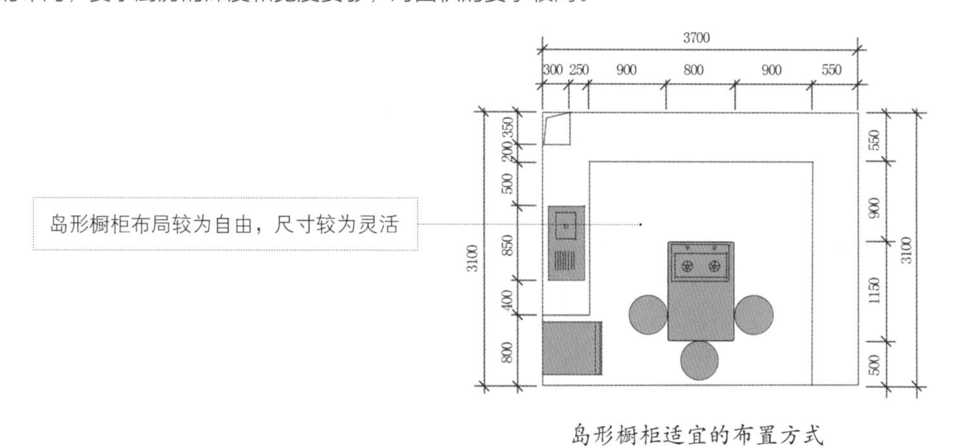

岛形橱柜适宜的布置方式

5. 橱柜设计注意事项

(1)橱柜安装模块排列

橱柜的安装排列主体一般是靠在厨房较长的墙面，应当将为冲洗和模块组合所需要的进水、出水、电或煤气接头以及排气等的可能性位置均列入的草图内。为了让橱柜尽可能符合操作技术流程，要根据不同操作喜好进行定制化设计。若主要使用者为右手使用，则模块组合顺序从左到右依次为：餐具滴水面→冲洗→用于准备烹调的台面；若使用者是左手使用，则模块组合顺序为从右至左，这样可以避免双手交叉，减少胳膊或脚下的移动。

安装排列模块所需空间根据不同的设备可能有所不同：

① 操作面 =600mm 宽（切菜或冲洗活动所需的台面）。通常搁置面下方安装柜子。

② 准备面 =300~600mm 宽。准备面是用于初步加工、烹调或者厨房其他配套设备所需的空间面。在规划时通常要考虑到电源插头的位置，以便使用。

③ 冲洗面 =800~1200mm 宽，若有 90mm 的宽度，就可以选用最为常见的双水池；若是 800mm，则可安装一个半水池（一大一小），这种方式还适合有洗碗机时的布局。

④ 灶具 =600~1000mm 宽。灶具所占的宽度取决于灶具的种类及电器的布局，或者厨房中可供使用的立面。抽油烟机的高度以烹调者的头能够自由活动为宜，一般要与灶具至少保持 300mm 的高度。

(2)橱柜的立面

为了在厨房里合理地完成各项工作，还必须确保有足够的活动空间，因为布置橱柜或电器不仅需要地面面积，而且还需要墙面面积，不同的空间类型会对橱柜的立面造成一些影响，如：对于平开门的厨房，门须能够打开至 90° ；低于工作面的窗台在设计橱柜立面时不应该将其纳入设计范围内，因为过低的窗台导致台面的布置难度增加，工程量也随之加大。

(3)暖气设置

出于供热技术的原因，北方地区的部分暖气会安装在窗的下方。通常来说，最佳的方式是墙面上做成凹陷状，把暖气镶装在里面，这样就不需要占用立面。如果操作面是二字形的，那么尽量将暖气布置在门正对着的墙或者窗的位置处，与门相对。在镶装暖气温度控制阀时，注意将它安装在空气对流的地方。

(4)照明

在橱柜设计时，应该尽可能保证自然光能够通过窗户进入厨房。窗户的大小、排列、玻璃的透明度，以及窗外的环境及对面的建筑都影响光的射入，通常，窗户的大小应为厨房面积的 1/8 到 1/6，以保证厨房内光线充足。

作为厨房的人工光源有：荧光灯、节能灯、低压卤素灯等，它们可以提供不同的照明。根据整个厨房内及厨房的各个位置及对光的要求，可以分别采取一般照明和操作位置照明这两种方式。

一般的照明：通常安装在房顶中央，使用荧光灯或灯泡，光源位于正常的视线之外，可以通过安装玻璃或塑料灯罩，产生均匀的光线。

操作位置照明：以操作位置定向的照明主要是将光聚于一个或几个操作面上。由于主要灯源在厨房顶部，照明时会产生阴影，所以还需使用其他附加的照明用具。如安装在吊柜下的灯具，能够保证主光源所不能及的区域，让操作面有足够的光线。往往抽油烟机也会安装有照明的灯具。

6. 橱柜设计案例

一字形橱柜

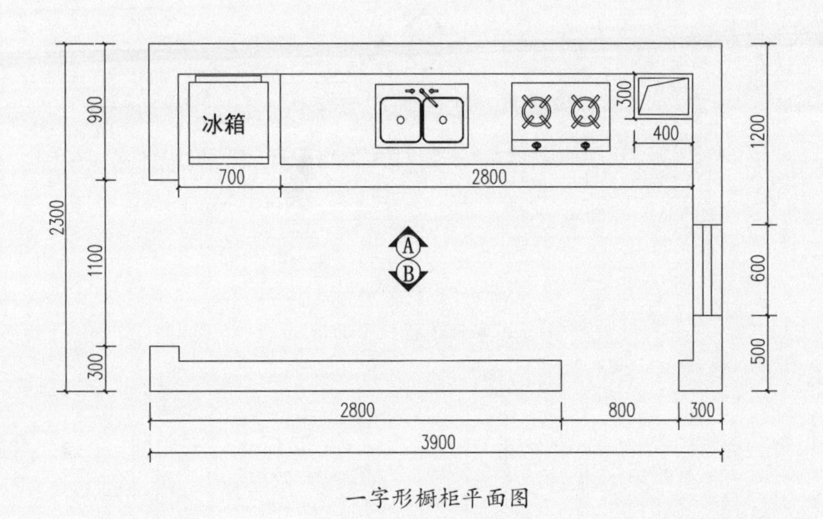

一字形橱柜平面图

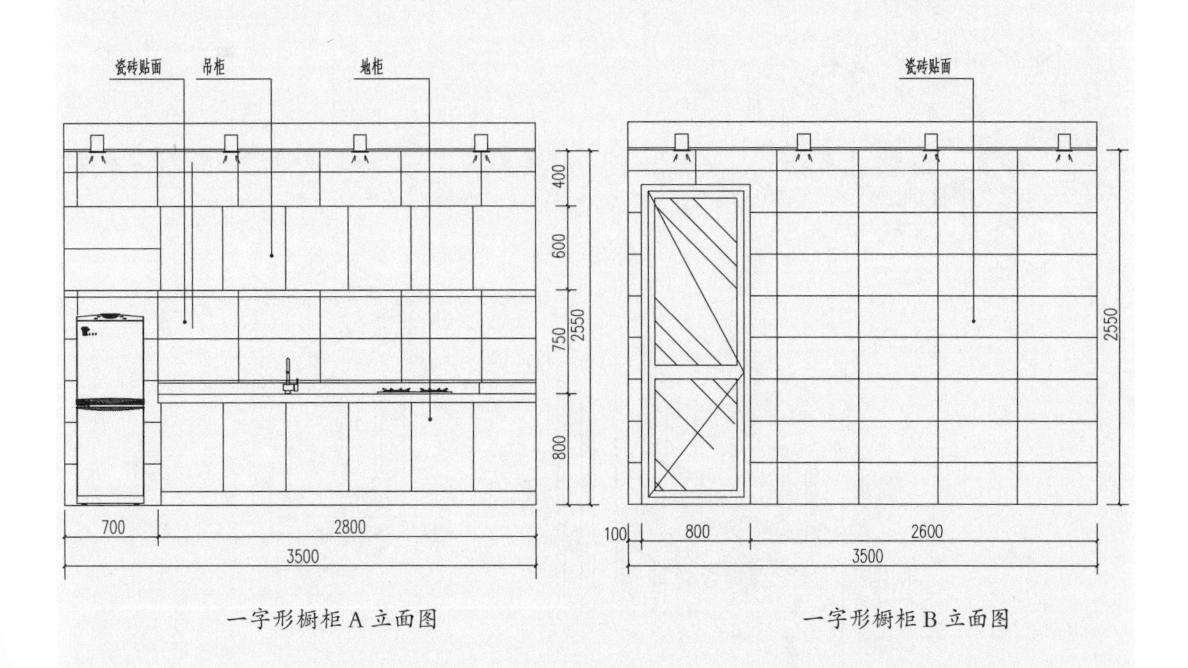

一字形橱柜 A 立面图

一字形橱柜 B 立面图

二字形橱柜一

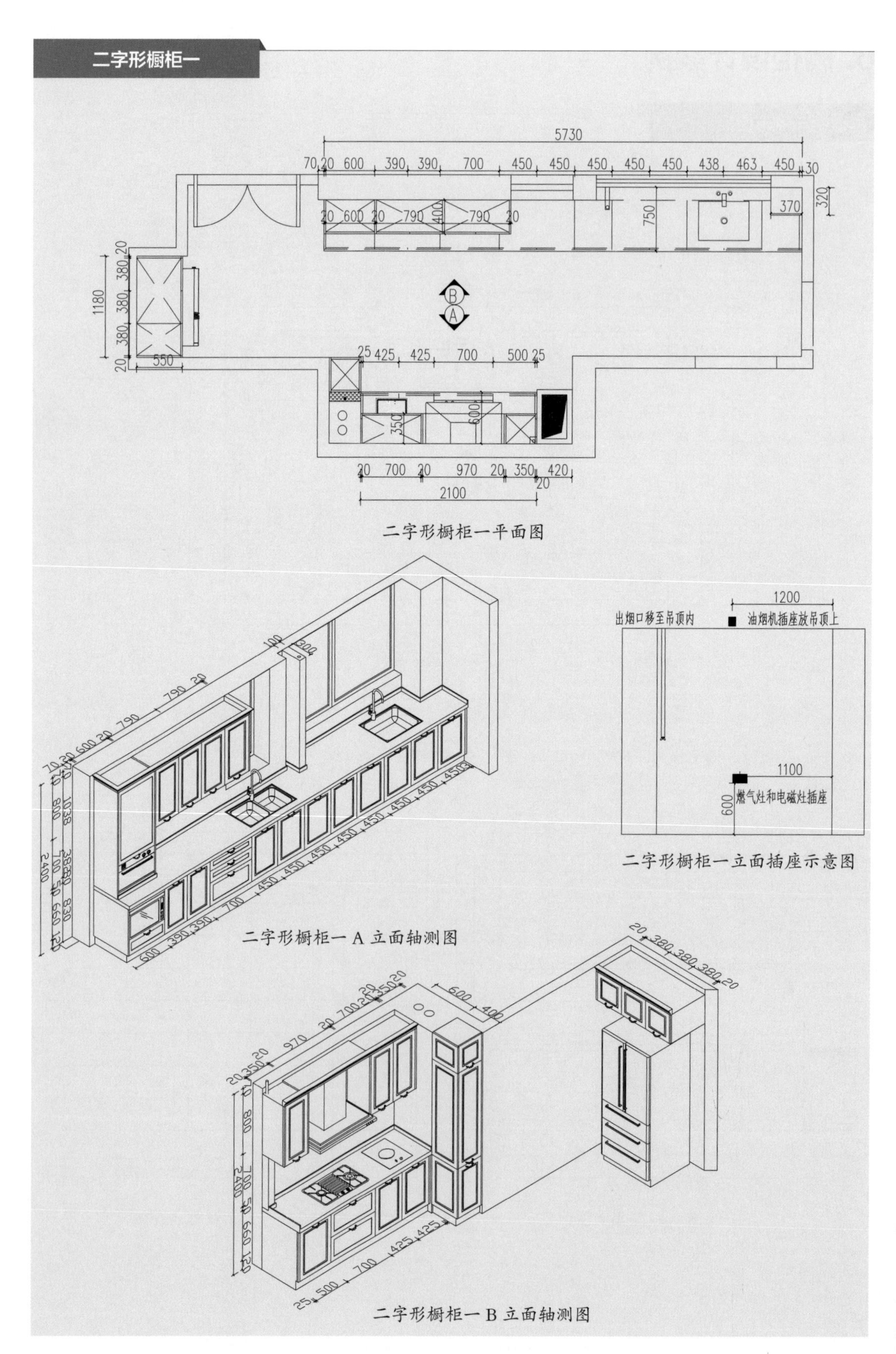

二字形橱柜一平面图

二字形橱柜一 A 立面轴测图

二字形橱柜一立面插座示意图

二字形橱柜一 B 立面轴测图

二字形橱柜二

二字形橱柜二平面图

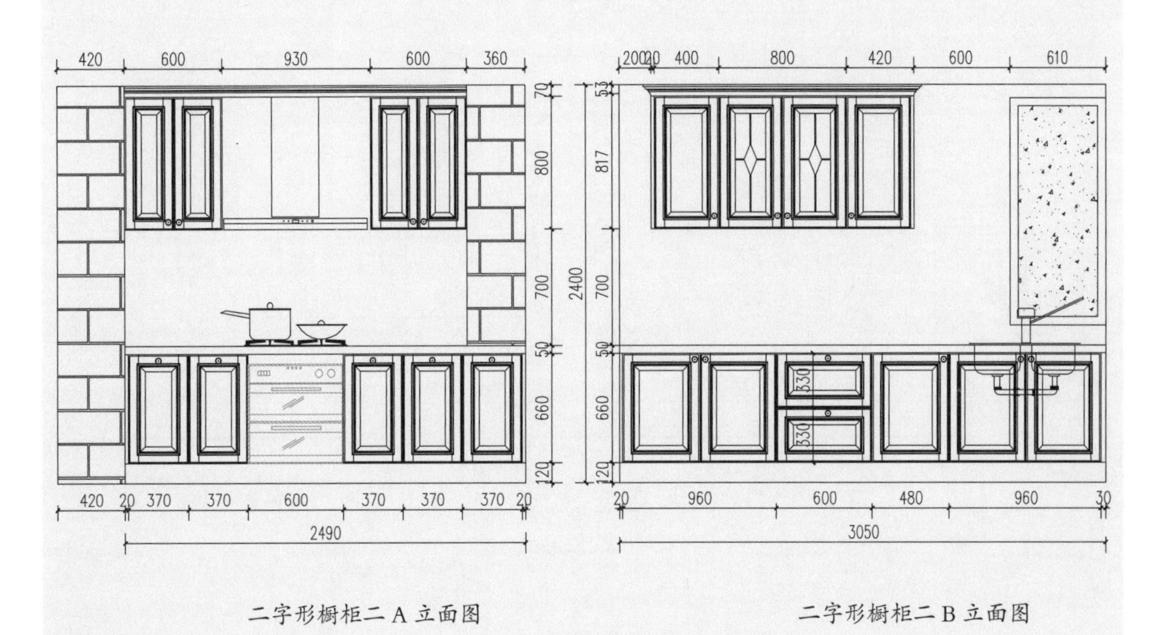

二字形橱柜二 A 立面图

二字形橱柜二 B 立面图

L形橱柜

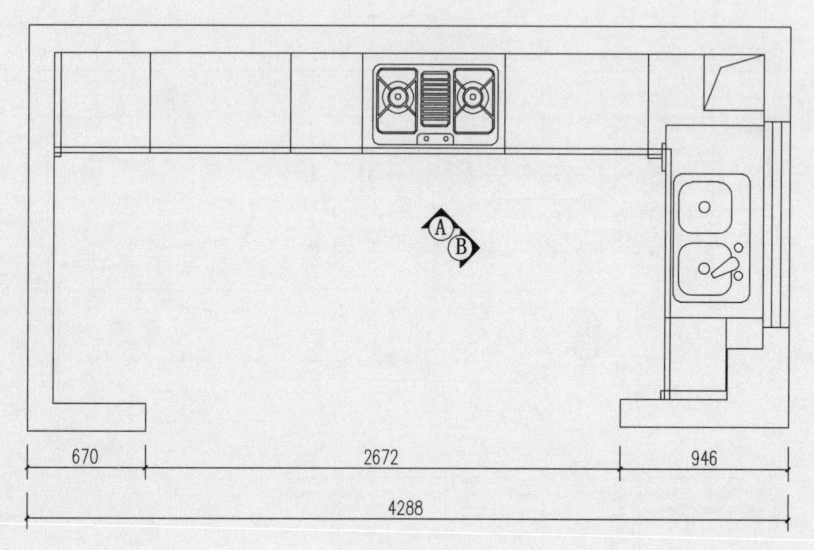

L 形橱柜平面图

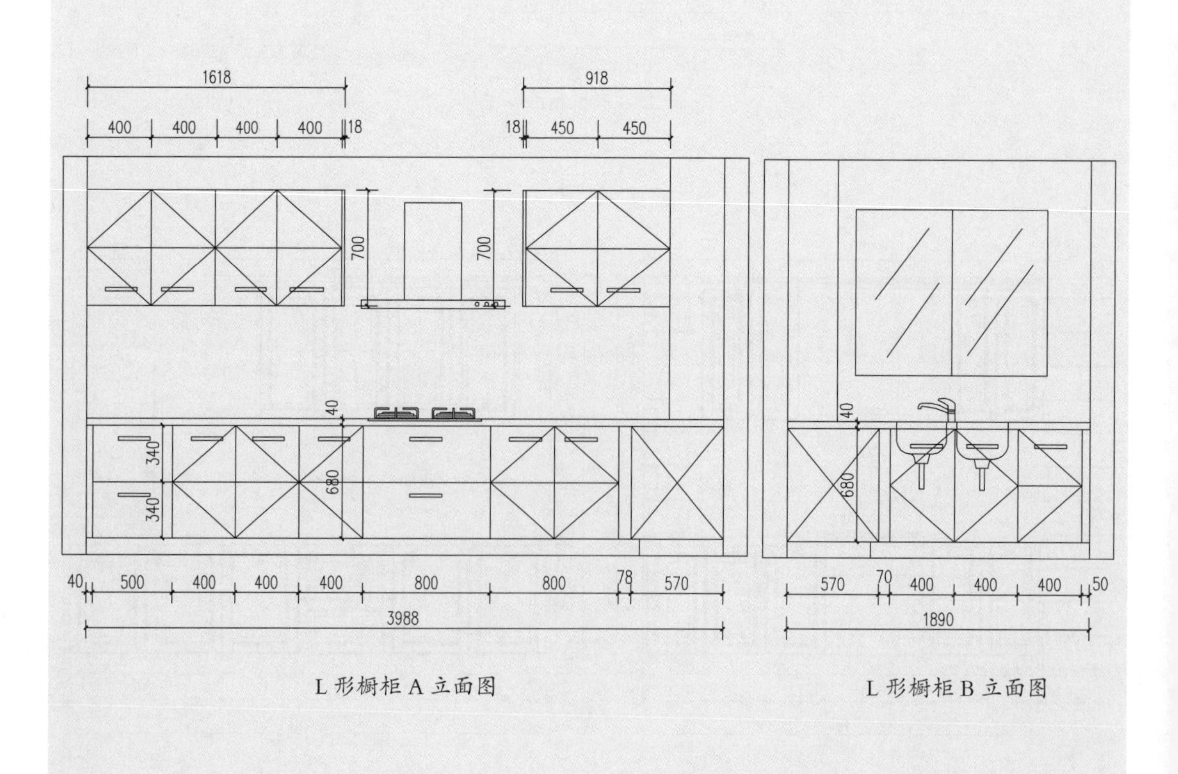

L 形橱柜 A 立面图

L 形橱柜 B 立面图

U形橱柜

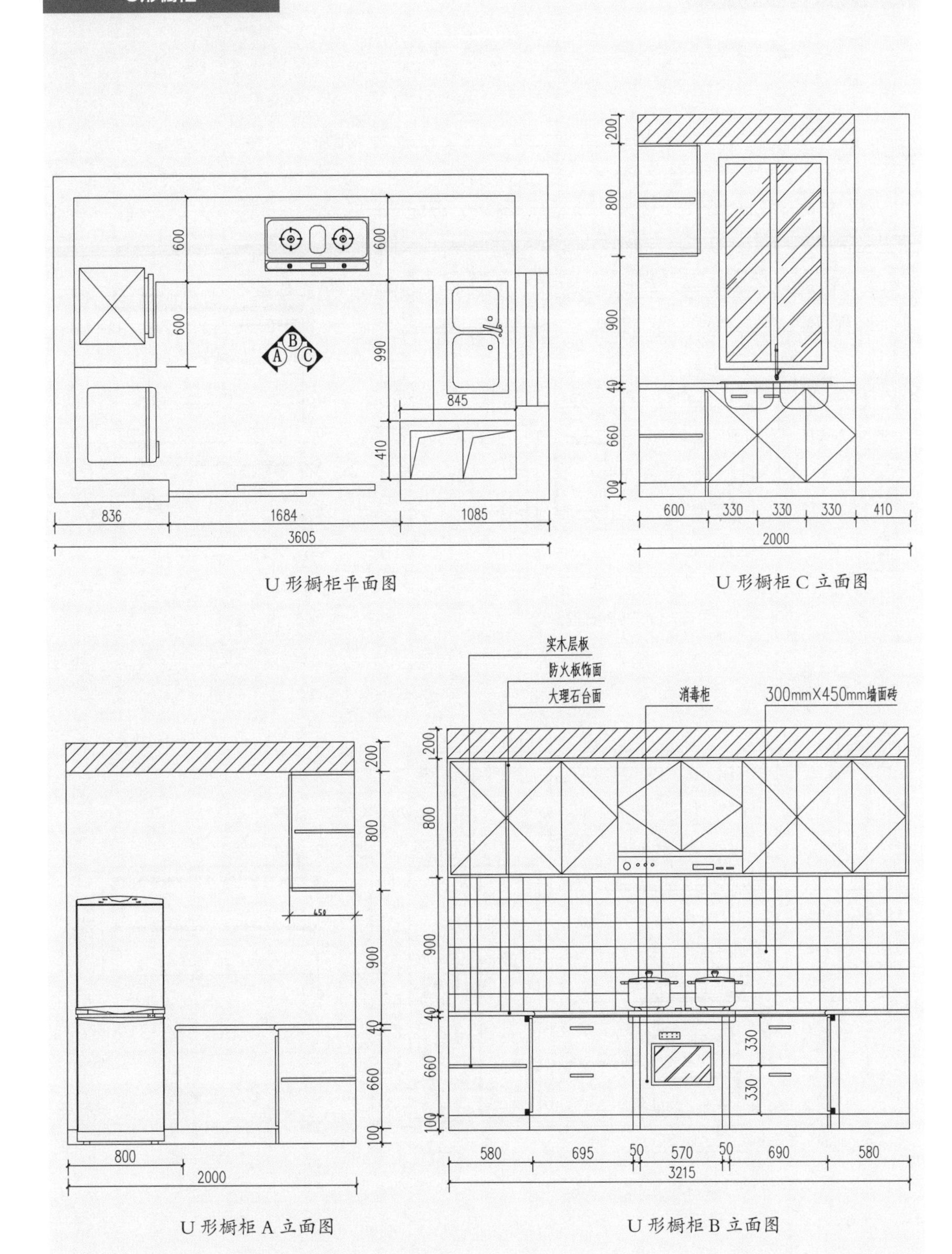

U 形橱柜平面图

U 形橱柜 C 立面图

U 形橱柜 A 立面图

U 形橱柜 B 立面图

岛台形橱柜

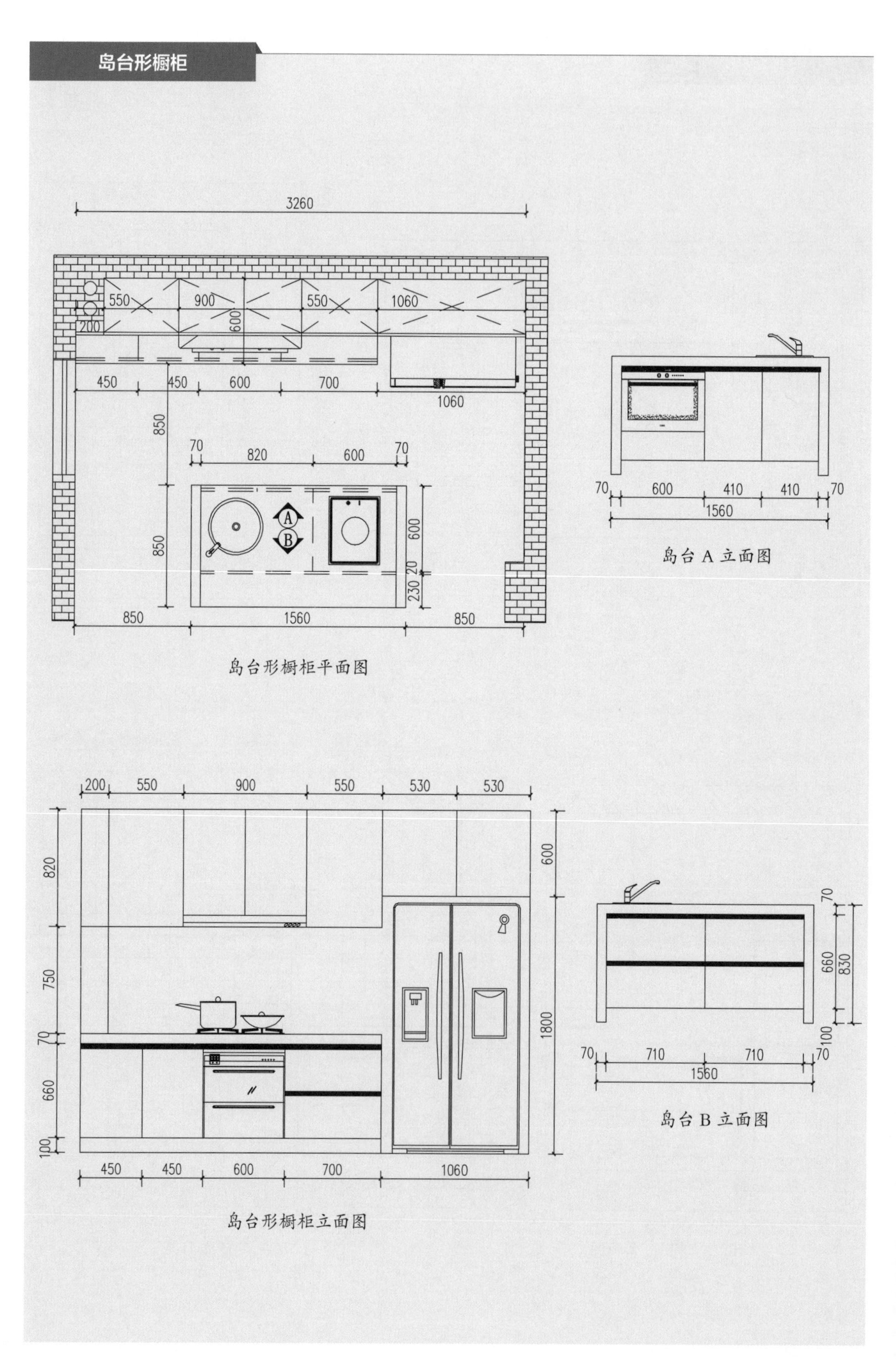

岛台形橱柜平面图

岛台 A 立面图

岛台形橱柜立面图

岛台 B 立面图

7. 橱柜实景案例

橱柜：白色纤维板

设计赏析：L 形的橱柜很符合人体在厨房空间的动线，吊柜的把手置于柜门的最下方，方便使用者的使用。整体色调的选用简洁大方、典雅明净。

橱柜：白色人造石台面、纤维板、刨花板

设计赏析：该橱柜的独特之处在于省去了部分吊柜，直接在立体空间上形成一个看似单独的柜体，开放式的设计也方便拿取。

橱柜：白橡木、黑色人造石台面、纤维板贴面

设计赏析：左边较高的柜体和右边的冰箱形成了橱柜的最高点，高度较低的吊柜与之共同构成了起伏，丰富了立面形式。色彩和材质偏向于自然、简洁。

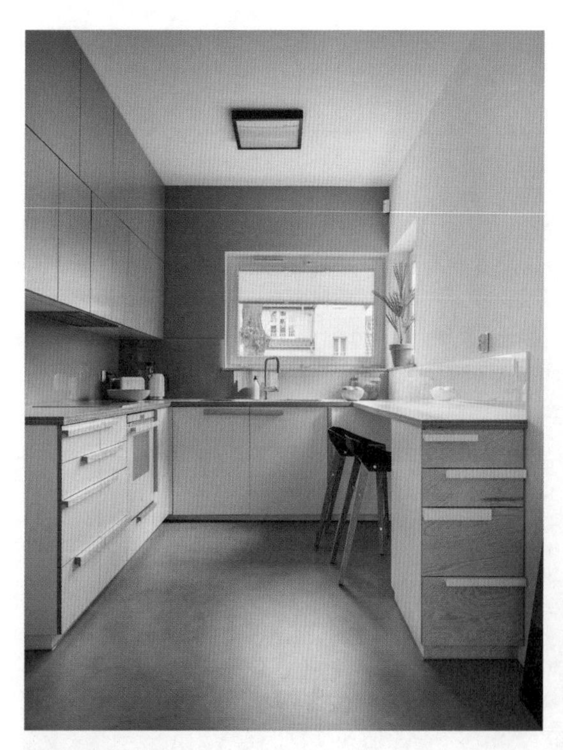

橱柜：白色纤维板、蓝色混油、刨花板

设计赏析：U 形的橱柜很符合人体在厨房空间的动线，吊柜的把手置于柜门的最下方，方便使用者的使用。整体色调的选用简洁大方、典雅明净。

橱柜：刨花板、木质台面、纤维板

设计赏析：这是一个适合有西式用餐习惯的人使用的橱柜，整体较为简洁，素净的白色板材和淡雅的木台面形成了相辅相成的视觉体验。

橱柜：科定板、纤维板、刨花板

设计赏析：该橱柜的处理极为灵活，将通长的柜体和地柜分开，在台面上方运用外露的搁板、挂杆代替传统的吊柜，很好地减少了小空间的逼仄感。

橱柜：白色模压板、黑色人造石台面、磨砂玻璃

设计赏析：该橱柜将吊柜分成了上下两部分，因而能够更好地利用空间，且把手都位于下方，柜门为上翻式，比较容易拿取物品。

二、吧台

吧台最初起源于酒吧，逐渐被带入家居中，多用于开放式厨房中。不仅可以在吧台上面安装水槽，分担厨房的一部分功能，还可以替代餐桌，有利于减少空间的负担。

1. 吧台设计案例

吧台一

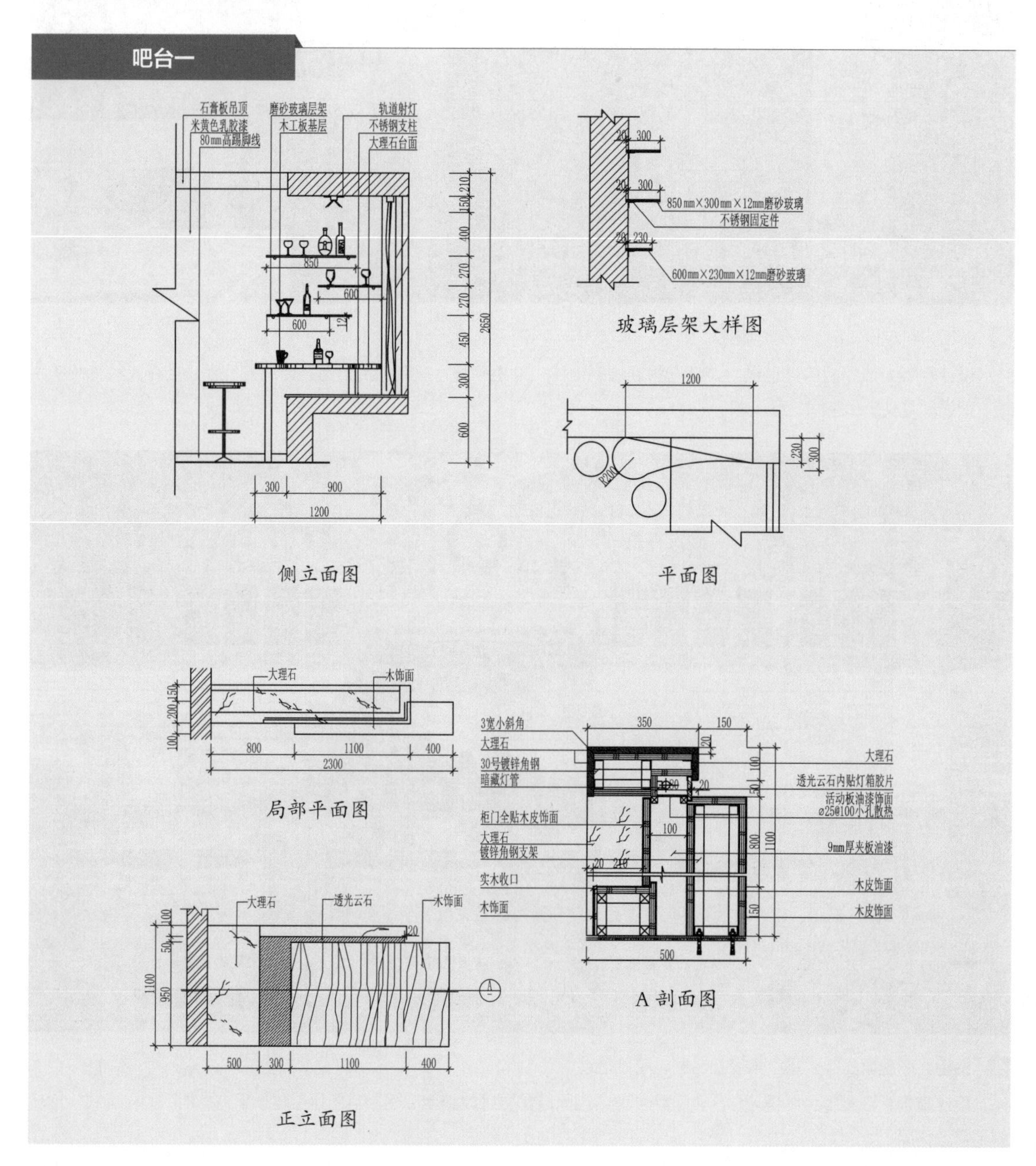

侧立面图

玻璃层架大样图

平面图

局部平面图

A剖面图

正立面图

吧台二

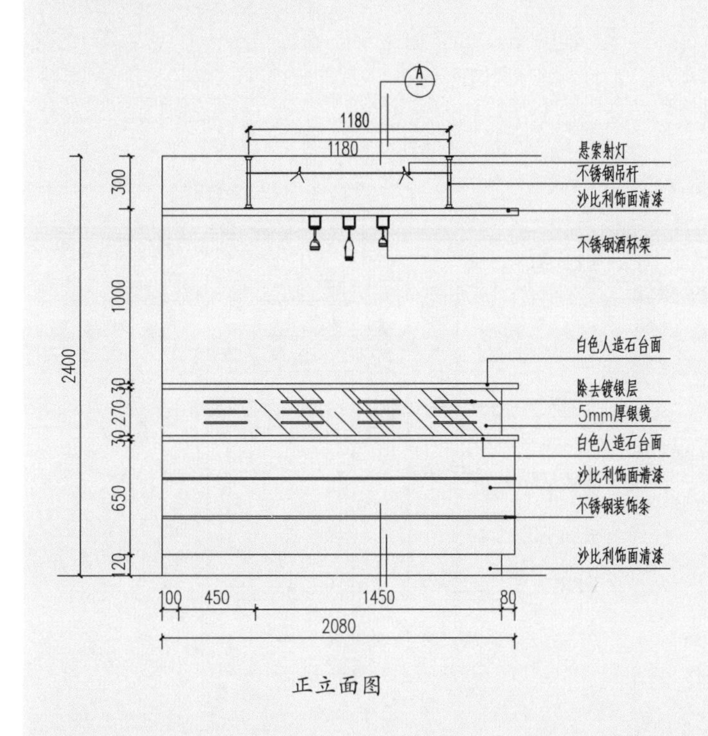

正立面图

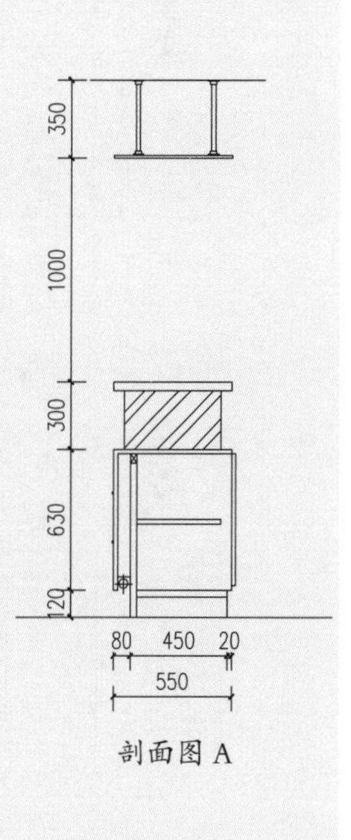

剖面图 A

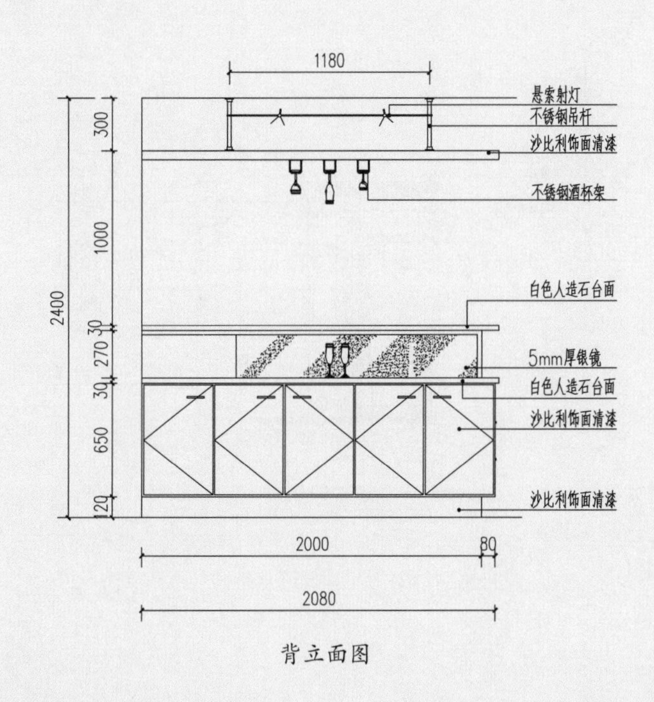

背立面图

全屋定制

吧台三

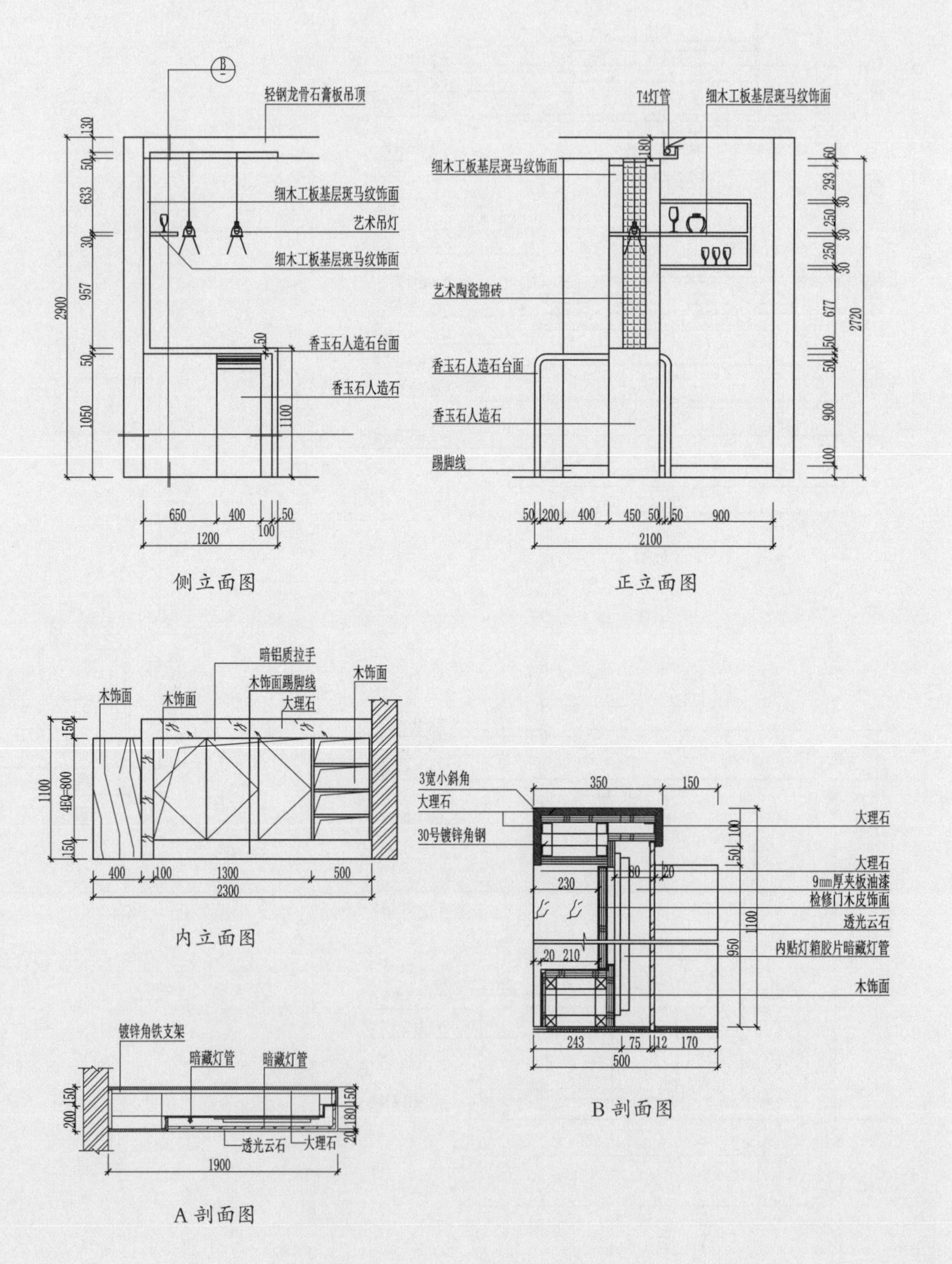

轻钢龙骨石膏板吊顶
细木工板基层斑马纹饰面
艺术吊灯
细木工板基层斑马纹饰面
香玉石人造石台面
香玉石人造石
侧立面图
T4灯管
细木工板基层斑马纹饰面
细木工板基层斑马纹饰面
艺术陶瓷锦砖
香玉石人造石台面
香玉石人造石
踢脚线
正立面图
暗铝质拉手
木饰面
木饰面
木饰面踢脚线
大理石
木饰面
内立面图
3宽小斜角
大理石
30号镀锌角钢
大理石
大理石
9mm厚夹板油漆
检修门木皮饰面
透光云石
内贴灯箱胶片暗藏灯管
木饰面
B剖面图
镀锌角铁支架
暗藏灯管
暗藏灯管
透光云石
大理石
A剖面图

2. 吧台实景案例

吧台：人造石台面、刨花板贴亚光皮、纤维板

设计赏析：蓝色的橱柜有着不错的装饰性，和金属材质的厨房设施搭配起来颇有冲击感，饶有趣味。

吧台：白橡木、大理石台面

设计赏析：大理石台面和木材的结合设计形成了材质的对比，但大理石台面较为昂贵，选购时需要注意。

吧台：大理石台面、白色烤漆板、铜条镶边

设计赏析：颜色偏暗的大理石台面和白色烤漆板搭配形成了颜色深浅的对比，容易显得上重下轻，但铜条的镶边给下方的白色烤漆板增加了色彩和稳重感，平衡了画面。

吧台：人造板材台面、木材、金属镶边

设计赏析：人造板材颜色与木材相近，给人整体的感觉，且在木材的交接处安装细细的金属条，有接合的作用同时也更显美观。